高等学校规划教材·机械工程

电机与电力拖动简明教程

主　编　卢健康

副主编　袁小庆

主　审　史仪凯

西北工業大學出版社

【内容简介】 本书是为适应机电类相关专业尤其是机械设计制造及自动化、机械电子工程等专业课程体系改革的需要而编写的。全书共分8章，内容为电力拖动系统动力学，直流电动机及其电力拖动，三相异步电动机的运行原理及其电力拖动，同步电动机及其电力拖动简介，电动机的选择，电力电子技术与现代交直流调速简介，常用控制电机和几种新型特种电动机。本书力求突出机电结合、电为机用的特点，注意理论联系实际，在内容上侧重于电机及其拖动的定性分析和应用，同时又保持适当的深度和广度，并且尽量反映近年来电机和电力拖动学科领域的新发展与新成就。

本书内容比较全面、实用，由浅入深，重点突出，大部分章节后附有习题和思考题，便于自学。本书既可作为机电类、机械类相关专业本科生的教材或硕士生的辅助教材，也适于高职、电大、函大、夜大和网大同类专业学生的教学和自学，亦可供从事机电一体化工作的工程技术人员参考。

图书在版编目(CIP)数据

电机与电力拖动简明教程/卢健康主编.—西安：西北工业大学出版社，2012.3
ISBN 978-7-5612-3327-6

Ⅰ.①电…　Ⅱ.①卢…　Ⅲ.①电机—高等学校—教材　②电力传动—高等学校—教材
Ⅳ.①TM3②TM921

中国版本图书馆CIP数据核字(2012)第038613号

出版发行：西北工业大学出版社
通信地址：西安市友谊西路127号　　**邮编**：710072
电　　话：(029)88493844　88491757
网　　址：www.nwpup.com
印 刷 者：陕西兴平报社印刷厂
开　　本：787 mm×1 092 mm　　1/16
印　　张：12.375
字　　数：298千字
版　　次：2012年3月第1版　　2012年3月第1次印刷
定　　价：27.00元

前　言

机电一体化是机械工业近几十年来发展变化的主要特征之一，机电一体化技术水平已经成为体现一个国家当代工业技术水平的重要标志之一。为了适应这种发展变化，教育部早已将院校中原机电一体化领域内相关专业整合为“机械设计制造及自动化”专业，该专业主要面向机电一体化、机械电子工程等学科方向。根据学科建设的要求，西北工业大学机电学院为该专业增设了“电机与电力拖动”课程，本书就是笔者在该课程讲义的基础上，结合多年的教学实践经验修编而成的。

与“电气工程与自动化”专业相比，机电类专业的强电与弱电类基础课程要少得多，一般又都开设有“电工技术”与“电子技术”课程，因此，机电类专业的“电机与电力拖动”课程与电气工程与自动化专业或自动化专业的相应课程在内容和学时上有着明显不同。本书的特色就在于力图适应机电类专业的需要，突出机电结合、电为机用的特点，体现理论先导、理论联系实际和精练实用的原则，在内容上偏重于电机及其拖动的定性分析和应用，降低理论深度，减少定量计算内容，并且适当反映近年来电机和电力拖动学科领域的新发展与新成就。另外，还注意到与“电工技术”及“电子技术”课程的衔接，并尽量避免或减少内容上的重复。

本书由西北工业大学卢健康主编与统稿，袁小庆任副主编。具体编写分工为第 4 章和第 7 章前 3 节由袁小庆编写，第 5 章和第 7 章第 4 节由李志宇编写，第 8 章第 2 节由王萑编写，第 8 章第 3 节由王泽锋编写，其余各章节由卢健康编写。文中带 * 号的为选修内容。

本书由国家级教学名师、西北工业大学博士生导师史仪凯教授审阅。史教授认真审阅了书稿并提出了不少宝贵的修改意见。在编写本书和初编及修订讲义的过程中，先后得到西北工业大学机电学院、教务处及电工学教学团队有关领导和同志们的大力支持和热情帮助；研究生高杨、方晓厅、郗风、王声钊、朱文超、谢亚乐、邢益巽、陈海标、敬瑞星和刘晓艳等做了不少辅助性工作。同时，参考了不少相关文献资料。在此，对主审、参考资料的作者、促成本书出版的西北工业大学出版社有关领导与同志和上述提供帮助的所有领导、老师、学生一并致以诚挚的谢意！

由于水平有限，书中一定有不妥之处，敬请使用本书的老师、学生不吝赐教。

编　者

2011 年 9 月

目　录

绪论

一、电力拖动的含义与功能

电力拖动(又称为电力传动、电气传动或机电传动)系统是指以电动机为原动机驱动机械的系统的总称,其目的是将电能转换成机械能,实现机械的起动、停止和速度调节,完成各种工艺过程的要求,保证其正常进行。

在现代工农业生产、日常生活与办公等许多场合,需要使用各种各样的机械。而要拖动各种机械运转,可以采用气动、液压传动或电力拖动方式。由于电力拖动具有控制简单、调节性能好、损耗小、经济、能实现远距离控制和自动控制等一系列优点,因此大多数机械均采用电力拖动。

为了实现生产过程自动化的要求,电力拖动系统中不但包括拖动生产机械的电动机,而且包括控制电机及其相关的一整套控制系统。也就是说,现代电力拖动是和由各种控制元件组成的自动控制系统紧密地联系在一起的,因此,现代的电力拖动系统也常被称为电力拖动自动控制系统。

电力拖动系统所要完成的功能,广义地讲,就是要使机械设备、生产线、车间以及整个工厂都实现自动化;从狭义上来说,是指通过控制电动机驱动生产机械,实现产品数量的增加、质量的提高、生产成本的降低、工人劳动条件的改善以及能量的节约。随着生产工艺的发展,对电力拖动系统提出了越来越高的要求。例如,一些精密机床要求加工精度达百分之几毫米,甚至几微米;重型镗床为了保证加工精度和粗糙度,就要在极慢的稳定速度下进给,即要求在很宽的范围内调速;轧钢车间的可逆式轧机及其辅助机械操作频繁,要求在不到 1s 的时间内完成从正转到反转的过程,即要求能迅速地起动、制动与反转;对于电梯和起重机等升降机械,则要求起动与制动平稳,并能准确地停止在给定位置上;为了提高效率,由数台或数十台设备组成的自动生产线,要求统一控制和管理。诸如此类的要求都是靠电力拖动自动控制系统来实现的。

二、电机与电力拖动技术的发展

电能是国民经济各部门中动力的主要来源,电能的生产、变换、传输、分配、使用和控制等,都必须利用电机作为能量转换或信号变换的机电装置。在电力工业中,发电机和变压器是电站和变电所的主要设备。在工业企业中,大量应用电动机作为原动机去拖动各种生产机械。在自动控制系统中,各种小巧灵敏的控制电机被广泛地用做检测、放大、执行和解算元件。

无论是旋转电机的能量转换,还是控制电机的信号变换,一般都是通过电磁感应作用来实现的,因而分析电机内部的电磁过程及其所表现的特性时,要应用有关电和磁的定律,如分析电路的基尔霍夫定律、安培环路定律、电磁感应定律和电磁力定律等。但是,电机毕竟是一种机械,除电和磁的定律以外,还涉及力学、结构、工艺、材料等方面的问题,因此,电机在拖动系统中是一种综合性的装置或元件。

电机是随着生产发展而产生和发展的，而电机的发展反过来又促进社会生产力的不断提高。以前，电机的发展过程是由诞生到工业上的初步应用、各种电机的初步定型以及电机理论和电机设计计算方法的产生和发展。在由电气化时代进入自动化、信息化和网络化时代的今天，不但对电机提出了诸如性能良好、运行可靠、单位容量的质量轻、体积小等越来越多的要求，而且随着自动控制系统和计算装置的发展，在旋转电机的理论基础上，发展出多种高精度、快响应的控制电机，成为电机学科的一个重要分支。与此同时，电力电子学等学科的渗透使电机这一较为成熟的学科得到新的发展。

当前，电机制造技术的发展趋势主要有以下三个方面：

(1)大型和巨型化。单机容量越来越大，如三峡电站水轮发电机组单机功率达 700 MW(发电机最大容量为 840 MVA)。

(2)微型化。为适应设备小型化的要求，电机的体积越来越小，质量越来越轻。

(3)多样化。新原理、新工艺、新材料和新结构的电机不断涌现，如无刷直流电动机、开关磁阻电动机、直线电动机、超声波电动机、横向磁场电机、无轴承电机等。

与电机的发展过程相类似，电力拖动技术也是逐步发展起来的。其发展历程大致可分为以下三个阶段：

1. 成组拖动阶段

成组拖动是由一台电动机拖动一组生产机械，从电动机到各生产机械的能量传递以及各生产机械之间的能量分配完全用机械方法，靠天轴及机械传动系统来实现。电动机远离生产机械，车间里有大量的天轴、长带和带轮等。这种方式无法实现自动控制，且能量在传递过程中的损耗大，效率低，生产率低，灰尘大，劳动条件与卫生条件很差，生产安全得不到保证，容易发生人身、设备事故。如果电动机有故障，被拖动的所有生产设备都将一起停车，甚至会使整个生产停顿。

2. 单电动机拖动阶段

为了克服上述这种陈旧落后的电力拖动方式存在的缺点，从 20 世纪 20 年代以来，生产机械上广泛采用单电动机拖动系统，在这一系统中，一台生产机械用一台单独的电动机拖动。这样，电动机与生产机械在结构上配合密切，使每台生产设备既可独立工作，实现电气调速，又省去了大量的中间传动机构，使机械结构简化，并且易于实现生产机械运转的全自动化。

3. 多电动机拖动阶段

如果用一台电动机拖动具有多个工作机构的生产机械，生产机械内部仍将保留着复杂的机械传动机构。因此，自 20 世纪 30 年代起，开始广泛采用“多电动机拖动系统”，即每一个工作机构用单独的电动机拖动，因而生产机械的机械结构可大为简化。例如，具有 3 个主轴的龙门铣床用 3 台电动机拖动，每台电动机拖动一根主轴运动。某些生产机械的生产过程长而且连续，如造纸、印刷、纺织、轧制等机械，也都采用多电动机拖动系统。这些机械一般由多个部分组成，每一部分可用单独的电动机来拖动。

随着生产的发展，对上述单电动机拖动系统及多电动机拖动系统提出了更高的要求，如要求提高加工精度与工作速度，要求快速起动、制动及反转，要求实现在很宽的范围内调速及整个生产过程自动化等。要完成这些任务，除电动机外，还必须要有自动控制设备，以组成自动化的电力拖动系统，而电力拖动系统则可视为自动化电力拖动系统的简称。在这一系统中可对生产机械进行自动控制，如实现自动控制起动、制动、调速和同步，自动维持转速、转矩或功率为恒定值，按给定程序或规律改变速度、转向和工作机构的位置，以及使工作循环自动化等。

随着电机及电器制造业与自动化技术的进步，电力拖动系统也得以不断地发展与更新。最初采用的控制系统是继电器-接触器组成的断续控制系统，到后来普遍采用由电力电子变流器供电的连续控制系统。连续控制系统包括由相控变流器或斩波器供电的直流电力拖动系统和由变频器或伺服驱动器供电的交流电力拖动系统两大类。交流电力拖动系统包括由绕线型异步电动机组成的双馈调速系统和由异步或同步电动机组成的变频调速与伺服系统等。目前，随着电力电子技术、信息技术以及控制理论的发展，电力拖动系统的性能指标也上了一大台阶，不仅可以满足生产机械快速起动、制动以及正、反转的要求(即所谓的四象限运行状态)，还可以确保整个电力拖动系统具有较高的调速与定位精度和较宽的调速范围。这些性能指标的提高，使得生产设备的生产率和产品质量大为提高。此外，随着多轴电力拖动系统的发展，过去许多难以解决的问题也变得迎刃而解，如复杂曲轴、曲面的加工，机器人、航天器等复杂空间轨迹的控制与实现等。目前，电力拖动系统正朝着网络化、信息化方向发展，包括现场总线、智能控制策略以及网络技术在内的各种新技术、新方法均在电力拖动领域中得到了应用。电力拖动理论与技术的面貌正在日新月异地发展变化。

三、本课程的性质、任务与内容

机电一体化产品质量和技术水平的高低，已经成为当今世界衡量一个国家实力和国际地位的重要标志。实现产品的高质量和技术的高水平，关键的一环是机电一体化人才的培养。高校要培养基础扎实、知识面宽、能力强、素质高、具有创新精神和实践能力的“机电复合型”人才，使学生学习并掌握机、电、液、计算机等综合控制系统的技术。在综合控制系统中的电气控制系统主要包含弱电控制(如计算机控制技术)和强电控制，而强电控制的主要内容，对机电类专业来讲，除“电工技术”课程中已学过的磁路与铁芯线圈电路、变压器、继电器-接触器控制和异步电动机结构与工作原理等内容外，其余的都需要在本课程中学习。

本课程是机械设计制造及其自动化专业、机械电子工程专业和机电一体化专业的一门专业基础课。本课程的任务是使学生掌握常用交、直流电机与控制电动机的基本结构和工作原理，以及电力拖动系统的典型主电路、运行性能、分析计算与电机选择方法，为学习相关的后续课程和进行科学研究准备必要的基础知识。

本课程主要研究电机与电力拖动系统的基本理论问题，同时也联系到科学实验与生产实际的内容，具有“电机学”及“电力拖动基础”的主要内容，但不包括学生在“电工技术”课程中已学过的磁路、铁芯线圈电路、变压器和异步电动机结构与工作原理等内容，以避免不必要的重复。在学完本课程之后，应达到下列要求：

(1) 理解常用交、直流电机的基本理论。

(2) 理解常用控制电动机的工作原理、特性及用途。

(3) 掌握分析电动机机械特性及各种运行状态的基本理论和方法。

(4) 掌握电力拖动机械过渡过程的基本特性及其主要的分析方法，了解机械惯性对直流电力拖动过渡过程的影响。

(5) 掌握电力拖动系统中电动机调速方法的基本原理和技术经济指标。

(6) 掌握选择电机的原理与方法。

(7) 了解电机与电力拖动今后发展的方向。

* (8)了解几种新型特种电机的基本结构和工作原理。

(9)了解现代电力拖动调速系统的基本知识。

(10)了解典型的交、直流电动机调速系统的基本结构和主电路工作原理。

在交、直流电机的起动、制动及调速部分，本书只介绍其基本原理、方法、特性，以及调速方法的技术经济指标，而如何实现自动起动、制动及调速的控制线路以及分析系统的动态特性等问题，不属于本书介绍的范围，应在“电气传动自动控制系统”等相关后续课程中学习。

第1章 电力拖动系统动力学

拖动是指由原动机带动生产机械运转。用各种电动机作为原动机带动生产机械运动，称为电力拖动。电力拖动系统的结构如图1.1所示，一般由电动机、机械传动机构、生产机械的工作机构、控制设备和电源五部分组成。其中电动机是原动机，通过传动机构带动生产机械的工作机构执行某一生产任务；机械传动机构用来传递和变换机械能；控制设备则用来控制电动机的运动；电源向电动机和其他电气设备供电。通常把机械传动机构及工作机构称为电动机的机械负载。

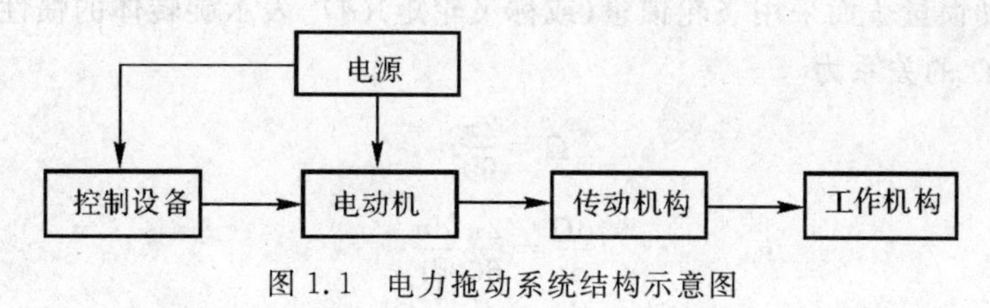

图1.1 电力拖动系统结构示意图

电动机及其负载构成了电力拖动系统。要研究电力拖动系统，不仅要研究电动机自身的运行性能，还要研究电动机和负载之间相互作用的运动规律。

本章首先运用动力学原理，分析讨论电力拖动系统的运动方程式和转矩及飞轮矩的折算方法；接着介绍几种典型的负载转矩特性，即负载转矩与转速之间的相互关系；然后分析电力拖动系统稳定运行的条件；在此基础上，进一步研究电力拖动系统在起动、制动、调速等运行过程中转矩与转速之间的变化规律，分析电力拖动系统的过渡过程。

1.1 单轴电力拖动系统的运动方程式

电动机输出轴直接拖动生产机械运转的拖动系统称为单轴电力拖动系统，如图1.2所示。在图1.2所示的电力拖动系统中，作用在该轴上的转矩有电动机的电磁转矩T、电动机的空载转矩T_0及生产机械的负载转矩T_m。电动机的负载转矩T_L为T_0与T_m之和。轴的旋转角速度为Ω。电动机转子的转动惯量为J_R，生产机械转动部分与联轴器的转动惯量之和为J_m，因此单轴拖动系统对转轴的总转动惯量为$J=J_R+J_m$。图1.2(b)给出了各物理量的参考方向(正方向)，假设两轴之间为刚性连接且轴无弹性变形，那么图1.2所示的单轴拖动系统可以看成是刚体绕固定轴转动。根据动力学定律并考虑各量的正方向，可以得出单轴电力拖动系统运动方程式

$$T-T_L=J\frac{d\Omega}{dt} \tag{1.1}$$

式中，各个转矩的单位为N·m，各个转动惯量的单位为kg·m^2，而角速度的单位则是rad/s。

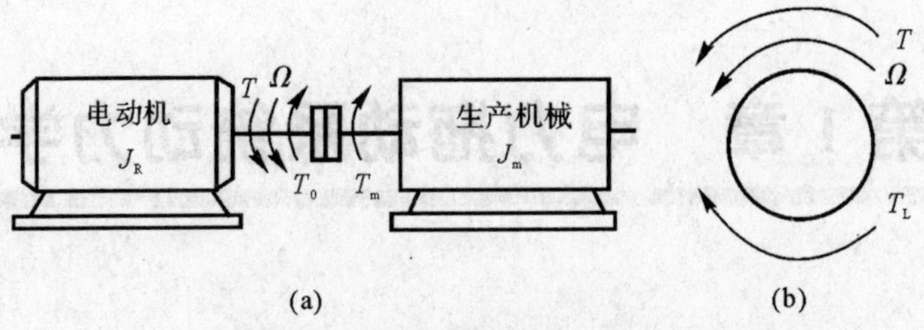

图 1.2 单轴电力拖动系统结构及各量的参考方向

(a) 单轴电力拖动系统结构；(b) 各量的参考方向

单轴电力拖动系统的运动方程式描述了作用于单轴拖动系统的各个转矩与角速度变化之间的关系，是研究电力拖动系统各种运转状态的基础。

式(1.1)是电力拖动系统运动方程的一般物理表达形式。但在实际的电力拖动工程实践中，往往不用转动惯量 J 而采用飞轮惯量(或称飞轮矩)GD^2 表示旋转体的惯性，用转速 n 代替角速度 Ω。n 与 Ω 的关系为

$$\Omega=\frac{2\pi}{60}n$$

则

$$\frac{d\Omega}{dt}=\frac{2\pi}{60}\frac{dn}{dt} \tag{1.2}$$

J 与 GD^2 之间的关系为

$$J=m\rho^2=\frac{G}{g}\left(\frac{D}{2}\right)^2=\frac{GD^2}{4g} \tag{1.3}$$

式中 m —— 系统转动部分的质量，单位为 kg；

G —— 系统转动部分的重力，单位为 N；

ρ —— 系统转动部分的回转半径，单位为 m；

D —— 系统转动部分的回转直径，单位为 m；

g —— 重力加速度，工程上一般取为 $g=9.81\mathrm{m/s^2}$。

将式(1.2)和式(1.3)代入式(1.1)并化简整理，可得到电力拖动系统运动方程的工程实用表达形式，即

$$T-T_L=\frac{GD^2}{375}\frac{dn}{dt} \tag{1.4}$$

式中，GD^2 是系统转动部分的总飞轮矩(单位为 $\mathrm{N\cdot m^2}$)，而常数 $375\approx 4g\times 60/(2\pi)$，它具有加速度的量纲。

式(1.4)表明：电力拖动系统的加速度 dn/dt 是由作用在转轴上所有转矩的代数和 $T-T_L$ 决定的。当 $T>T_L$ 时，$dn/dt>0$，系统加速；当 $T<T_L$ 时，$dn/dt<0$，系统减速。在这两种情况下系统的运动都处在过渡过程之中，称为动态或过渡状态。

当 $T=T_L$ 时，$dn/dt=0$，系统以恒定的转速运行或者静止不动。这种运动状态称为稳定运转状态或静态，简称稳态。

需要强调的是，T，T_L 及 n(或 Ω) 都是有正方向(或称参考方向)的，如果规定转速 n 对观察者而言逆时针为正方向(参见图 1.2(b))，则电磁转矩 T 与 n 的正方向相同时应取正，而负载转矩 T_L 与 n 的正方向相反时取正。当给上述基本运动方程式代入具体数值时，如果其实际方

向与规定的正方向相同就取正值，否则应取负值。

【思考题】

1. 电力拖动系统包括哪几部分？各个部分起什么作用？举例说明。

2. 电力拖动系统运动方程式中 T, T_L 及 n 的正方向是如何规定的？如何表示它的实际方向？

3. 试述飞轮矩的含义与表达式。

4. 从运动方程式中如何看出拖动系统是处于加速、减速、恒速或静止等运动状态的？

1.2　多轴电力拖动系统的折算

电力拖动系统中的电动机转速一般都比较高，而多数生产机械为满足工艺要求则需要较低的转速，或者需要平移、升降、往复等不同的运动形式。在电动机和工作机构之间通常具有传动与减速装置以及运动形式变换装置，因此，实际的电力拖动系统多数都是多轴电力拖动系统，如图 1.3(a) 所示。图中采用 4 个轴把电动机角速度 Ω 变成符合生产机械工作机构需要的角速度 Ω_m.，不同的轴上有不同的转动惯量和转速，也有相应的反映电动机拖动的转矩及反映工作机构工作的阻转矩。

对于多轴电力拖动系统，如果用单轴电力拖动系统运动方程式分析其运动情况，就需要对每一根轴分别列出运动方程式，再联立求解。这种直接求解多轴系统的方法很复杂，计算较为困难，为了简化计算，一般都采用先把多轴系统等效折算为等效的单轴系统后再来求解的间接方法，如图 1.3(b) 所示。当对图 1.3(b) 所示的系统使用电力拖动系统基本运动方程式(1.4)进行分析时，式中的 T_L 应是折算后的等效负载转矩 T_{meq} 与 T_0 之和，GD^2 是折算后系统总的等效飞轮矩。

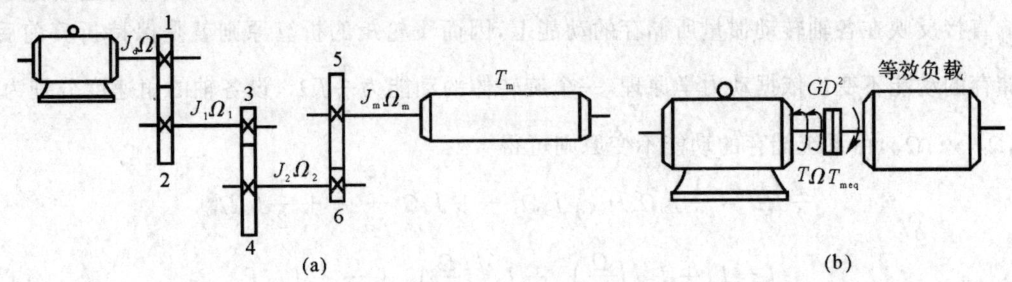

图 1.3　多轴电力拖动系统示意图

(a) 多轴系统；(b) 等效折算图

下面具体介绍负载转矩和飞轮矩的折算方法。等效折算的原则是保持折算前后系统的动力学性能不变，即系统在折算前和折算后应具有相等的机械功率和动能。

1.2.1　工作机构转动时的折算

1.2.1.1　转矩的折算

转矩的折算应遵守所传递的功率相等的原则。在图 1.3 所示的电力拖动系统中，工作机

构上的阻转矩是 T_m，折算到电动机轴上的阻转矩是 T_{meq}，如果忽略传动机构的损耗，则有

$$T_{meq}\Omega = T_m\Omega_m$$

即

$$T_{meq} = \frac{T_m\Omega_m}{\Omega} = \frac{T_m}{j} \tag{1.5}$$

式中，j 是电动机轴与工作机构轴间的转速比。如传动机构为多级变速，各级的转速比为 j_1，j_2，j_3，…，则总转速比为

$$j = j_1 j_2 j_3 \cdots,\quad j = \frac{\Omega}{\Omega_m} = \frac{n}{n_m}$$

如果考虑传动机构的传动损耗，而且电机工作在电动状态，传动损耗由电机承担，则负载转矩的折算值还要更大些，为

$$T_{meq} = \frac{T_m}{j\eta} \tag{1.6}$$

式中，η 为传动机构的总效率，等于各级传动效率的乘积，即

$$\eta = \eta_1 \eta_2 \eta_3 \cdots$$

如果电机工作在发电制动状态，即电机由工作机构带动，传动损耗就由工作机构承担，按传动功率不变的原则，则负载转矩的折算值要更小一些，为

$$T_{meq} = \frac{T_m}{j}\eta \tag{1.7}$$

1.2.1.2　飞轮矩的折算

当对多轴系统进行折算时，除了转矩的折算外，还须将传动机构各轴的转动惯量 J_1，J_2，… 和工作机构的转动惯量 J_m 折算到电动机轴上，用电动机轴上一个等效的转动惯量 J 或飞轮矩 GD^2 来反映各轴的转动惯量对整个拖动系统的影响。各轴的转动惯量对运动过程的影响直接反映在各轴转动惯量所储存的动能上，因而飞轮矩的折算原则就是保持折算前后系统储存的动能不变。依据动力学原理，一个旋转体的动能为 $\frac{1}{2}J\Omega^2$，设各轴的角速度分别为 Ω，Ω_1，Ω_2，…，Ω_m，由系统储存的动能不变原则可得

$$\frac{1}{2}J\Omega^2 = \frac{1}{2}J_d\Omega^2 + \frac{1}{2}J_1\Omega_1^2 + \frac{1}{2}J_2\Omega_2^2 + \cdots + \frac{1}{2}J_m\Omega_m^2$$

$$J = J_d + J_1\Big/\left(\frac{\Omega}{\Omega_1}\right)^2 + J_2\Big/\left(\frac{\Omega}{\Omega_2}\right)^2 + \cdots + J_m/j^2 \tag{1.8}$$

式中，J_d 为电动机轴的转动惯量。考虑到 $J = \frac{GD^2}{4g}$，$\Omega = \frac{2\pi n}{60}$，上式又可写成

$$GD^2 = GD_d^2 + GD_1^2\Big/\left(\frac{n}{n_1}\right)^2 + GD_2^2\Big/\left(\frac{n}{n_2}\right)^2 + \cdots + GD_m^2/j^2 \tag{1.9}$$

式中，GD_d^2，GD_1^2，…，GD_2^2 和 GD_m^2 分别为电动机轴和各轴上相应的飞轮矩。

在系统总飞轮矩中，电动机轴上的飞轮矩一般占的比例最大，其次是工作机构上飞轮矩的折算值，而传动机构中各种飞轮矩的折算值占的比例最小。因此，在工程实践中为了简化计算，也可采用下式近似估算系统的总飞轮矩，即

$$GD^2 = (1+\delta)GD_d^2 \tag{1.10}$$

式中，GD_d^2是电动机轴的飞轮矩，其值可从产品目录中查阅。如果在电动机轴上除了第一级小齿轮外没有其他旋转部件，一般取δ为0.2～0.3。

1.2.2　工作机构直线运动时转矩与飞轮矩的折算

有些生产机械的工作机构具有直线运动的特点，如起重机的提升装置、机床工作台带动工件前进来进行切削加工等。直线运动又分为平移运动和升降运动两种，下面分别讨论这两种直线运动的电力拖动系统的折算方法。

1.2.2.1　平移运动

1. 转矩的折算

很多生产机械，例如刨床，其工作机构做平移运动，如图1.4所示。切削时工件与工作台的速度为v(单位为m/s)，刨刀固定不动，刨刀作用在工件上的力为F(单位为N)，传动机构的效率为η。则切削时的切削功率P(W)为

$$P=Fv$$

如果考虑传动机构中的损耗，则电动机轴上的负载功率为

$$T_{\mathrm{meq}}\Omega=\frac{P}{\eta}=\frac{Fv}{\eta}$$

所以

$$T_{\mathrm{meq}}=\frac{Fv}{\eta\Omega}=\frac{Fv}{\eta\frac{2\pi n}{60}}=9.55\frac{Fv}{n\eta} \tag{1.11}$$

式(1.11)就是平移运动的负载转矩折算公式。

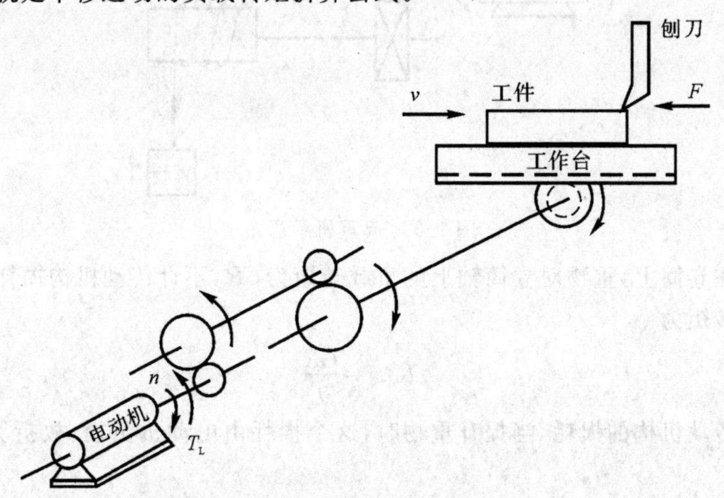

图1.4　工作机构做平移运动的示意图

2. 飞轮矩的折算

设平移运动部件所受的重力为$G=mg$，则平移运动部件的动能为

$$\frac{1}{2}mv^2=\frac{1}{2}\frac{G}{g}v^2$$

又设拟折算到电动机轴上的转动惯量为J_{eq}，折算到电动机轴上的等效飞轮矩为GD_{eq}^2，那

么折算到电动机轴上后的动能为

$$\frac{1}{2}J_{eq}\Omega^2=\frac{1}{2}\frac{GD_{eq}^2}{4g}\left(\frac{2\pi n}{60}\right)^2$$

按照折算前后保持系统动能不变的原则可得

$$\frac{1}{2}\frac{G}{g}v^2=\frac{1}{2}\frac{GD_{eq}^2}{4g}\left(\frac{2\pi n}{60}\right)^2$$

所以

$$GD_{eq}^2=4\times\frac{Gv^2}{\left(\frac{2\pi n}{60}\right)^2}=365\frac{Gv^2}{n^2} \tag{1.12}$$

为了求得等效单轴系统的总飞轮矩，还需要计算传动机构各旋转轴飞轮矩的折算值，其方法与多轴旋转系统飞轮矩的折算方法相同，此处不再赘述。

1.2.2.2 升降运动

工作机构为升降运动的机械常见的有电梯、起重机和矿井卷扬机等。升降运动虽然也是直线运动，但与平移运动不同的是它与重力有关。

1. 转矩的折算

图1.5所示为一起重机示意图，通过传动机构（减速箱）拖动一个卷筒，缠在卷筒上的钢丝绳悬挂一重物，重物的重力为$G=mg$，传动机构总转速比为j，重物提升时传动机构效率为η，卷筒半径为R，转速为n，假设重物提升或下放的速度都为v_L，是个常数。

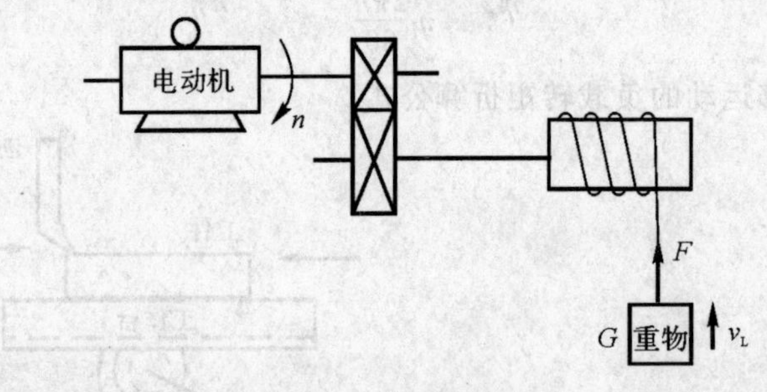

图1.5 起重机示意图

重物作用在卷筒上，重物对卷筒轴上的负载转矩为GR，不计传动机构损耗时，折算到电动机轴上的负载转矩为

$$T_{meq}=\frac{GR}{j} \tag{1.13}$$

如果考虑传动机构的损耗，当提升重物时，这个损耗由电动机负担，故折算到电动机轴上的负载转矩为

$$T_{meq}=\frac{GR}{j\eta} \tag{1.14}$$

传动机构的损耗转矩ΔT为

$$\Delta T=\frac{GR}{j\eta}-\frac{GR}{j}$$

当下放重物时，工作机构带动电动机使重物下放，传动损耗由工作机构承担，因而折算到电动机轴上的负载转矩为

$$T_{\text{meq}}=\frac{GR}{j}\eta' \tag{1.15}$$

式中，η' 为重物下放时传动机构的效率，在提升与下放传动损耗相等（提升与下放同一重物）的条件下，可以证明 η' 与 η 有如下关系：

$$\eta'=2-\frac{1}{\eta} \tag{1.16}$$

2. 飞轮矩的折算

由于飞轮矩的折算不涉及传动损耗，因此升降运动飞轮矩的折算与平移运动飞轮矩的折算相同。

【思考题】

将多轴电力拖动系统折算为等效单轴系统时，分别按什么原则折算负载转矩和各轴的飞轮矩？

1.3　生产机械的负载转矩特性

在运动方程式(1.4)中，负载转矩（亦称阻转矩）T_L 与转速 n 的函数关系 $T_L=f(n)$ 称为生产机械的负载转矩特性（也可简称为负载特性）。负载转矩 T_L 的大小与多种因素有关。以车床为例，当其切削加工时，其主轴转矩与切削速度、切削量大小、工件直径、工件材料及刀具类型等都有密切关系。据统计，大多数生产机械的负载特性可近似归纳为恒转矩特性、恒功率特性和通风机特性 3 种典型特性。

1.3.1　恒转矩负载特性

凡是负载转矩 T_L 的大小为一定值，而与转速 n 无关的负载称为恒转矩负载。根据负载转矩的方向是否与转向有关又分为两种。

1. 反抗性恒转矩负载特性

这种负载转矩源于摩擦阻力。其特点是 T_L 大小不变但作用方向总是与运动方向相反，属于阻碍运动的制动性质的转矩。属于这一类负载的生产机械有带式运输机、轧钢机、起重机的行走机构等。

从反抗性恒转矩负载的特点可知，当 n 为正向时，T_L 亦为正；当 n 为负向时，T_L 也改变方向（阻碍运动，与 $+n$ 同方向），变为负值。因此，反抗性恒转矩负载特性位于第Ⅰ与第Ⅲ象限内，如图 1.6 所示。

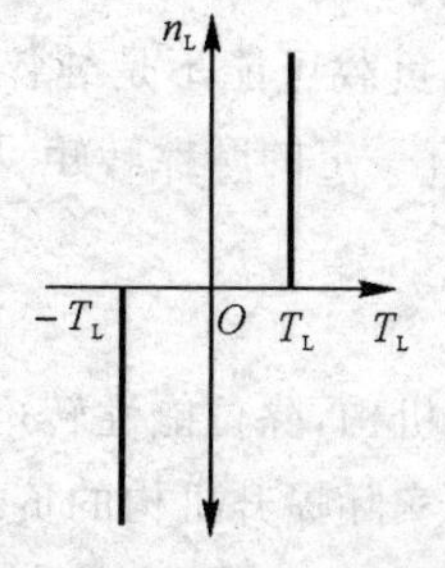

图 1.6　反抗性恒转矩负载特性

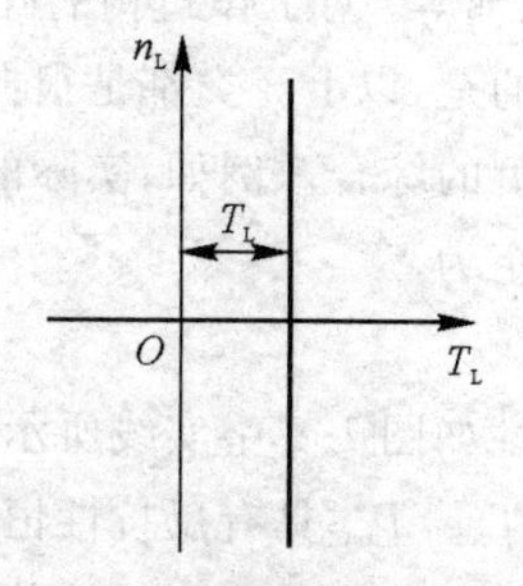

图 1.7　位能性转矩负载特性

2. 位能性转矩负载特性

这种负载转矩是由重力作用产生的。它的特点是 T_L 的大小与作用方向都不会因转速的变化(包括转速大小和方向的变化)而变化。

最典型的位能性负载是起重机的提升机构及矿井卷扬机。这类负载无论是提升重物还是下放重物,重力的作用方向不变。如果以提升作为运动的正方向,则 n 为正向时,T_L 是阻碍运动的阻转矩,也为正值;当下放重物,n 为负向时,T_L 的方向不变,仍为正,表明此时 T_L 是促进运动的,由提升重物时的阻转矩变成了拖动转矩。其特性位于第 Ⅰ 和第 Ⅳ 象限内,如图 1.7 所示。

1.3.2 恒功率负载特性

有些机床,例如车床,粗加工时,切削量大,因而切削阻力也大,此时主轴开低速;而精加工时,切削量小,因而切削阻力也小,往往要求主轴开高速。因此,在不同转速下,负载转矩 T_L 基本上与转速成反比,即

$$T_L = \frac{K}{n}$$

于是,切削功率为

$$P_L = T_L \Omega = T_L \frac{2\pi n}{60} = \frac{T_L n}{9.55} = \frac{K}{9.55} = K_1$$

式中,K 和 K_1 分别是两个具有功率量纲的系数。

可见,切削功率基本不变,因此,把这种负载称为恒功率负载。其负载特性 $T_L = f(n)$ 成双曲线关系,如图 1.8 所示。

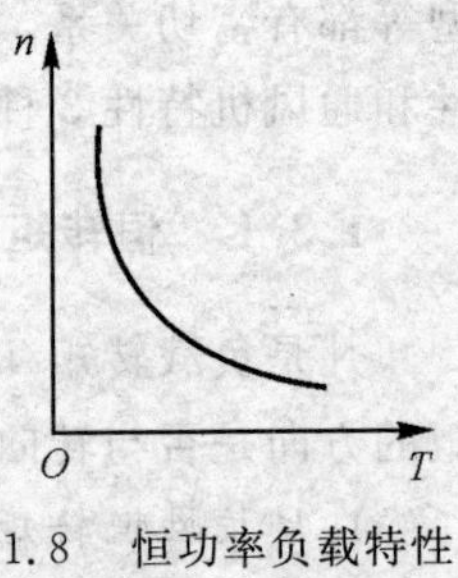

图 1.8 恒功率负载特性

1.3.3 通风机负载特性

通风机负载的转矩与转速大小有关,基本上与转速的平方成正比,即

$$T_L = kn^2$$

式中,k 为一比例系数。

通风机负载特性如图 1.9 中实线所示。图中只画出了第 Ⅰ 象限即转速为正向时的特性,鉴于通风机负载是反抗性的,当转速反向时,T_L 也反向,变为负值,故第 Ⅲ 象限中应有与第 Ⅰ 象限特性对称的曲线。

属于通风机型负载的生产机械有离心式通风机、水泵、液压泵等。这种负载转矩是由周围介质(空气、水、油等)对工作机构的叶片产生阻力所引起的。

需要强调的是,以上 3 类都是很典型的负载特性,实际负载可能不是纯粹的一种类型,而往往是几种类型的综合。例如,实际的通风机由于轴承上有一定的摩擦转矩 T_{m0},因此实际的通风机负载转矩为

$$T_L = T_{m0} + kn^2$$

与其相应的特性如图 1.9 中实线所示。再如起重机的提升机构,除位能性转矩外,传动机构也存在摩擦转矩 T_{m0},T_{m0} 具有反抗性恒转矩负载性质。因此实际提升机构的负载转矩特性是反抗性负载和位能负载两种典型特性的综合,相应的负载特性如图 1.10 中的实线所示。

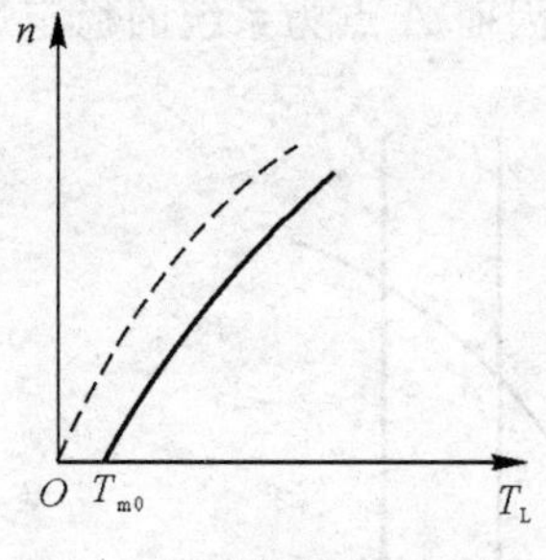

图 1.9　通风机负载特性

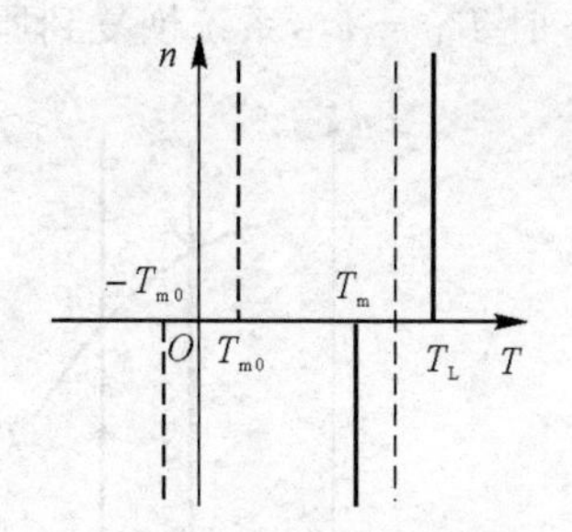

图 1.10　提升机构恒转矩负载性质

【思考题】

负载转矩特性有哪几种类型？各有什么特点？

1.4　电力拖动系统稳定运行的条件

1.4.1　电动机的机械特性

机械特性是电动机的主要特性，是分析电动机起动、制动、调速等问题的重要工具。

在电力拖动系统中，电动机产生电磁转矩 T，拖动生产机械以转速 n 旋转。T 和 n 是生产机械对电动机提出的两项基本要求。学习电力拖动，特别要关心 T 和 n。在电动机内部，T 和 n 并不是相互孤立的，在一定条件下，它们之间存在着确定的关系 $n=f(T)$，这个关系称为机械特性。

在电力拖动系统的运行过程中，电动机的机械特性与生产机械的负载转矩特性同时存在，本节分析这两种特性应该怎样配合才能保证电力拖动系统的稳定运行。

1.4.2　稳定运行的必要条件

为了便于分析电力拖动系统的运行情况，可将电动机的机械特性和工作机构的负载转矩特性画在同一坐标系中，如图 1.11 所示，其中图 1.11(a) 和图 1.11(b) 分别表示机械特性不同的两种电动机带恒转矩负载的情况。

电力拖动系统的运动情况是由运动方程式(1.4) 来描述的。在图 1.11(a) 中，两条机械特性相交于 A 点，在 A 点：

$$T_A=T_L,\quad \frac{dn}{dt}=0$$

因此系统以 n_A 的转速恒速运行。A 点被称为工作点，也称为平衡状态。当外界扰动使负载特性由 T_L 变成 T'_L 时，由于机械惯性的作用转速 n 不能突变，电动机转矩 T 也未突变，仍为 T_A，根据运动方程式可知 $\frac{dn}{dt}<0$，因此系统开始减速。由电动机的机械特性可知，随着 n 的下降，电磁转矩 T 将增大，当转速下降至 $n=n'_A$ 时，电动机转矩 $T'_A=T'_L$，系统获得新的平衡状态，以 n'_A 的转速恒速运行；当外界扰动消失即负载转矩由 T'_L 复原为 T_L 时，因为 $T'_A=T'_L>T_L$，故系统开始加速。同样由电动机的机械特性可知，随着转速上升，电磁转矩将减小，当转

速升至 n_A 时 $T_A=T_L$，系统恢复到原平衡状态 A 点工作，因而 A 点为系统的稳定运行点。

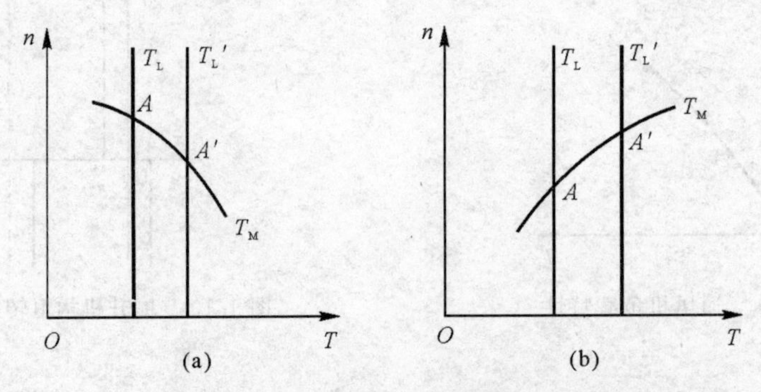

图 1.11　机械特性不同的两种电动机带恒转矩负载的特性曲线

(a) 稳定运行；(b) 不稳定运行

在图 1.11(b) 情况下，A 点虽然也是平衡状态，系统也以 n_A 的转速恒速运行，但是当负载特性由 T_L 变成 T'_L 时，由于 $T_A<T'_L$，系统将开始减速。随着 n 的下降，电动机转矩 T 也相应减小，促使转速加速下降，直至 $n=0$ 即停转。显然，系统在扰动作用下不能获得新的平衡状态，因而无法正常工作。因此图 1.11(b) 中的 A 点不是稳定运行点。

根据以上分析可知，$T=T_L$ 只是系统稳定运行的必要条件而非充要条件。

1.4.3　稳定运行的充要条件

当系统满足稳定运行的充要条件时，应该具有如下效果：系统在某种外界扰动下离开原来的平衡状态，在新的条件下获得新的平衡；或在扰动消失后系统能自动恢复到原来的平衡状态。满足上述要求，系统就是稳定的，否则系统就是不稳定的。

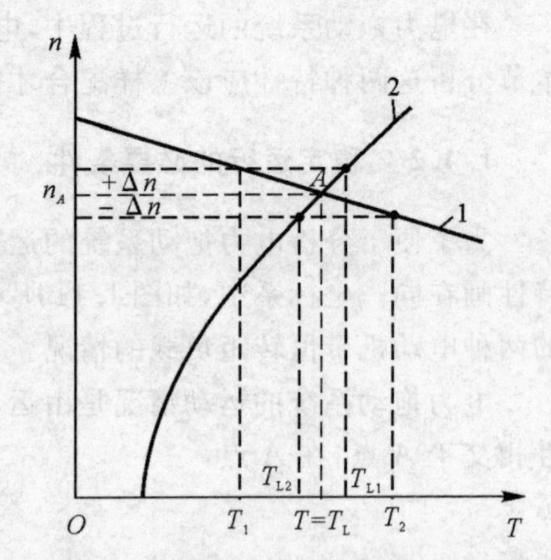

图 1.12　稳定运行充要条件的判定

图 1.12 所示为他励直流电动机拖动一个泵类负载运行的情况，曲线 1 为电动机的机械特性，曲线 2 为鼓风机的负载转矩特性，两条特性曲线交于 A 点，并且当转速为 n_A 时稳定运行。假设在某种干扰下使转速增加或减少了一个增量 Δn(Δn 为正值)，此时 T 与 T_L 都将产生相应的变化，增加或减少 ΔT 与 ΔT_L(ΔT 与 ΔT_L 都为正)。当干扰使转速增加到 $n=n+\Delta n$ 时，电动机的转矩 $T=T_1$，减少了 ΔT，$T_L=T_{L1}$，增加了 ΔT_L，干扰消失后，因惯性原因，n 不能突变，则 $T_1-T_L<0$，使 $dn/dt<0$，导致系统减速，直到转速重新降回到 n_A，当 T 与 T_L 恢复到 $T=T_L$ 时，系统又回到 A 点稳定运行。当干扰使转速减小到 $n=n-\Delta n$ 时，$T=T_2$，增加了 ΔT，$T_L=T_{L2}$，减少了 ΔT_L，干扰消失后，由于 $T_2-T_{L2}>0$，使 $dn/dt>0$，导致系统加速，直到 $n=n_A$，$T=T_L$，系统又回到 A 点稳定运行。

从以上分析可知，A 点为稳定运行点，并可得出稳定运行的充要条件为：在 A 点附近

$$\frac{\Delta T}{\Delta n}<\frac{\Delta T_L}{\Delta n}$$

或写为
$$\frac{\mathrm{d}T}{\mathrm{d}n}<\frac{\mathrm{d}T_{\mathrm{L}}}{\mathrm{d}n}$$

可以用解析的方法证明(限于篇幅,此处从略):上述图解分析的结论是普遍适用的。也就是说,使电力拖动系统稳定运行的充分必要条件是:

(1) 电动机的机械特性与负载转矩特性必须有交点,在交点处 $T=T_{\mathrm{L}}$。

(2) 在交点附近应有$\frac{\mathrm{d}T}{\mathrm{d}n}<\frac{\mathrm{d}T_{\mathrm{L}}}{\mathrm{d}n}$。

【思考题】

试述电力拖动系统稳定运行的必要条件和充要条件。

1.5　电力拖动系统的动态过程分析

在1.4节电力拖动系统稳态分析的基础上,本节将分析和讨论系统的动态过程。所谓动态过程是指系统从一个稳定工作点向另一个稳定工作点过渡的中间过程,亦称为过渡过程,系统在过渡过程中的变化规律和性能称为系统的动态特性。研究这些问题,对研究经常处于起动、制动运行的生产机械如何缩短过渡过程时间,减少过渡过程中能量损耗,提高劳动生产率等,都有实际意义。

为了简化分析,假设电力拖动系统满足以下条件:

(1) 电磁过渡过程的影响可以忽略不计,只考虑机械过渡过程。

(2) 电源电压、磁通和负载转矩三者在过渡过程中保持恒定不变。

如果已知电动机的机械特性、负载转矩特性、过渡过程的起始点、稳态点以及系统的飞轮矩,可根据电力拖动系统的运动方程式,建立关于转速 n 的微分方程式,以求解转速方程 $n=f(t)$。

为了便于分析,下面以第2章将要介绍的他励直流电动机为例来进行研究,讨论在上述假设条件下转速和转矩等参量在过渡过程中的变化规律及其定量计算等问题。

1.5.1　过渡过程的数学分析

他励直流电动机的机械特性就是其 n 与 T 之间的函数关系,可以用下述直线方程式描述:

$$n=n_0-\beta T \tag{1.17}$$

式中　n_0——理想空载转速;

β——机械特性的斜率。

如图1.13所示,曲线1(带箭头的斜线)为他励直流电动机的一条机械特性,曲线2(用实线表示的竖直线)为该电机所带恒转矩负载的负载转矩特性。在电动机的机械特性曲线上,过渡过程表现为电动机的运行点从起始点开始,沿着机械特性曲线向着稳态点变化的过程,起始点是机械特性上的一个点,对应着过渡过程开始瞬间的转速与转矩;稳态点是过渡过程结

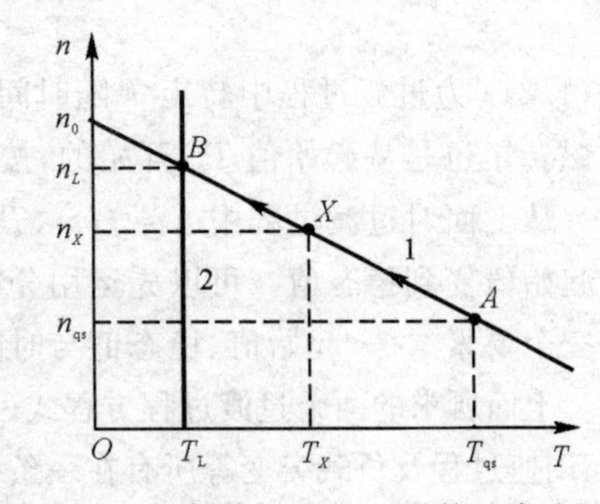

图1.13　机械特性上 $A\rightarrow B$ 的过渡过程

束后的工作点。在图中,A 点为起始点,其转速为 n_{qs},电磁转矩 $T=T_{qs}$;B 点为稳态点,其转速为 n_L,电磁转矩 $T=T_L$。下面分析从 A 点到 B 点沿着曲线 1 进行的过渡过程。

1.5.1.1 转速 n 的变化规律 $n=f(t)$

将电力拖动系统的运动方程式(1.4) 代入上述机械特性即式(1.17),得

$$n=n_0-\beta\left(T_L+\frac{GD^2}{375}\frac{dn}{dt}\right)=n_0-\beta T_L-\beta\frac{GD^2}{375}\frac{dn}{dt}=n_L-T_m\frac{dn}{dt}$$

将上式整理成一阶线性非齐次微分方程,即

$$T_m\frac{dn}{dt}+n=n_L \tag{1.18}$$

式中 n_L—— 稳态点的转速,$n_L=n_0-\beta T_L$;

T_m—— 机电时间常数,单位为 s。

$$T_m=\beta\frac{GD^2}{375}$$

考虑到过渡过程的初始条件:$t=0$,$n=n_{qs}$,则可求出该微分方程满足初始条件的解:

$$n=n_L+(n_{qs}-n_L)e^{-t/T_m} \tag{1.19}$$

式(1.19) 即为过渡过程中转速 n 随时间 t 变化的一般公式。该式表明,转速方程 $n=f(t)$ 中包含有两个分量,一个是强制分量(又称为稳态分量)n_L,也就是过渡过程结束时的稳态值;另一个是自由分量$(n_{qs}-n_L)e^{-t/T_m}$,它按指数规律衰减至零。因此,在过渡过程中,转速 n 是从起始值 n_{qs} 开始的,按指数曲线规律逐渐变化至过渡过程终止的稳态值 n_L,其过渡过程曲线如图 1.14(a) 所示。

1.5.1.2 转矩 T 的变化规律 $T=f(t)$

从图 1.13 所示机械特性,可得 T 与 n 的对应关系为

$$\left.\begin{aligned}n&=n_0-\beta T\\n_L&=n_0-\beta T_L\\n_{qs}&=n_0-\beta T_{qs}\end{aligned}\right\} \tag{1.20}$$

把式(1.20) 代入式(1.19),整理后得到 $T=f(t)$ 的表达式为

$$T=T_L+(T_{qs}-T_L)e^{-t/T_m} \tag{1.21}$$

式(1.21) 为过渡过程中转矩 T 随时间 t 变化的一般公式。由式可见,与转速的变化规律类似,电磁转矩也是从起始值 T_{qs} 开始的,按同样的指数规律变化到稳态值 T_L,如图 1.14(b) 所示。

从上面对过渡过程中 $n=f(t)$,$T=f(t)$ 的分析可以看出,两者都是按照同样的指数规律从起始值变到稳态值。可以先运用分析一般一阶微分方程描述的过渡过程的"三要素法",找出三个要素 —— 起始值、稳态值与时间常数,然后直接列写出各量的数学表达式。

上面所求的两个过渡过程方程式(1.19) 与式(1.21) 不仅适用于起动过程,也适用于制动过程、调速过程及负载突变等所有在一条机械特性上变化的各种过渡过程。当应用上述各公式时,主要应掌握三个要素 —— 初始值、稳态值与机电时间常数,找出这三个要素,并注意它们的正负号,代入相应的公式,即可确定各量在过渡过程中的变化规律并画出相应的变化曲线。

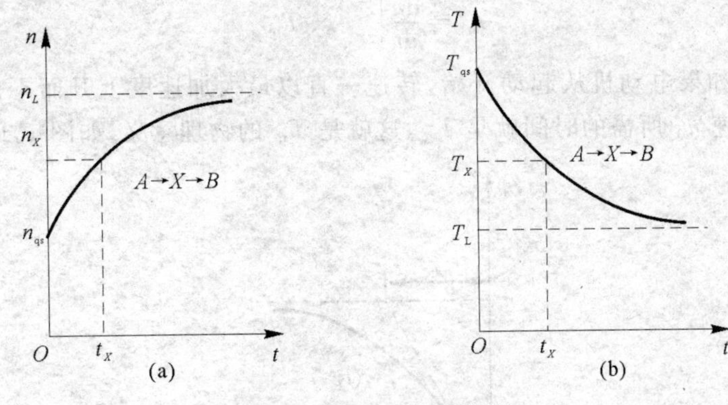

图 1.14　过渡过程曲线

(a)$n=f(t)$；(b)$T=f(t)$

1.5.2　过渡过程时间的计算

从起始值到稳态值，理论上讲需要时间 $t\to\infty$，但实际上当 $t=(3\sim5)T_{\mathrm{m}}$ 时，各量已超过 95%～99% 的稳态值，可认为过渡过程基本结束了。因此工程上一般以 $4T_{\mathrm{m}}$（此时已经超过 98% 的稳态值）作为过渡过程时间。在工程实际中，有时需要知道过渡过程进行到某一阶段所需的时间。比如图 1.13 中由 A 点到 X 点所需的时间为 t_X，X 点对应的转速为 n_X，转矩为 T_X。计算 t_X 时，若已知 $n=f(t)$ 及 X 点的转速 n_X，可以通过式(1.19)计算 t_X。把 X 点数值代入式(1.19)，得

$$n_X=n_{\mathrm{L}}+(n_{\mathrm{qs}}-n_{\mathrm{L}})\mathrm{e}^{-t_X/T_{\mathrm{m}}}$$

则可解出

$$t_X=T_{\mathrm{m}}\ln\frac{n_{\mathrm{qs}}-n_{\mathrm{L}}}{n_X-n_{\mathrm{L}}} \tag{1.22}$$

若已知 $T=f(t)$ 及 X 点的转矩 T_X，则 t_X 的计算公式可用同样的方法推得

$$t_X=T_{\mathrm{m}}\ln\frac{T_{\mathrm{qs}}-T_{\mathrm{L}}}{T_X-T_{\mathrm{L}}} \tag{1.23}$$

1.5.3　机电时间常数 T_{m} 的物理意义

由 1.5.2 小节的分析可知：机电时间常数 T_{m} 决定着过渡过程时间的长短。

图 1.15 所示为他励直流电动机起动时的过渡过程曲线，其表达式为 $n=n_{\mathrm{A}}-n_{\mathrm{A}}\mathrm{e}^{-t/T_{\mathrm{m}}}$。可以看出：起动开始时，转矩最大，则产生的加速度 $\mathrm{d}n/\mathrm{d}t$ 最大，n 上升速度也最大。随着转矩按指数规律下降，$\mathrm{d}n/\mathrm{d}t$ 也下降，n 上升速度也随着减小，当转矩下降至 $T=T_{\mathrm{L}}$ 时，$\mathrm{d}n/\mathrm{d}t=0$，$n$ 不再变化，系统达到了稳态转速 n_{A}。

在起动过程中，$\mathrm{d}n/\mathrm{d}t$ 也是随 t 变化的，对式 $n=n_{\mathrm{A}}-n_{\mathrm{A}}\mathrm{e}^{-t/T_{\mathrm{m}}}$ 求导可得

$$\frac{\mathrm{d}n}{\mathrm{d}t}=\frac{n_{\mathrm{A}}}{T_{\mathrm{m}}}\mathrm{e}^{-t/T_{\mathrm{m}}}$$

当 $t=0$ 时，$\frac{\mathrm{d}n}{\mathrm{d}t}$ 最大，即

$$\left.\frac{\mathrm{d}n}{\mathrm{d}t}\right|_{t=0}=\frac{n_{\mathrm{A}}}{T_{\mathrm{m}}}$$

或

$$n_A = \frac{dn}{dt}\bigg|_{t=0} \times T_m$$

由上式可知,如果电动机从起动开始,转速一直以最大加速度上升而不是按指数规律变化,则达到稳态转速 n_A 所需的时间就是 T_m,这就是 T_m 的物理意义,如图 1.15 所示。

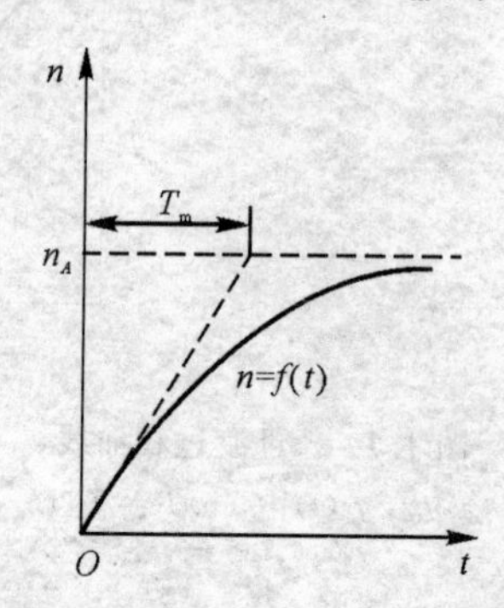

图 1.15　机电时间常数的物理意义

【思考题】

1. 什么叫电力拖动系统的过渡过程?在过渡过程中为什么电动机的转速不能突变?

2. 什么是他励直流电动机拖动系统机械过渡过程的三要素?

本 章 习 题

1. 某拖动系统如图 1.16 所示。当系统以 1 m/s² 的加速度提升重物时,试求电动机应产生的电磁转矩。折算到电动机轴上的负载转矩 $T_{meq}=195$ N·m,折算到电动机轴上的系统总转动惯量(包括卷筒)$J=2$ kg·m²,卷筒直径 $d=0.4$ m,减速机构的转速比 $j=2.57$。计算时忽略电动机的空载转矩。

2. 试求图 1.17 所示拖动系统提升重物和下放空罐笼时,折算到电动机轴上的等效负载转矩以及折算到电动机轴上的拖动系统升降部分的飞轮矩。已知罐笼的质量 $m_0=300$ kg,重物的质量 $m=1\ 000$ kg,平衡锤的质量 $m_p=600$ kg,罐笼提升速度 $v_m=1.5$ m/s,电动机的转速 $n=980$ r/min,传动效率 $\eta_0=0.85$。传动机构及卷筒的飞轮矩忽略不计。

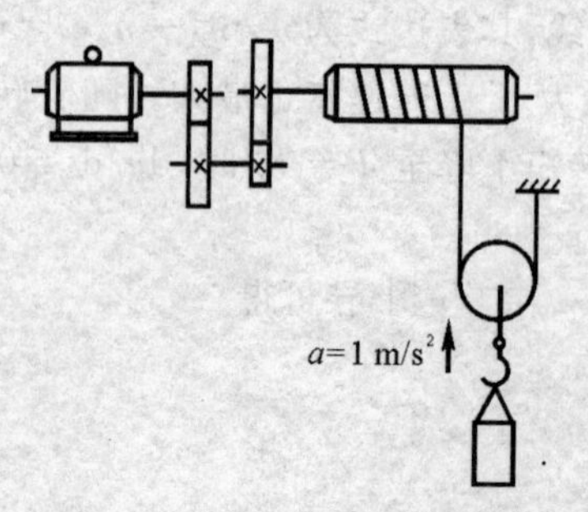

图 1.16　习题 1.1 拖动系统传动机构图

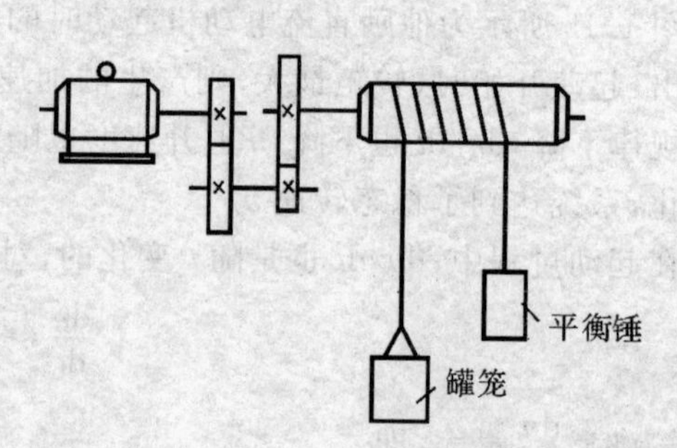

图 1.17　习题 1.2 拖动系统传动机构图

3. 某卷扬机传动系统如图 1.18 所示。其传动机构的 6 个齿轮的齿数及其所在轴的飞轮矩如下：

$Z_1=20$，　$GD_1^2=1\ \mathrm{N\cdot m^2}$；

$Z_2=100$，　$GD_2^2=6\ \mathrm{N\cdot m^2}$；

$Z_3=30$，　$GD_3^2=3\ \mathrm{N\cdot m^2}$；

$Z_4=124$，　$GD_4^2=10\ \mathrm{N\cdot m^2}$；

$Z_5=25$，　$GD_5^2=8\ \mathrm{N\cdot m^2}$；

$Z_6=92$，　$GD_6^2=14\ \mathrm{N\cdot m^2}$。

卷筒直径 $d=0.6$ m，卷筒质量 $m_T=130$ kg，卷筒回转半径 ρ 与卷筒半径 R 之比 $\rho/R=0.76$，重物质量 $m=600$ kg，吊钩和滑轮的质量 $m_0=200$ kg，重物提升速度 $v_m=12$ m/min，每对齿轮的传动效率 $\eta_{cZ}=0.95$，滑轮的传动效率 $\eta_{cn}=0.97$，卷轴效率 $\eta_{cT}=0.96$，略去钢绳的质量。电动机的数据为 $P_N=20$ kW，$n_N=950$r/min，$GD_R^2=21\ \mathrm{N\cdot m^2}$。试求：

(1) 折算到电动机轴上的系统总飞轮矩；

(2) 以 $v_m=12$ m/min 提升和下放重物时折算到电动机轴上的负载转矩。

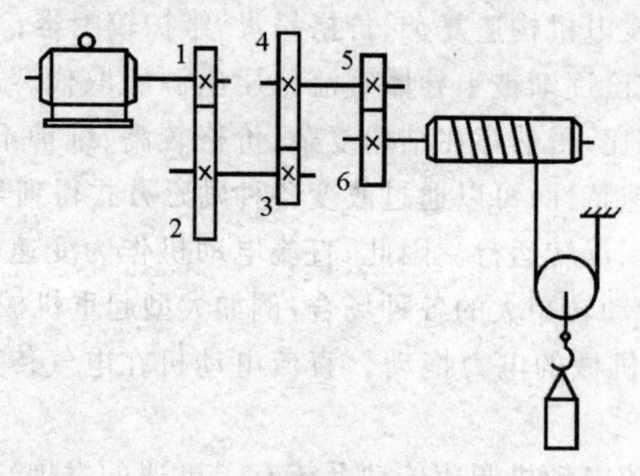

图 1.18　卷扬机传动系统图

第2章　直流电动机及其电力拖动

按照不同电力拖动系统中所用电机的种类，电力拖动系统主要分为直流电力拖动系统和交流电力拖动系统两大类。

直流电机是实现机械能与直流电能相互转换的旋转机械。将机械能转换为直流电能的电机为直流发电机；将直流电能转换为机械能的电机为直流电动机。直流电机具有可逆性，一台直流电机既可以作为发电机运行，也可以作为电动机运行。

尽管在生产上主要应用的是交流电，但在有些场合直流电仍得到广泛的应用，例如蓄电池充电、电解电镀、汽车、直流电焊、同步电动机励磁和直流电动机等，直流发电机可作为上述场合的直流电源。由于直流发电机构造复杂、价格昂贵、维护较困难、工作可靠性也较差，随着电力电子技术的迅速发展，它已逐渐被半导体直流稳压电源所取代。而作为电力拖动使用的直流电动机，与交流电动机相比，虽然存在结构复杂、价格较高、维护不方便等缺点，但它具有在大范围内平滑而准确的调速特性；可以通过改变各种励磁方式得到与负载相适应的特性；而且起动转矩大，易于调速及正、反转运行。因此，直流电动机作为变速电动机可以广泛应用于需要精密调速、快速反转及起动转矩大的各种场合，例如大型起重机械、电气机车、电车、轧钢机、造纸机、龙门刨床、锻床等机械的电力拖动。直流电动机在电气传动领域内占有比较重要的地位。

但是，近十几年来，交流电动机调速传动系统有了迅速的发展，尤其是变频调速装置的广泛运用，使得一直在高性能电气传动系统中占统治地位的直流电动机受到猛烈的冲击，传统的直流电力拖动系统正在逐步被交流电力拖动系统所取代。

本章介绍直流电机及其电力拖动，主要讨论直流电机的结构与工作原理，直流电动机的机械特性，以及它的起动、制动、调速和反转的基本原理和基本方法。

2.1　直流电机的基本构造

一台直流电动机可分为静止和转动两大部分，静止部分称为定子，转动部分称为转子。定子、转子之间由空气隙分开，其结构如图2.1所示。图2.2是直流电机的各种主要部件。

2.1.1　定子

定子主要由机座、主磁极、换向极、电刷装置、端盖和接线盒等部件构成。

机座的作用有两个：一是固定主磁极、换向极、端盖和接线盒等定子部件；二是作为磁路的一部分，故也称为磁轭。为了具有良好的导磁性能，机座一般用铸钢或厚钢板焊接而成。

主磁极的作用是在定子、转子之间的气隙中建立磁场，使电枢绕组在此磁场的作用下产生感应电动势和电磁转矩。它由主磁极铁芯、极掌（也称极靴）和套在铁芯上的励磁绕组构成，如图2.3所示。铁芯由钢板冲片叠压而成，并用铆钉紧固成整体，套上励磁绕组后，用螺栓固定在机座的内壁上。极掌的作用是挡住套在铁芯上的励磁绕组,并使电机空气隙中磁感应强度按设计要求合理分布。励磁绕组是由导线绕制而成的集中绕组,它通入直流励磁电流后产生恒定磁场。

换向极的作用是产生附加磁场,用以改善电机的换向(“换向”的含义如下所述)。它是由铁芯和套在铁芯上的绕组构成的,用螺栓固定在定子内壁两个主磁极之间。图 2.4 是直流电机的剖面图,图中给出了主磁极和换向极的位置。

电刷装置的作用是通过电刷与换向器之间的滑动接触,使转子电路与外电路相连接。它主要由电刷和电刷架等零部件构成。整个电刷装置固定在端盖内。

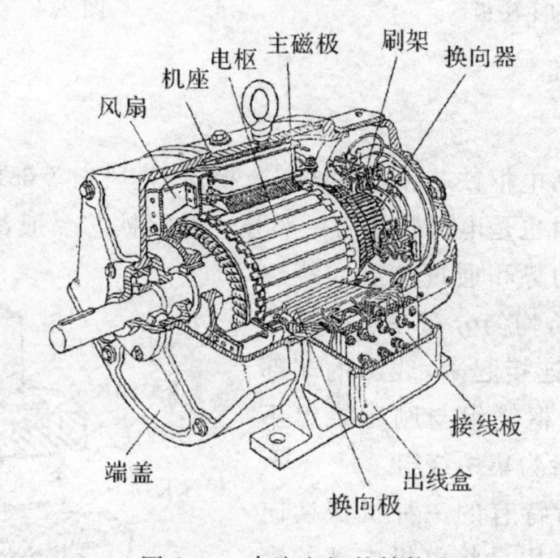

图 2.1　直流电机的结构

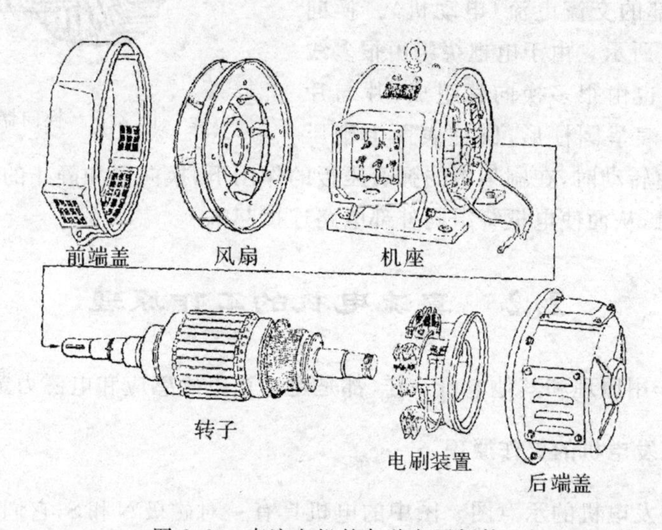

图 2.2　直流电机的各种主要部件

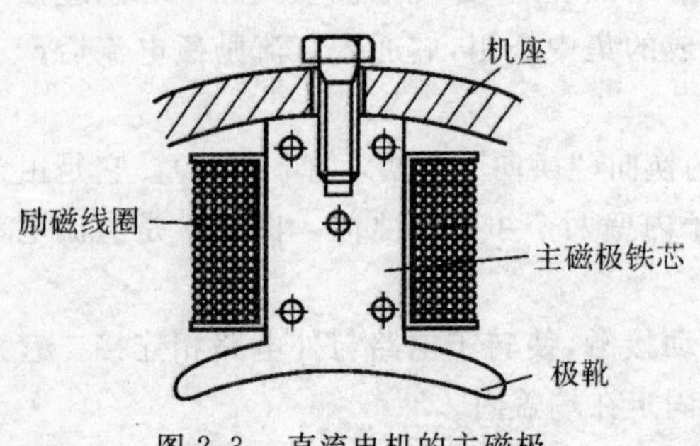

图 2.3　直流电机的主磁极

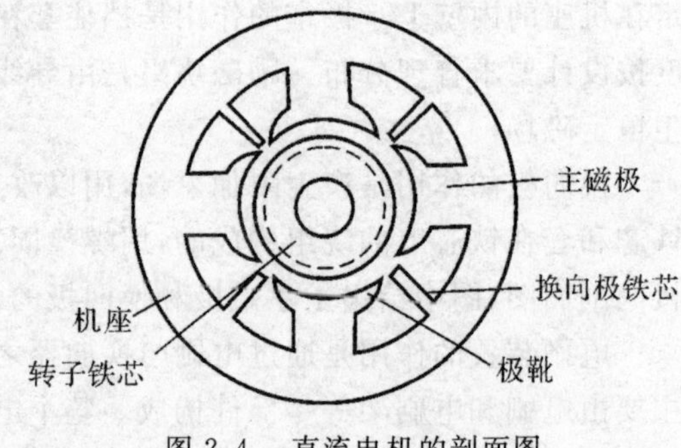

图 2.4　直流电机的剖面图

2.1.2　转子

转子主要由电枢(包括电枢铁芯和电枢绕组)、换向器、风扇等部件构成。电枢铁芯主要是用来安放电枢绕组的,同时也是电机磁路的一部分。电枢铁芯一般都用硅钢片叠成。电枢绕组的作用是获得感应电动势和通过电流。绕组一般用带绝缘的导线绕成,均匀分布在电枢铁芯的槽内,并按一定的规则连接起来,线圈的端部接到换向片上。可见,电枢绕组与励磁绕组不同,前者为分布绕组而后者为集中绕组。

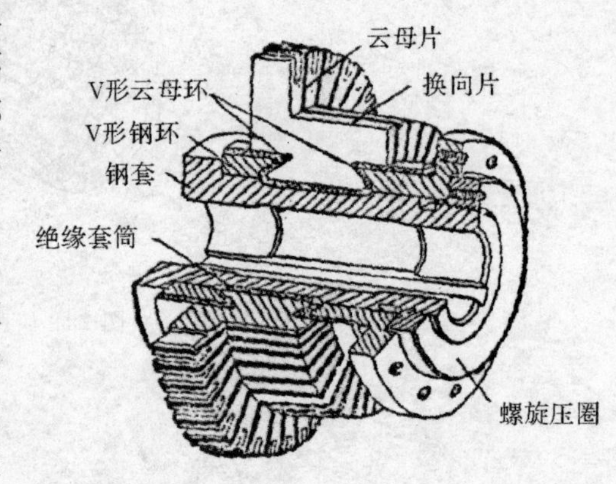

图 2.5　换向器的结构

换向器是直流电机所特有的一种机械换向装置,又称为整流子,其作用是将电机内部的交流电动势变成直流电动势(发电机)或把外部的直流电流变成内部的交流电流(电动机)。换向器的结构如图 2.5 所示。由于电枢绕组由很多线圈组成,故换向器也由很多换向片组成,片与片之间互相绝缘,外表呈圆柱形,圆柱表面上则压放着电刷。当电枢转动时,在刷架中的弹簧压板的作用下,换向器和静止的电刷之间保持着良好导电的滑动接触,从而使电枢绕组同外部电路连接起来。

2.2　直流电机的工作原理

直流电机的作用原理和其他电机一样,都是建立在电磁感应和电磁力定律的基础上的。

2.2.1　直流发电机的工作原理

图 2.6 是直流发电机的示意图。图中的电机具有一对磁极 N 和 S,它们固定不动。两磁极间置一线圈 $abcd$(即电枢绕组),线圈两端分别接到两个彼此绝缘的半圆形换向片上,线圈连同换向片可绕中心轴一起旋转。换向片上压着两个固定不动的电刷 A 和 B。

当转子由原动机拖动,线圈在磁场中以恒定的速度逆时针方向旋转时,线圈的两根有效边 ab 和 cd 切割磁力线。根据电磁感应定律,每一有效边中都会产生感应电动势 e 。其方向可用

右手定则确定，其大小为

$$e = Blv \tag{2.1}$$

式中　v—— 线圈有效边运动的线速度，单位为 m/s；

B—— 每个极面下的平均磁感应强度，单位为 T；

l—— 线圈一个有效边的长度，单位为 m；

e—— 感应电动势，单位为 V。

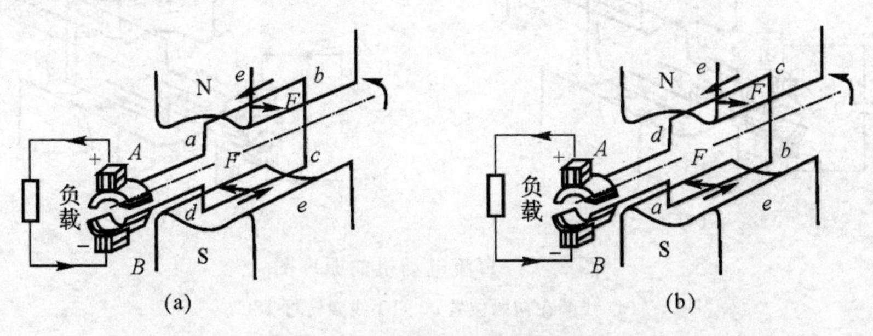

图 2.6　直流发电机的原理图

(a) 线圈在初始位置；(b) 线圈转过 180°

当线圈处于图 2.6(a) 所示位置时，有效边 ab 处于 N 极之下，其中 e 的方向是 $b \to a$，而有效边 cd 位于 S 极上方，其中 e 的方向是 $d \to c$。这时电刷 A 为正，B 为负。当线圈转过了 180° 即处于图 2.6(b) 所示位置时，有效边 ab 在 S 极上方，其中 e 的方向是 $a \to b$，而有效边 cd 处于 N 极之下，e 的方向是 $c \to d$。这时，电刷 A 仍为正，B 仍为负。由此可见，同一有效边处于不同极面下时，其 e 的方向不同，即随着转子的转动，电枢绕组的每个有效边中的感应电动势 e 在不停地交变；但同一极面下的有效边中 e 的方向却是恒定不变的。电刷 A 通过换向器恒与 N 极下方的有效边相连，故恒为正；电刷 B 通过换向器恒与 S 极上方的有效边相连，故恒为负。若在电刷 A 与 B 之间接上负载，负载中就会有直流电流流过，即发电机向负载输出电功率。

另外，当通有电流的两个有效边 ab 与 cd 在磁场中旋转时，它们会受到电磁力的作用。电磁力的方向可用左手定则确定。从图 2.6 可知，在 N 极下方的有效边所受电磁力的方向自左向右；在 S 极上方的有效边所受电磁力的方向自右向左。两个有效边上所受的电磁力形成一个与转子转动方向相反的电磁转矩，阻碍转子继续转动。可见，发电机在向负载输出电功率的同时，拖动发电机的原动机必须向发电机输出机械功率，用以克服电磁转矩，这就说明了直流发电机是将机械能转换为直流电能的装置。

2.2.2　直流电动机的工作原理

图 2.7 所示是直流电动机的示意图。它与发电机工作原理相反。如果在电刷 A 与 B 之间外加一个直流电源，A 接电源正极，B 接负极，则线圈中便有电流流过。当线圈处于图 2.7(a) 所示位置时，有效边 ab 在 N 极下，电流方向为 $a \to b$。有效边 cd 在 S 极上，电流方向为 $c \to d$。由安培定律可知，每个有效边所受的电磁力为

$$F = Bli \tag{2.2}$$

式中，i 为线圈中的电流，单位为 A。

根据左手定则可知，两个有效边所受的电磁力方向相反，故形成电磁转矩，驱使线圈逆时

针方向旋转。线圈转过180°时，如图2.7(b)所示，cd边处于N极下，ab边处于S极上，由于换向器的作用，使两有效边中电流i的方向与原来相反，变为$d\rightarrow c$，$b\rightarrow a$，这就使得每一极面下的有效边中电流的方向保持不变。因为每一极面下的有效边受力方向不变，所以电磁转矩方向也不变。

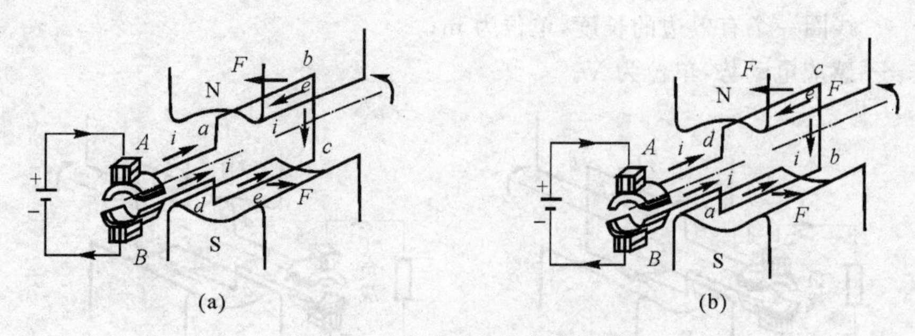

图2.7　直流电动机的原理图

(a)线圈在初始位置；(b)线圈转过180°

由此可见，直流电源提供的直流电流，通过换向器和电刷变成电枢线圈中的交变电流；同一极面下的线圈有效边中电流方向始终不变，因此电磁转矩的方向亦不变，这个转矩驱动线圈按逆时针方向旋转。由此可见，电动机可作为原动机，用来驱动生产机械运转，即电动机向机械负载输出机械功率。

另外，当线圈旋转时，ab和cd两有效边切割磁力线，便会在其中产生感应电动势e。根据右手定则可知，e的方向与线圈中电流方向相反，故称之为反电动势。电源必须克服反电动势而向电动机输出电流。可见，电动机在向负载输出机械功率的同时，直流电源必须向电动机输出电功率。这就说明了直流电动机是将直流电能转换为机械能的装置。

实际的直流电机线圈安放在电枢铁芯表面均匀分布的槽内，且匝数多，彼此间按一定规则连接起来组成电枢绕组。这样可以增大(发电机)感应电动势或增大(电动机)电磁转矩，减小它们的脉动，与此同时，换向器所含换向片的数目也相应增加许多。

2.2.3　直流电机的可逆性原理

由上述直流电机的原理图可知，直流发电机和电动机并无本质的区别，直流电机之所以成为发电机或电动机仅仅是由于外界条件的不同，造成运行状态不同(发电机运行状态或电动机运行状态)。当轴上输入机械功率时，直流电机输出电功率而成为发电机。反之，由电枢两端输入电功率时，直流电机轴上输出机械功率而成为电动机。这就是直流电机的可逆性原理。

2.3　直流电机的电动势与电磁转矩

2.3.1　电枢电动势

如前所述，电枢绕组中每一根导体(即有效边)的感应电动势大小为$e=Blv$。实际的电枢绕组是由多根导体组成的，电刷间的总电动势E_a与每根导体中的感应电动势成正比。磁通密度与每极磁通成正比；导体有效长度 l 是常数；线速度 v 与电机转速 n 成正比。因此，直流电机的电枢电动势 E_a 可表示为

$$E_a = C_e \Phi n \tag{2.3}$$

式中　C_e—— 与电机结构有关的常数，称为电动势常数；

Φ —— 每极磁通，单位为 Wb；

n —— 电机转速，单位为 r/min；

E_a —— 直流电机的电枢电动势，单位为 V。

式(2.3)表明，直流电机旋转时，电枢绕组中感应电动势 E_a 的大小与每极磁通 Φ 及电机转速成正比，电动势 E_a 的方向根据 Φ 的方向按右手定则确定。若要改变 E_a 的方向，则只要改变 Φ 和 n 这两者中任一个的方向即可。

在发电机中，电枢电动势与电流方向相同，而在电动机中两者方向相反，故称电枢电动势为反电动势。

2.3.2　电磁转矩

当电枢绕组流过电流时，每根导体所受的电磁力大小为 $F = Bli$，电动机总的电磁转矩与每根导体所受的力 F 成正比。如上所述，B 与 Φ 成正比，l 为常数；每根导体中的电流 i 与从电刷流入或流出的电流 I_a 成正比。因此，直流电机的电磁转矩 T 可表示为

$$T = C_T \Phi I_a \tag{2.4}$$

式中　C_T—— 与电机结构有关的常数，称为转矩常数，它与 C_e 的关系为

$$C_T = 9.55 C_e$$

I_a —— 电枢电流，单位为 A；

T —— 直流电机的电磁转矩，单位为 N·m。

式(2.4)表明，直流电机旋转时，电磁转矩 T 的大小与每极磁通 Φ 及电枢电流 I_a 成正比，其方向根据 Φ 及 I_a 这两者的方向按左手定则确定。若要改变 T 的方向，只要改变 Φ 与 I_a 这两者中其中之一的方向即可，如果同时改变 Φ 与 I_a 的方向，T 的方向则不变。

在电动机中，电磁转矩与转子转向一致，故其为电动机发出的驱动转矩；而在发电机中，电磁转矩与转子转向相反，故其为阻转矩。

【思考题】

1. 当直流电机做发电机运行时，在输出电刷两端接有负载电阻，此时电机的转子上有无电磁转矩？如果有，这是一个什么性质的转矩？该转矩与转子旋转方向的关系如何？

2. 当直流电机做电动机运行时，电枢线圈同样切割磁场，是否在电枢线圈上产生感应电动势？如果产生，该电动势同外加电压的方向关系如何？

3. 试分别说明换向器在直流发电机和直流电动机中的作用。

4. 从图2.6与图2.7中可以看出，当直流电机分别做发电机和电动机运行时，虽然两个电路中电刷两端的电压方向和电机旋转方向都一样，但它们的电流方向却是相反的，为什么？

2.4 直流电机的励磁方式和电枢反应

2.4.1 直流电机的励磁方式

直流电机的主磁场由励磁线圈通入直流电流产生，只有某些小型或微型直流电机才采用永久磁铁来产生主磁场(称为永磁直流电机)。励磁方式是指励磁线圈的供电方式。直流电机的运行性能与励磁方式有密切的关系。按照励磁方式不同，直流电机可分为他励和自励两大类。

2.4.1.1 他励电机

他励电机的励磁电流由独立的直流电源供电，其大小与电枢两端电压无关，如图 2.8(a)所示，因而他励电机有较好的运行性能。

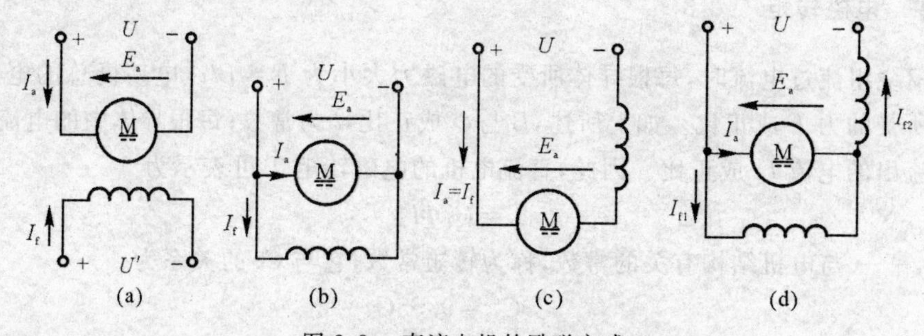

图 2.8 直流电机的励磁方式

(a) 他励； (b) 并励； (c) 串励； (d) 复励

2.4.1.2 自励电机

自励电机的励磁绕组与电枢绕组连接，按连接方式不同又分成并励、串励、复励 3 种，如图 2.8(b)(c)(d) 所示。

并励电机的励磁绕组与电枢绕组并联，因其励磁电流受电机端电压波动的影响，故其运行性能略次于他励电机。

串励电机的励磁绕组与电枢绕组串联，励磁电流与电枢电流相等。 其主磁场的强弱与负载电流大小有直接关系，因而仅当对电机有特殊性能要求时才采用。

复励电机的主磁极上装有两个励磁绕组，一个与电枢电路并联(称为并励绕组)，然后再和另一个励磁绕组串联(称为串励绕组)。若串励绕组产生的磁动势与并励绕组产生的磁动势方向相同，称为积复励；若两个磁动势方向相反，则称为差复励。

在上述的他励、并励、串励和复励 4 种类型中，当供电电源比较稳定时，他励励磁和并励励磁的效果基本是相同的，他励励磁是使用最多的一种形式，因此，后面主要对他励直流电动机的特性进行讨论，所得出的有些结论对并励电动机也适用。

2.4.2　直流电机的空载磁场

直流电机的空载是指电枢电流等于零或者小到可以不计其影响的一种运行状态。此时电机无负载，即无功率输出（在电动机中，指无机械功率输出；在发电机中，指无电功率输出）。因此，直流电机的空载磁场是指由励磁磁动势单独建立的磁场。

图 2.9 所示为一台四极直流电机空载时，由励磁电流单独建立的磁场分布图。从图中可以看出，绝大部分磁通经由主磁极及气隙而通过电枢铁芯，这部分磁通同时与励磁绕组和电枢绕组相交链，称为主磁通 Φ_0。还有一部分磁通不通过气隙，仅交链励磁绕组本身，并不进入电枢铁芯，不和电枢绕组相交链。这部分磁通称为漏磁通 Φ_σ。主磁通的磁回路中的气隙较小，因而其总磁导率较大；而漏磁通的磁回路中空间较大，其总磁导率较小。这两个磁回路中所作用的磁动势都是励磁磁动势，故漏磁通的数量比主磁通要小得多，在直流电机里，一般可忽略不计。

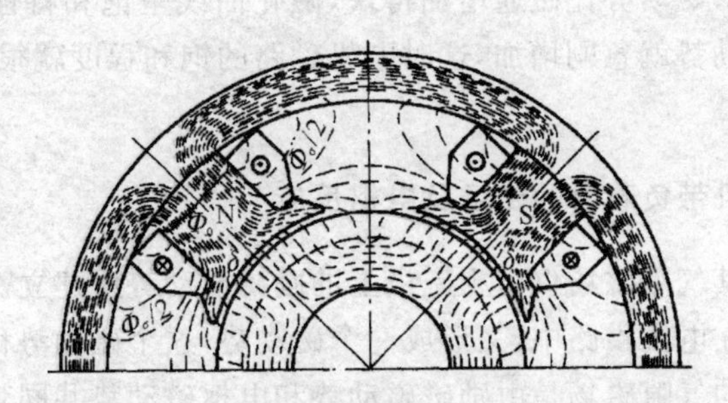

图 2.9　直流电机空载时的磁场分布

由于主磁极极靴宽度总是比一个极距（两个相邻的主磁极轴线沿电枢表面的距离）要小，在极靴下的气隙又往往是不均匀的，因此主磁通经过的每个磁回路不尽相同，在磁极轴线附近的磁回路中气隙较小，接近极尖处的磁回路中含有较大的空间。如果不计铁磁材料中的磁压降，在气隙中各处所消耗的磁动势均为励磁磁动势。因此，在极靴下，气隙小，气隙中沿电枢表面上各点磁通密度较大；在极靴范围以外，磁回路中气隙长度增加很多，磁通密度显著减小，至两极间的轴线（称为几何中性线）处磁通密度就等于零。若不计齿槽影响，直流电机空载时，其气隙磁场（主磁场）的磁密分布波形如图 2.10 所示。

电机运行时，要求每极下有一定量的主磁通 Φ_0，也就是要求有一定的励磁磁动势。在实际电机中，励磁绕组匝数已经确定，因而就要求有一定的励磁电流 I_{f0}。这种相应的要求可表示为主磁通 Φ_0 与励磁磁动势 F_{f0} 或励磁电流 I_{f0} 的关系，即

$$\Phi_0 = f(F_{f0})$$

或

$$\Phi_0 = f(I_{f0})$$

这种 Φ_0 与 F_{f0}（或 I_{f0}）的关系是由电机磁路的 $B-H$ 曲线转化而来的曲线，称为电机的磁化曲线，它表明了电机磁路的特性。电机的磁化曲线可以通过电机磁路计算求得。由图 2.9 可看出，主磁通所经过的磁回路由主磁极铁芯、气隙、电枢铁芯和磁轭 4 部分组成。磁回路中存在着铁磁材料，而铁磁材料的 $B-H$ 曲线是非线性的，磁导率不是常数，这就使得 $\Phi_0 = f(F_{f0})$ 的关系也是非线性的。根据磁路定律可知，总磁动势 F 等于磁回路中各段磁路的磁压降 Hl 之和；而磁通 Φ 等于磁通密度与磁回路横截面积 A 的乘积。故电机磁化曲线的形状必然

和所采用的铁磁材料的 $B-H$ 曲线相似。若不计磁滞现象,磁化曲线如图 2.11 所示。

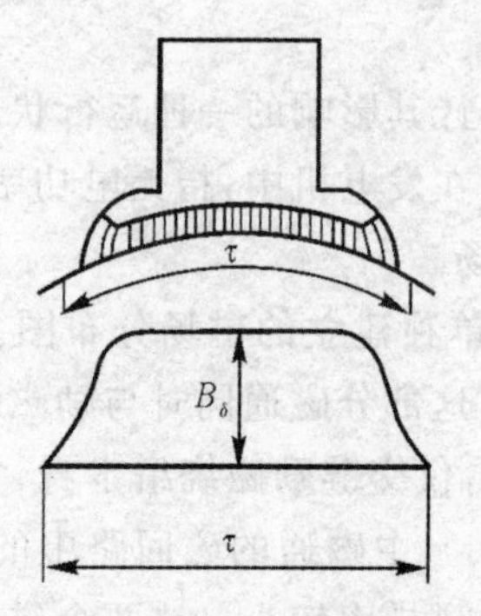

图 2.10　气隙中主磁场磁密的分布

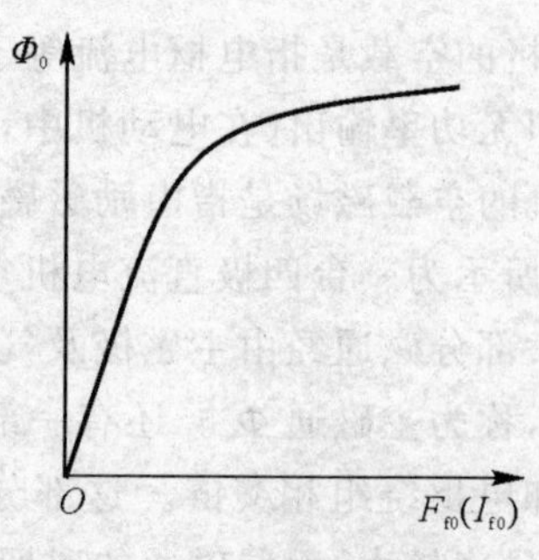

图 2.11　磁化曲线

电机的磁化曲线说明,电机磁路中磁通数值不大时,磁动势随磁通近似成正比例地增加;在磁通达到一定数值后,磁动势比磁通增加得快,磁化曲线呈饱和特性;当磁通数值已很大且继续增加时,对应的磁动势就急剧增加,这时电机磁路的饱和程度就很高了。电机饱和程度会影响电机的运行特性。

* 2.4.3　直流电机带负载时的磁场及电枢反应

直流电机空载时,其气隙磁场仅由主磁极上的励磁磁动势所建立。在电机带上负载以后,电枢绕组内流过电流,在电机磁路中,又形成一个磁动势,这个磁动势称为电枢磁动势。因此,电机带负载时,电机中的气隙磁场是由励磁磁动势和电枢磁动势共同建立的。由此可知,在直流电机中,从空载到负载,其气隙磁场是变化的,这表明电枢磁动势对气隙磁场会产生影响。电枢磁动势对励磁磁动势所产生的气隙磁场的这种影响称为电枢反应。

电枢反应与直流电机的运行特性关系很大,对电动机来说,它影响电机的转速;对发电机来说,将直接影响到电机的端电压。另外,它对直流电机的换向也是不利的。同时,电枢磁动势的作用,除产生电枢反应之外,还与气隙磁场相互作用而产生电磁转矩。

下面来讨论电枢磁动势怎样影响电机中的气隙磁场问题。

励磁磁动势单独建立的气隙磁场的大小和分布问题,前面已经讨论过了。由于磁路是非线性的,理应将电枢磁动势与励磁磁动势合成后,再根据合成磁动势去求出气隙磁场,由此得出电枢磁动势对气隙磁场的影响,但这样做比较麻烦。若只作定性分析,可先不计非线性因素,应用叠加原理,先把电枢磁动势和电枢磁场的特性分别分析清楚,然后把两种磁场合起来,再考虑饱和问题,就可以看清楚电枢磁动势对气隙磁场的影响了。

图 2.12 所示为电刷在几何中性线上时电枢磁场的分布。为了画图简单起见,元件边只画一层(电枢绕组中每个线圈的两个端子各接到一个换向片上,它是绕组的一个单元,称为元件,元件边是指元件切割磁场的两个边),认为电枢表面是光滑的,省去换向器,电刷则须放在几何中性线上直接与元件边接触(在实际电机中,电刷放在磁极轴线下的换向片上)。被电刷短路的元件的两个边正好位于几何中性线上的电枢槽内,电刷通过换向片和元件端接部分与短路元件的元件边接通。因此,省去换向器和元件端接部分,将电刷与位于几何中性线上的元件直接接触,这样做不致改变电机内部的电磁过程。

不论什么形式的电枢绕组,其各支路中的电流都是通过电刷引入或引出的。在一个磁极下元件边中电流方向都是相同的;不同极性的磁极下元件边中电流方向总是相反的。因此,电刷是电枢表面各元件边中电流分布的分界线。当电枢绕组中通过电流时,若电枢上半个表面上元件边中电流为流入纸面,则下半个表面上元件边中电流就流出纸面,电枢本身就成为电磁铁,其磁场分布的情况如图 2.12 所示。由于电刷与换向器的作用,尽管电枢在转动,然而每极下元件边中的电流方向还是不变的。电枢磁动势以及由它建立的电枢磁场是不动的。因此直流电机的电枢绕组有“伪静止绕组”之称。因此,电枢磁动势轴线即电磁铁轴线的位置总是与电刷轴线重合的,却与磁极轴线互相垂直。

在确定了电枢磁场的分布情况以后,就可寻求电枢磁动势和电枢磁场的磁通密度沿电枢表面分布的情况。下面先讨论一个元件产生的电枢磁动势。

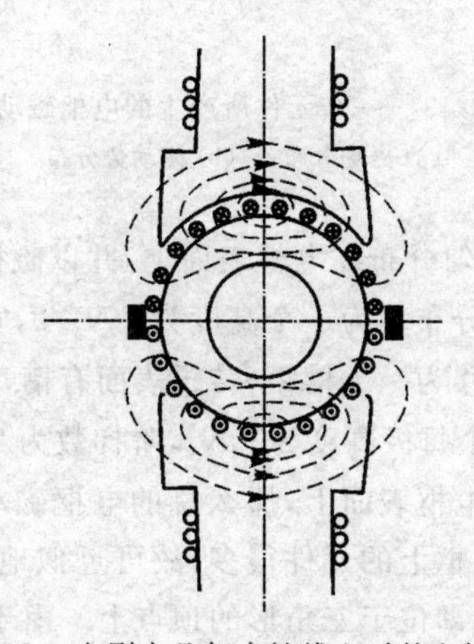

图 2.12　电刷在几何中性线上时的电枢磁场

设电枢槽内仅嵌有一个元件,该元件的轴线(即元件的中心线)与磁极轴线垂直(见图 2.13),即元件边就处在磁极轴线上。元件有 N_y 匝,则每个元件边有 N_y 根导线。元件中的电流(即导线中的电流)为 i_a,则元件边所产生的磁动势为 $i_a N_y$。由该元件所建立的磁回路路径如图 2.13(a) 所示,设想将电机从几何中性线切开,展平后如图 2.13(b) 所示。从图可以看出,任何一个磁回路只与一个元件边相交链,而不可能同时与两个元件边相交链。磁场分布对称于电刷轴线,且反向对称于磁极轴线(即离磁极轴线相同距离的磁场,大小相等,方向相反)。根据全电流定律可知,作用在任一闭合磁回路的磁动势等于它所包围的全电流,因此每个磁回路的磁动势均为 $i_a N_y$。每个磁回路通过两个气隙,如不计铁磁材料中的磁压降,则磁动势全部消耗在气隙中。在直流电机中,与磁极轴线等距离处的气隙大小相等,因此磁回路通过一次气隙所消耗的磁动势为磁回路所包围的全电流的一半,即 $i_a N_y/2$。若以几何中性线为纵轴,电枢周长为横轴,则磁动势方向与磁回路方向一致。在做这些规定以后,一个元件消耗在气隙中的磁动势的空间分布关系为

$$\left.\begin{aligned} F_{axy} &= \frac{1}{2} i_a N_y, \qquad -\frac{\tau}{2} < x < \frac{\tau}{2} \\ F_{axy} &= -\frac{1}{2} i_a N_y, \quad \frac{\tau}{2} < x < \frac{3\tau}{2} \end{aligned}\right\} \tag{2.5}$$

将式(2.5) 用曲线形式表示,如图 2.13(b) 所示。因此,一个宽度为一个极距的元件所产生的电枢磁动势在空间的分布为一个以两个极距 2τ 为周期、幅值为 $i_a N_y/2$ 的矩形波。

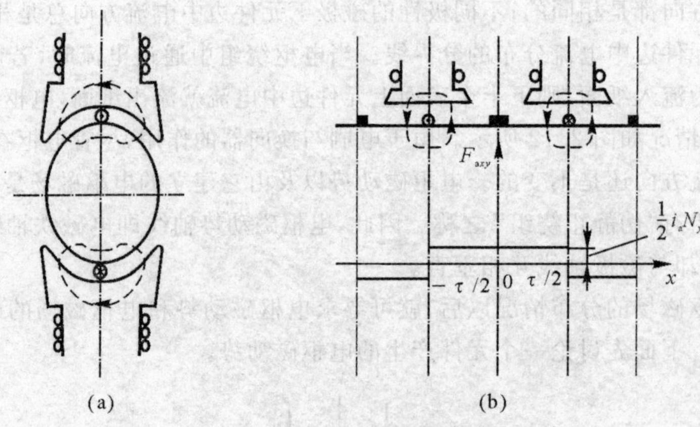

图 2.13　一个元件所产生的电枢磁动势

(a) 磁场分布；(b) 磁动势分布

若每极下有 4 个元件边，均匀分布在电枢表面上，并以磁极轴线为中心左右对称，根据以上分析，每个元件的磁动势空间分布均为一个高度为 $i_a N_y/2$，宽度为 τ 的矩形波。这样的矩形波共有 4 个，它们互相之间的位移为一个槽距(转子表面有槽，槽距即两个槽之间的距离)。把这 4 个矩形波叠加起来，可得一个每极高度为 $i_a N_y$，阶梯数为 2 的阶梯形波。如果每个极下元件边的数目较多，且均匀分布在电枢表面上，那么总的电枢磁动势波形会接近图 2.14 中所示的三角形波。由于实际电机中电枢上的元件很多，故可近似地认为电枢磁动势分布波形为一个三角形波。电枢磁动势的轴线即位于三角形的顶点上。由于每个极下元件中的电流方向是不变的，因而电枢磁动势分布波的位置是固定的，换言之，它与主磁场的分布波是相对静止的。设 N 为电枢绕组的总导线数，S 为元件数，p 为极对数，τ 为极距，D_a 为电枢直径，则阶梯级数为

$$\frac{1}{2}\times\frac{2S}{2p}=\frac{S}{2p} \tag{2.6}$$

阶梯形波或三角形波的幅值为

$$F_{ax}=i_a N_y\frac{S}{2p}=\frac{Ni_a}{\pi D_a}\frac{\tau}{2}=\frac{A\tau}{2} \tag{2.7}$$

式中，$A=\dfrac{Ni_a}{\pi D_a}$ 为电枢表面单位周长上的安培导线数，称为线负荷。

和决定主磁场磁通密度分布曲线一样，忽略铁芯中的磁压降，即可求出电枢磁场的磁通密度沿电枢表面分布的曲线。这条曲线表示为

$$B_{ax}=\mu_0\frac{F_{ax}}{\delta} \tag{2.8}$$

式中，δ 为气隙长度。

式(2.8) 表明：B_{ax} 与 F_{ax} 成正比，而与 δ 成反比。因为极靴下气隙变化不大，极间气隙较大，所以极间电枢磁场大为削弱，曲线呈马鞍形，如图 2.15 所示。

以电动机为例，把主磁场与电枢磁场合成，将合成磁场与主磁场比较，便可看出电枢反应的作用。

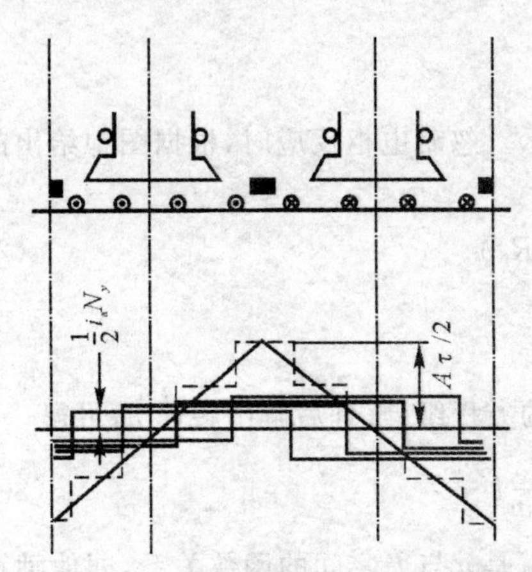

图 2.14　4 个元件所产生的电枢磁动势波形

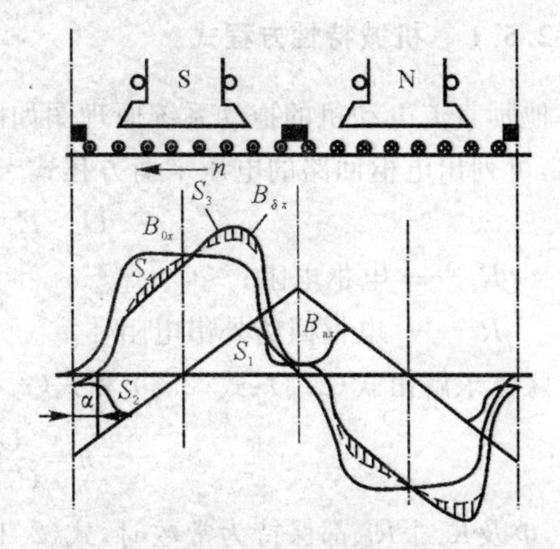

图 2.15　电枢反应

在电机展开图(见图 2.15)中,表明了磁极极性和极下元件边中的电流方向。根据左手定则决定转动方向,再按磁回路方向与磁动势方向一致的原则,可分别画出主磁极磁场分布曲线 $B_{0x}=f(x)$ 及电枢磁场分布曲线 $B_{ax}=f(x)$。将 $B_{0x}=f(x)$ 与 $B_{ax}=f(x)$ 沿电枢表面逐点相加,可得出负载时气隙内合成磁场分布曲线 $B_{\delta x}=f(x)$,如图中实线所示。将 $B_{\delta x}=f(x)$ 与 $B_{0x}=f(x)$ 比较,得出以下两点:

1. 负载时气隙磁场发生了畸变

电枢磁场使主磁场一半削弱,另一半加强,并使电枢表面磁通密度等于零处离开了几何中性线。人们称通过电枢表面磁通密度等于零的这条直线为物理中性线。所以说,当有负载时,电机中物理中性线与几何中性线已不再重合。在电动机中,物理中性线逆电机旋转方向移过一个不大的 α 角。

2. 呈去磁作用

当磁路不饱和时,主磁场削弱的量与加强的量恰好相等(因为图 2.15 中表示出面积 $S_1=S_2$)。但在实际电机中,磁路总是饱和的。当有负载时,实际合成磁场曲线如图 2.15 中的虚线所示。因为在主磁极两边磁场变化情况不同,一边是增磁的,另一边是去磁的。增磁会使饱和程度提高,铁芯磁阻增大,从而使实际的合成磁场曲线要比不计饱和时略低。去磁作用可使磁通密度比空载时低,磁通密度减小了,饱和程度就降低了,因此铁芯磁阻略有减少。结果使实际的合成磁场曲线比不计饱和时略高。由于磁阻变化的非线性,磁阻增加比磁阻减小要大些,增加的磁通数量就会小于减少的磁通数量(图 2.15 中表示出面积 $S_4<S_3$),因此负载时比空载时每极磁通略有减少。

总之,电枢反应的作用不但使电机内气隙磁场发生畸变,而且还会呈去磁作用,对电机的运行也是有影响的。

2.5　他励直流电动机的机械特性

他励直流电动机的机械特性是指在电枢电压、励磁电流、电枢总电阻均为常数的条件下电动机的转速 n 与电磁转矩 T 的关系曲线。

2.5.1 机械特性方程式

他励直流电动机的拖动系统原理图如图 2.16 所示。忽略电枢反应时，根据图中给出的正方向，可列出电枢回路的电压平衡方程式

$$U = E_a + I_a(R_a + R_C) \tag{2.9}$$

式中 R_a—— 电枢电阻；

R_C—— 电枢回路外串电阻。

联立求解由式(2.3)、式(2.4) 和式(2.9) 所组成的方程组，整理后解出转速 n，可得

$$n = \frac{U}{C_e\Phi} - \frac{R_a + R_C}{C_e\Phi C_T\Phi}T \tag{2.10}$$

当 U，Φ 及 $R_a + R_C$ 都保持为常数时，式(2.10) 表示的就是 n 与 T 之间的函数关系，即他励直流电动机的机械特性方程式，可以把它写成如下的直线方程形式：

$$n = n_0 - \beta T \tag{2.11}$$

式中 n_0—— 理想空载转速，$n_0 = U/C_e\Phi$；

β—— 机械特性的斜率，$\beta = (R_a + R_C)/(C_e\Phi C_T\Phi)$。

式(2.11) 可以表示成如图 2.17 所示的曲线。下面讨论该机械特性上的两个特殊点。

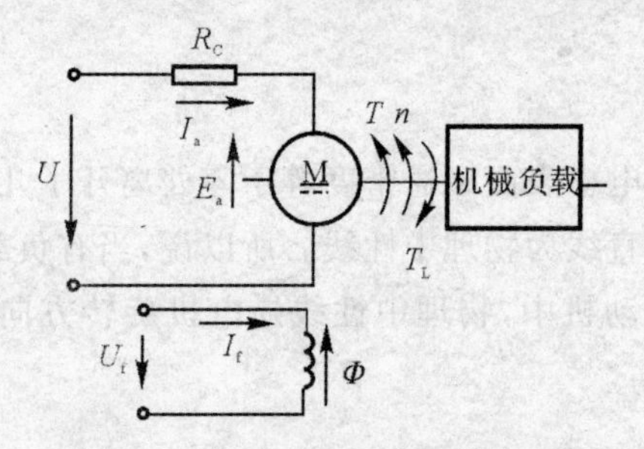

图 2.16 他励直流电动机拖动系统

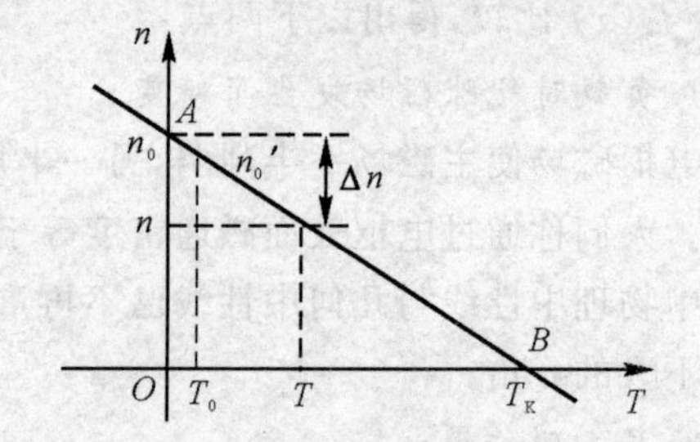

图 2.17 他励直流电动机的机械特性

1. 理想空载点

图 2.17 中的 A 点即为理想空载点。在 A 点：$T=0$，$I_a=0$，电枢压降 $I_a(R_a + R_C)=0$，电枢电动势 $E_a = U$，电动机的转速 $n = n_0 = U/(C_e\Phi)$。

理想空载转速和实际空载转速是不同的。由电机学原理可知：

$$T = T_2 + T_0$$

当电机在实际的空载状态下运行时，虽然轴上输出转矩 $T_2 = 0$，但由于空载损耗 T_0 不为零，使得电动机的电磁转矩 $T \neq 0$，因而实际空载转速 n_0' 为

$$n_0' = n_0 - \beta T_0$$

2. 堵转点

图 2.17 的 B 点即为堵转点。在 B 点，$n=0$，因而 $E_a = 0$。由于

$$U = E_a + I_a(R_a + R_C)$$

因此电枢电流 I_a 满足

$$I_a = U/(R_a + R_C) = I_K$$

I_K 称为堵转电流，与 I_K 相对应的电磁转矩 T_K 满足

$$T_K = C_T \Phi I_K$$

T_K 称为堵转转矩。

2.5.2　固有机械特性与人为机械特性

他励电动机电枢电压 U 与励磁磁通 Φ 均为额定值且电枢回路没有外串电阻时的机械特性称为固有机械特性，其表达式为

$$n = \frac{U_N}{C_e \Phi_N} - \frac{R_a}{C_e C_T \Phi_N^2} T \tag{2.12}$$

固有机械特性的理想空载转速及斜率分别为

$$n_0 = U_N / (C_e \Phi_N)$$

和

$$\beta_N = R_a / (C_e C_T \Phi_N^2)$$

因此固有机械特性也可表示为

$$n = n_0 - \beta_N T \tag{2.13}$$

在固有机械特性上，当电磁转矩为额定转矩时，其对应的转速称为额定转速，即

$$n_N = n_0 - \beta_N T_N = n_0 - \Delta n_N \tag{2.14}$$

式中，Δn_N 为额定转速降，$\Delta n_N = \beta_N T_N$。

图 2.18 所示为他励直流电动机的固有机械特性曲线，它是一条略微向下倾斜的直线。由于电枢回路只有很小的电枢绕组电阻 R_a，因而 β_N 的值较小，属于硬特性。

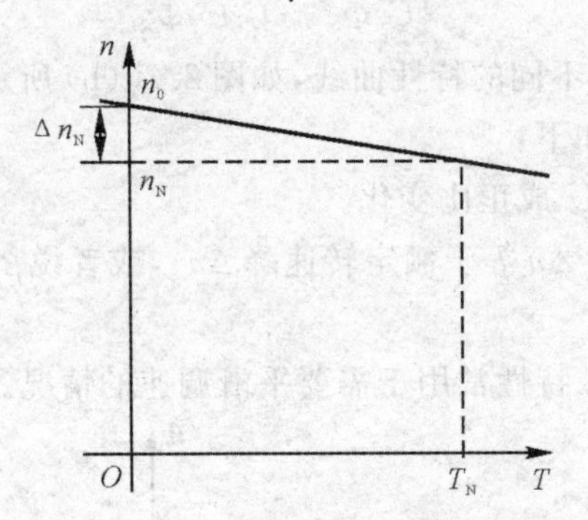

图 2.18　他励直流电动机的固有机械特性

人为地改变固有机械特性条件 $U = U_N$，$\Phi = \Phi_N$ 和 $R_C = 0$ 这 3 个条件中的任何一个，都会使电动机的机械特性发生变化，从而得到不同的人为机械特性。

2.5.2.1　电枢回路串接电阻的人为机械特性

电枢回路串接电阻 R_C 时的原理图如图 2.19(a) 所示。这时，机械特性的条件变成 $U = U_N$，$\Phi = \Phi_N$，电枢回路总电阻为 $R_a + R_C$。因此机械特性方程式变成

$$n = \frac{U_N}{C_e \Phi_N} - \frac{R_a + R_C}{C_e C_T \Phi_N^2} T \tag{2.15}$$

当 R_C 为不同值时，可得到不同的特性曲线，如图 2.19(b) 所示。从图中可知电枢串接电阻时人为机械特性的特点如下：

(1) 理想空载转速 n_0 不变（与电枢回路电阻无关）。

(2) 转速降 Δn 或 β 随 R_a+R_C 成正比地增大。在相同转矩下，R_C 越大，Δn 越大，特性越软。

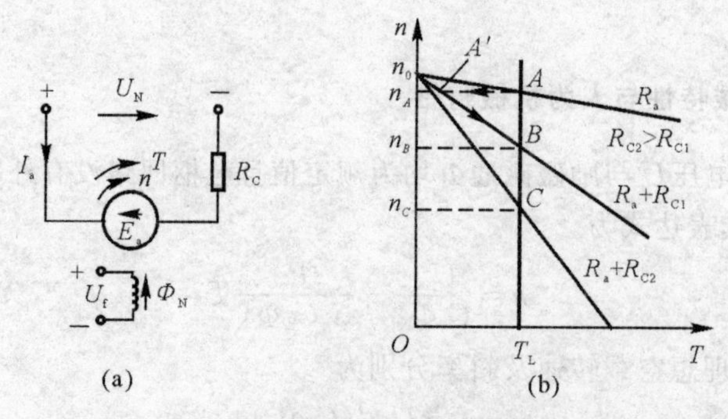

图 2.19　电枢串接电阻时的原理图和机械特性

(a) 原理图；(b) 机械特性

电枢串电阻时的人为机械特性可用于直流电动机的起动及调速。

2.5.2.2　改变电源电压的人为机械特性

改变电动机电枢电源电压时，电动机电枢回路的原理如图 2.20(a) 所示。与固有特性相比，只是 U 可以改变，因此机械特性方程式变成

$$n=\frac{U}{C_e\Phi_N}-\frac{R_a}{C_eC_T\Phi_N^2}T \tag{2.16}$$

当 U 为不同值时，可得到不同的特性曲线，如图 2.20(b) 所示。从图中不难看出改变电源电压时人为机械特性的特点如下：

(1) 理想空载转速 n_0 与 U 成正比变化。

(2) 转速降 Δn 不变，此时 Δn 等于额定转速降 Δn_N，或者说 β 不变，各条特性均与固有特性相平行。

改变电枢电压的人为机械特性常用于需要平滑调速的情况。

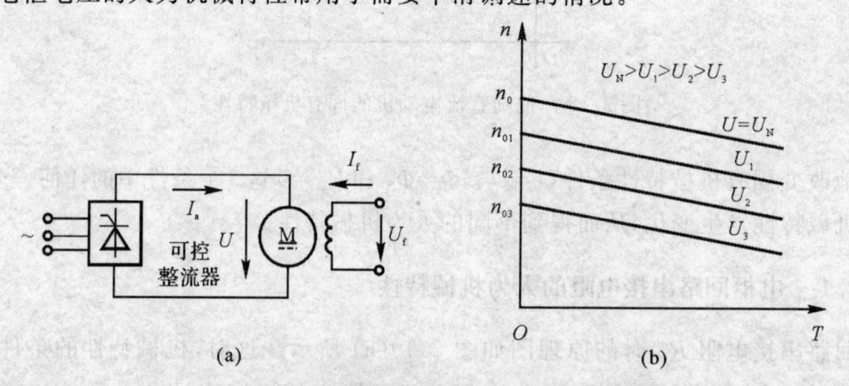

图 2.20　改变电源电压的原理图和机械特性

(a) 原理图；(b) 机械特性

2.5.2.3　改变磁通的人为机械特性

一般情况下，当他励直流电动机在额定磁通下运行时，电动机磁路已接近饱和。因此，改变磁通实际上只能减弱磁通。减弱电动机磁通时的线路原理如图 2.21(a) 所示。与固有特性

相比，只是Φ改变，因此机械特性方程式变成

$$n=\frac{U_N}{C_e\Phi}-\frac{R_a}{C_e\Phi C_T\Phi}T \tag{2.17}$$

当Φ为不同值时，可得到不同的特性曲线，如图2.21(b)所示。从图中可以看出减弱磁通时人为机械特性的特点如下：

(1) 理想空载转速n_0与Φ成反比变化，因此减弱磁通会使n_0升高。

(2) 特性的斜率β(或Δn)与Φ^2成反比，因此减弱磁通会使斜率β(或Δn)加大，特性变软。

(3) 特性曲线是一簇直线，既不平行，又非放射。减弱磁通时，特性上移而且变软。

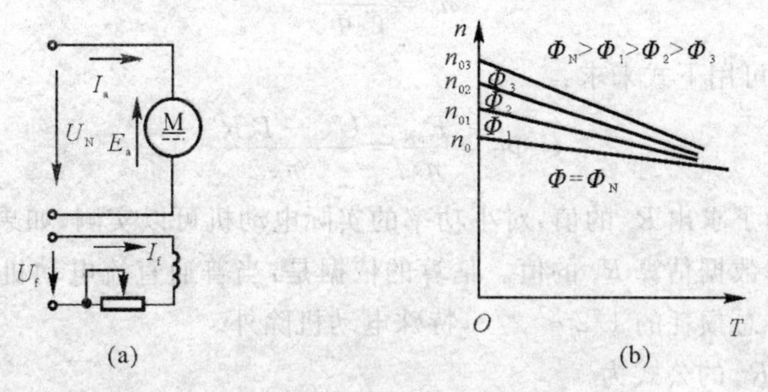

图2.21　减弱磁通时的原理图和机械特性

减弱磁通可用于平滑调速。由于磁通只能减弱，因而只能从额定转速向上调速。受到电动机换向能力和机械强度的限制，向上调速的范围比较小。

最后，再研究一下电枢反应对机械特性的影响。以上的分析都是忽略了电枢反应的，实际上，当电刷放在几何中性线上而电枢电流不大时，电枢反应可以忽略不计。而当电枢电流较大时，由于磁路饱和的影响，电枢反应会产生明显的去磁作用，使每极磁通量略有减小，结果使转速n上升，机械特性呈上翘现象，如图2.22所示。这对电动机运行的稳定性不利。为了避免机械特性的上翘，往往在主磁极上加一个匝数很少的串励绕组，用串励绕组的磁动势抵消电枢反应的去磁作用。这时电动机实质上已变为积复励电动机，但是由于所加绕组磁动势较弱，一般仍可将它视为他励电动机，串励绕组称为稳定绕组。

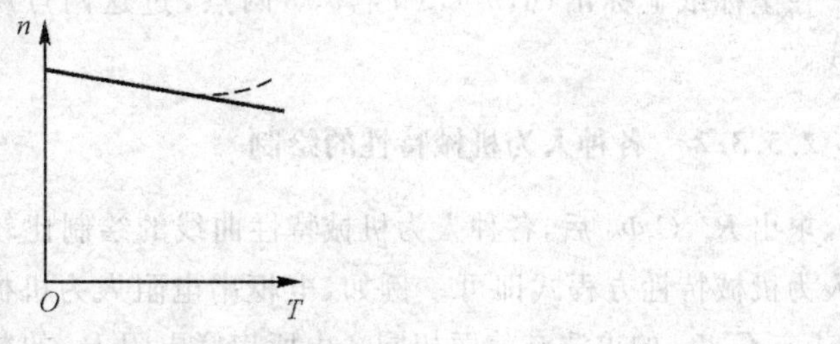

图2.22　电枢反应对机械特性的影响

2.5.3　机械特性的绘制方法

在工程设计中，通常是根据产品目录或电动机铭牌数据计算和绘制机械特性的。一般在电机的铭牌上给出电动机的额定功率P_N、额定电压U_N、额定电流I_N和额定转速n_N等数据。由这些已知数据，可计算和绘制机械特性。

2.5.3.1 固有机械特性的绘制

由于他励直流电动机的机械特性是直线，因此只要找出机械特性上任意两点即可绘制出所需机械特性。通常选择以下两个特殊点：

(1) 理想空载点：$T=0, n=n_0$；

(2) 额定工作点：$T=T_N, n=n_N$。

首先求 n_0：

$$n_0=\frac{U_N}{C_e\Phi_N}$$

其中的 $C_e\Phi_N$ 未知，可用下式来求：

$$C_e\Phi_N=\frac{E_{aN}}{n_N}=\frac{U_N-I_NR_a}{n_N} \tag{2.18}$$

其中仅 R_a 未知。为了求出 R_a 的值，对小功率的实际电动机可以实测，如果手头没有实际电动机，则可以根据铭牌数据估算 R_a 的值。估算的依据是：当普通直流电动机在额定状态下运行时，额定铜损耗约占总损耗的 1/2 ～ 2/3，特殊电动机除外。

估算电枢电阻 R_a 的公式为

$$R_a=\left(\frac{1}{2}\sim\frac{2}{3}\right)\frac{U_NI_N-P_N}{I_N^2} \tag{2.19}$$

必须注意，P_N 的单位应换算成 W。

额定转矩的计算公式是

$$T_N=C_N\Phi_NI_N=9.55C_e\Phi_NI_N \tag{2.20}$$

综上所述，根据铭牌数据计算固有特性的步骤如下：

(1) 根据 U_N, P_N, I_N 按式(2.19) 估算 R_a；

(2) 按式(2.18) 计算 $C_e\Phi_N$；

(3) 求 $n_0=U_N/(C_e\Phi_N)$；

(4) 按式(2.20) 计算 T_N。

在坐标纸上标出$(0, n_0)$，(T_N, n_N) 两点，过这两点所作的一条直线就是固有机械特性曲线。

2.5.3.2 各种人为机械特性的绘制

求出 R_a，$C_e\Phi_N$ 后，各种人为机械特性曲线的绘制比较容易，只要把相应的参数代入相应的人为机械特性方程式即可。例如，电枢串电阻人为机械特性可用式(2.15) 求得，其中 R_a，$C_e\Phi_N$ 与 $C_T\Phi_N$ 的求法与前面相同。由所串联电阻 R_C 的数值，用式(2.15) 求出额定转矩下的转速值，得出人为机械特性上的一点(T_N, n)，连接该点与理想空载点，即可绘制出电枢串电阻的人为机械特性。

用类似的方法也可绘制出降低电源电压与减弱磁通时的人为机械特性。

例 2.1 一台他励直流电动机，铭牌数据如下：$P_N=40$ kW，$U_N=220$ V，$I_N=210$ A，$n_N=750$ r/min。试计算并绘制：

(1) 固有机械特性；

(2)$R_C=0.4\ \Omega$ 的人为机械特性；

(3)$U=110$ V 的人为机械特性；

(4)$\Phi=0.8\Phi_N$ 的人为机械特性。

解　(1) 固有机械特性。

估算电枢电阻 R_a：

$$R_a \approx \frac{1}{2}\left(\frac{U_N I_N - P_N}{I_N^2}\right) = \frac{1}{2} \times \left(\frac{220 \times 210 - 40 \times 10^3}{210^2}\right)\ \Omega = 0.07\ \Omega$$

计算 $C_e\Phi_N$：

$$C_e\Phi_N = \frac{U_N - I_N R_a}{n_N} = \frac{220 - 210 \times 0.07}{750}\ \text{V/(r·min}^{-1}) = 0.273\ 7\ \text{V/(r·min}^{-1})$$

理想空载转速 n_0：

$$n_0 = \frac{U_N}{C_e\Phi_N} = \frac{220}{0.273\ 7}\ \text{r/min} = 804\ \text{r/min}$$

额定电磁转矩 T_N：

$$T_N = 9.55 C_e\Phi_N I_N = 9.55 \times 0.273\ 7 \times 210\ \text{N·m} = 549\ \text{N·m}$$

根据理想空载点($T=0, n_0=804$)及额定运行点($T_N=549, n_N=750$)绘出固有机械特性，如图 2.23 中直线 1 所示。

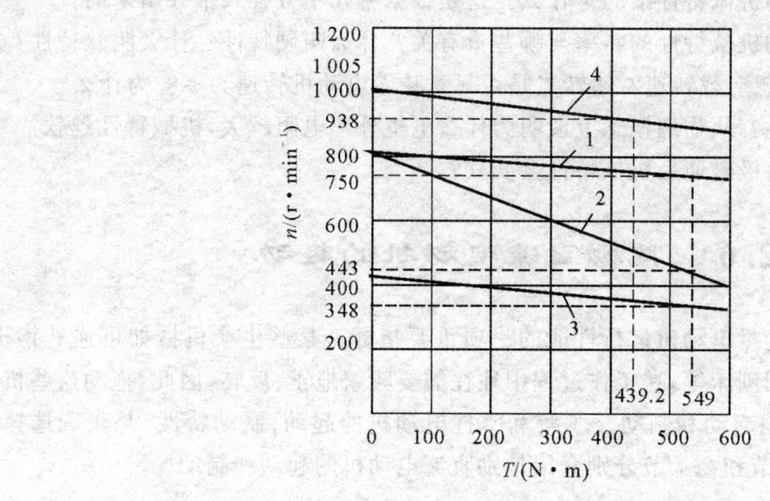

图 2.23　例 2.1 的机械特性曲线图

(2)$R_C=0.4\ \Omega$ 的人为机械特性。

理想空载转速 n_0 不变，$T=T_N$ 时电动机的转速 n_{RN} 为

$$n_{RN} = n_0 - \frac{R_a + R_C}{9.55\,(C_e\Phi_N)^2} T_N = \left(804 - \frac{0.07 + 0.4}{9.55 \times 0.273\ 7^2} \times 549\right)\ \text{r/min} = 443\ \text{r/min}$$

通过($T=0, n_0=804$)及($T_N=549, n_N=443$)两点连一直线，即得到 $R_C=0.4\ \Omega$ 的人为机械特性，如图 2.23 中直线 2 所示。

(3)$U=110$ V 的人为机械特性。

计算理想空载转速 n'_0：

$$n'_0 = \frac{U}{C_e\Phi_N} = \frac{110}{0.273\ 7}\ \text{r/min} = 402\ \text{r/min}$$

$T=T_N$ 时的转速为

$$n'_N=n'_0-\frac{R_a}{9.55(C_e\Phi_N)^2}T_N=\left(402-\frac{0.07}{9.55\times0.273\ 7^2}\times549\right)\ \text{r/min}=348\ \text{r/min}$$

通过($T=0,n'_0=402$)及($T_N=549,n'_N=348$)两点连一直线,即得到$U=110$ V的人为机械特性,如图2.23中直线3所示。

(4)$\Phi=0.8\Phi_N$ 的人为机械特性。

计算理想空载转速 n''_0:

$$n''_0=\frac{U_N}{C_e\Phi}=\frac{U_N}{0.8C_e\Phi_N}=\frac{220}{0.8\times0.273\ 7}\ \text{r/min}=1\ 005\ \text{r/min}$$

$T=T_N$ 时的转速 n'' 为

$$n''=n''_0-\frac{R_a}{9.55(C_e\Phi)^2}T_N=\left[1\ 005-\frac{0.07\times549}{9.55\times(0.8\times0.273\ 7)^2}\right]\ \text{r/min}=921\ \text{r/min}$$

通过($T=0,n''_0=1005$)及($T_N=549,n''=921$)两点连一条直线,即得到$\Phi=0.8\Phi_N$的人为机械特性,如图2.23中直线4所示。

【思考题】

1.他励直流电动机的机械特性指的是什么?这是根据哪几个方程式推导出来的?

2.他励直流电动机的机械特性的斜率与哪些量有关?什么叫硬特性?什么叫软特性?

3.为什么 n_0 称为理想空载转速?堵转点是否只意味着电动机转速为零?为什么?

4.何谓人为机械特性?从物理概念上说明为什么电枢外串电阻越大,机械特性越软?

5.为什么减弱气隙每极磁通后机械特性会变软?

2.6 他励直流电动机的起动

起动和制动特性是衡量电动机运行性能的一项重要指标。某些生产机械如可逆轧钢机、高炉进料的卷扬机和龙门刨床等,在工作过程中往往需要频繁地正、反转,因此,拖动这些机械的电动机也就需要频繁地起动和制动。了解和掌握电动机的起动、制动特性,是正确选择起动、制动方法的基础。本节和2.7节分别介绍他励直流电动机的起动和制动。

2.6.1 他励直流电动机的起动

起动时,应先给电动机的励磁绕组通入额定励磁电流,以便在气隙中建立额定磁通,然后才能接通电枢回路。起动时,要求电动机有足够大的起动转矩 T_{st} 拖动负载转动起来,起动转矩就是电动机在起动瞬间($n=0$)所产生的电磁转矩,也称为堵转转矩,其计算公式为

$$T_{st}=C_T\Phi_N I_{st}$$

式中,I_{st} 为 $n=0$ 时的电枢电流,称为起动电流或堵转电流。

将他励直流电动机的电枢绕组直接接到额定电压的电源上,这种起动方法称为直接起动。采用直接起动时的起动电流和起动转矩有多大?会产生什么后果?这是下面要讨论的问题。

他励直流电动机直接起动瞬间,由于存在机械惯性,转子还来不及转动,即 $n=0$,电枢绕

组内的反电动势也还未产生，$E_a=0$。因此电枢电流即为起动电流 $I_{st}=U_N/R_a$。由于电枢电阻 R_a 数值很小，因而 I_{st} 很大，一般可高达额定电枢电流的 10～20 倍。这么大的起动电流将会在换向器上产生强烈的火花，甚至损坏换向器，还会产生过大的电磁力与起动转矩，使得电动机与它所拖动的生产机械受到很大的机械冲击而损坏。另外，过大的起动电流也会引起电网电压的波动，影响电网上邻近用户的正常用电。因此直流电动机（除数百瓦以下的微型电动机外）一般不允许直接起动，而要采取措施限制起动电流。一般 Z2 型直流电动机电枢绕组允许通过的短时过载电流为额定电流的 1.5～2 倍，因此，当限制起动电流时，应将其值限制在 $(1.5\sim2)I_N$ 范围内。由 $I_{st}=U_N/R_a$ 可知，限制起动电流的措施有两个：一是降低电源电压，二是加大电枢回路电阻。因此，直流电动机起动方法有降低电源电压起动和电枢回路串电阻分级起动两种。

2.6.2　降低电源电压起动

图 2.24 是降低电源电压起动时的接线图和机械特性。电动机的电枢由可调直流电源供电。起动时，须先将励磁绕组接通电源，并将励磁电流调到额定值，然后从低到高调节电枢回路的电压。

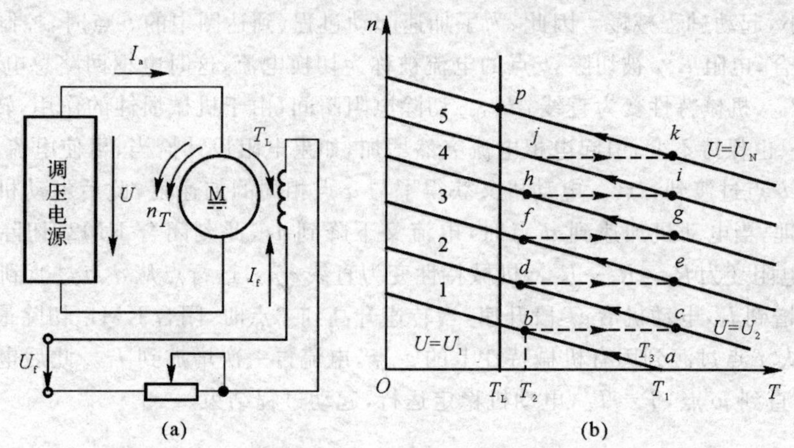

图 2.24　降低电源电压起动时的接线及机械特性

(a) 接线图；(b) 降压起动时的机械特性

在起动瞬间，电流 I_{st} 通常限制在 $(1.5\sim2)I_N$ 内，因此起动时最高电源电压 $U_1=(1.5\sim2)I_NR_a$，此时电动机的电磁转矩大于负载转矩，电动机开始旋转。随着转速 n 升高，E_a 也逐渐增大，电枢电流 $I_a=(U-E_a)/R_a$ 相应减小，此时电压 U 必须不断升高（手动调节或自动调节），并且使 I_a 保持在 $(1.5\sim2)I_N$ 范围内，直至电压升到额定电压 U_N，电动机进入稳定运行状态，起动过程结束。

降压起动方法在起动过程中，平滑性好，能量损耗小，易于实现自动控制，但需要一套可调的直流电源，增加了初投资。

2.6.3　电枢回路串电阻分级起动

电源电压 U 不变，在电枢回路中串接起动电阻 R_{st}，也可以限制起动电流。设起动电流的最大允许值为 I_{max}，则电枢回路中应串入的电阻值为

$$R_{st}=\frac{U_N}{I_{max}}-R_a \tag{2.21}$$

起动后，如果仍旧串接着 R_{st}，则系统只能在较低转速下运行。为了得到额定转速，必须切除 R_{st}，使电动机回到固有特性上工作。但如果把 R_{st} 一次全部切除，还会产生过大的电流冲击，为保证在起动过程中电枢电流不超过最大允许值，只能切除 R_{st} 的一部分，使系统先工作在某一条中间的人为特性上，待转速升高后再切除一部分电阻，如此逐步切除，直到 R_{st} 全部被切除为止。这种起动方法称为串电阻分级起动。下面以三级起动为例，说明分级起动过程和各级起动电阻的计算。

2.6.3.1　起动过程

图 2.25 所示为三级起动的接线图和机械特性曲线。起动电阻分为三段，即 R_{st1}，R_{st2} 和 R_{st3}，它们分别与接触器的常开触头 KM1，KM2 和 KM3 并联。起动开始时，KM1，KM2 和 KM3 均未闭合，电枢回路的总电阻 $R_3=R_a+R_{st1}+R_{st2}+R_{st3}$，转速 $n=0$，运行点在图 2.25(b) 中的 a 点，起动电流为 $I_1(I_1=I_{max}=I_K)$，对应 I_1 产生的起动转矩为 T_1，由于 $T_1>T_L$，$dn/dt>0$，电动机开始起动，转速沿着 ab 特性变化，随着转速上升，电流及转矩逐渐减小，产生的加速度也逐渐减小，起动过程减慢。因此，为了加速起动过程，到达图中的 b 点时，控制线路使触点 KM3 及时闭合，电阻 R_{st3} 被切除，b 点的电流被称为切换电流，这时电枢回路总电阻变为 $R_2=R_a+R_{st1}+R_{st2}$，机械特性变为直线 cdn_0。切除电阻瞬间，由于机械惯性的作用，转速 n 不能突变，电动势 E_a 也保持不变，引起电枢电流突然增加，如果电阻设计恰当，可使电流从 I_2 突增到 I_1，运行点从 b 点过渡到 c 点。电动机又获得了与 a 点相同的加速度，此后电动机又沿着直线 cd 加速。同理，当电动机加速到 d 点时，电流又下降到 I_2，此刻闭合 KM2，切除第二段电阻 R_{st2}，电枢总电阻变为 $R_1=R_a+R_{st1}$，机械特性变为直线 efn_0，运行点从 d 点过渡到 e 点，电枢电流又从 I_2 突增到 I_1，电动机沿 ef 段升速，当转速升高到 f 点时，闭合 KM1，切除最后一段电阻 R_{st1}，运行点从 f 点过渡到固有机械特性上的 g 点，电流再一次增加到 I_1。此后电动机在固有特性上升速，直到 w 点，$T=T_L$，电动机稳定运行，起动过程结束。

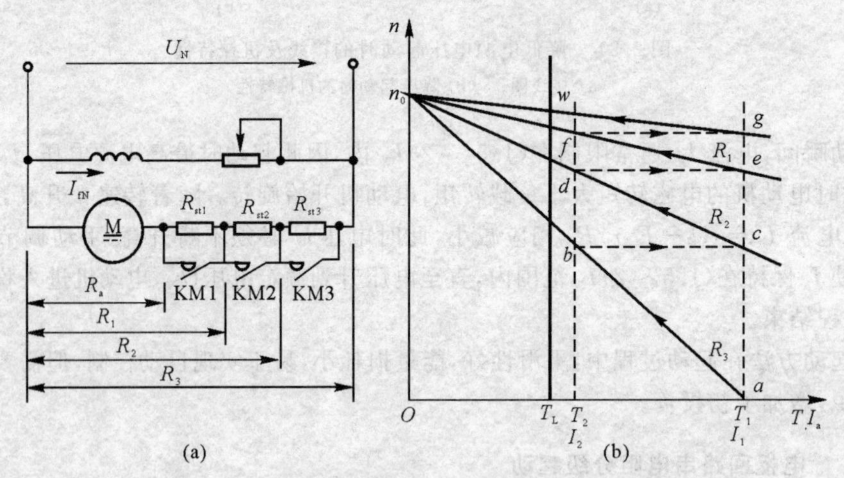

图 2.25　电枢串电阻三级起动的接线图及机械特性

(a) 接线图；(b) 机械特性及起动过程

2.6.3.2　起动电阻的计算

在分级起动过程中，I_1（或 T_1）和 I_2（或 T_2）选多大合适？采用几级起动合理？各段电阻的阻值应为多少？选择和计算的依据是什么？下面逐一给出解答。

I_1 的选择：为了满足快速起动的要求，T_1 越大越好，但考虑电动机的过载能力，一般选

$$I_1 = I_{\max} = (1.5 \sim 2) I_N \quad 或 \quad T_1 = (1.5 \sim 2) T_N$$

I_2 的选择：首先要保证电动机能带动负载，即 $T_2 > T_L$，并且加速转矩（$T_2 - T_L$）不能太小，太小，加速慢，延缓起动过程；又不能太大，T_2 大虽然能满足快速起动要求，但起动级数要增多。一般选

$$I_2 = (1.1 \sim 1.2) I_N$$

或

$$T_2 = (1.1 \sim 1.2) T_N$$

起动级数 m 的选择：为满足快速起动的要求，级数应该多，级数多可使平均起动转矩大，起动快，同时起动平滑性好，但级数越多，所用设备越多，线路越复杂，可靠性下降。一般选 $m = 2 \sim 4$ 级。

各级起动电阻的计算：计算各级起动电阻时，以起动过程中最大起动电流 I_1 及切换电流 I_2 不变为原则。由此可以导出以下的计算公式与方法（过程从略）：

令 $I_1 / I_2 = \gamma$（起动电流比），如果起动级数 m 已经确定，则可得

$$\gamma = \sqrt[m]{\frac{U_N / I_1}{R_a}} \tag{2.22}$$

再由下式求出每级分段电阻值：

$$\left.\begin{aligned} R_{st1} &= (\gamma - 1) R_a \\ R_{st2} &= \gamma R_{st1} \\ R_{st3} &= \gamma R_{st2} \\ &\cdots\cdots \\ R_{stm} &= \gamma R_{stm} \end{aligned}\right\} \tag{2.23}$$

如果计算起动电阻时起动级数 m 尚未确定，此时应先初步选定 I_1（或 T_1）及 I_2（或 T_2），即初选 γ 值，然后用下式求出 m：

$$m = \frac{\lg \dfrac{R_m}{R_a}}{\lg\gamma} \tag{2.24}$$

若 m 为分数值，则取稍大于计算值的整数，再把此 m 值代入式(2.22)，求出新的 γ 值，将此 γ 新值代入式(2.23) 计算出各级分段电阻。

【思考题】

1. 他励直流电动机稳定运行时，电枢电流的大小由什么决定？改变电枢回路电阻或改变电源电压的大小时，能否改变电枢电流的大小？

2. 他励直流电动机为什么不能直接起动？直接起动会引起什么不良后果？

2.7 他励直流电动机的制动

电动机的运行状态主要分为电动状态和制动状态两大类。电动状态是电动机运行时的基本工作状态。电动状态运行时，电动机的电磁转矩 T 与转速 n 方向相同，此时 T 为拖动转矩，电动机从电源吸收电功率，向负载传递机械功率。电动状态运行时的机械特性处在第 Ⅰ 象限（正向电动）或第 Ⅲ 象限（反向电动）。相反，当电动机在制动状态运行时，其电磁转矩 T 与转速 n 方向相反，此时 T 为制动性质的阻转矩，电动机吸收机械能并转化为电能，该电能或消耗在电阻上，或回馈到电网。制动状态运行时电动机的机械特性处在第 Ⅱ 象限（正向制动）或第 Ⅳ 象限（反向制动）。

制动的目的是使拖动系统停车，或使拖动系统减速。对于位能性负载的工作机构，用制动可获得稳定的下放速度。制动的方法一般有 3 种。最简单的就是自由停车，即切除电源，靠系统摩擦阻转矩使之停车，但时间较长。要使系统实现快速停车，可以使用机械制动方法，如采用电磁制动器，将制动电磁铁的线圈接通，通过机械抱闸来制动。但机械制动方法会使闸皮磨损严重，增加了维修工作量，而且会产生较大噪声。因此，对需要频繁快速起动、制动和反转的生产机械，一般都不采用上述两种制动方法，而使用电气制动的方法，即由电动机提供一个制动性阻转矩 T，以加快减速过程；也可以将电磁抱闸制动与电气制动同时使用，加强制动效果。本节介绍直流电动机电气制动的方法。常用的电气制动方法有反接制动、能耗制动、回馈制动 3 种。

现在分析这几种电气制动的物理过程、机械特性及制动电阻计算等问题。

2.7.1 反接制动

反接制动方法有 2 种：转速反向的反接制动与电压反向的反接制动。

2.7.1.1 转速反向的反接制动

1. 方法及制动原理

这种制动方法一般发生在拖动位能性负载由提升重物转为下放重物的情况，其原理和机械特性如图 2.26 所示。

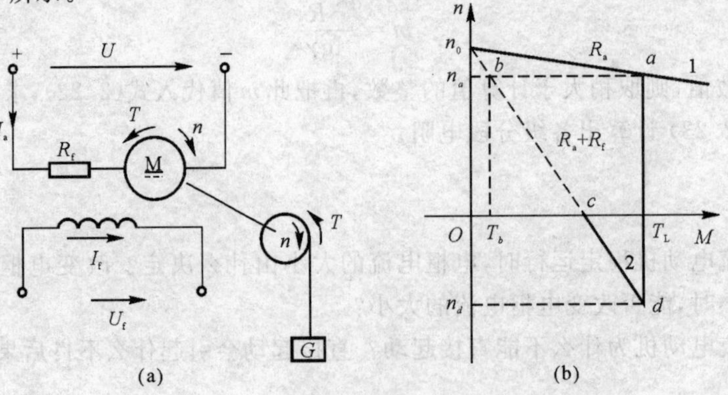

图 2.26 转速反向的反接制动线路图及机械特性

(a) 原理图； (b) 机械特性

当电动机提升重物 G 时，运行在电动状态下机械特性上 a 点，转速为 n_a，负载转矩为 T_L，电磁转矩 $T_a = T_L$。如果电动机电枢电源保持不变，在电枢回路中串入足够大的电阻 R_f，使机械特性由曲线1变为曲线2。在串入电阻 R_f 瞬间，转速不能突变，电枢电流和转矩突然减小，工作点由 a 点突变到对应的人为机械特性的 b 点，这时由于 $T_b < T_L$，电动机减速，减速到 c 点：$n=0$，重物停止提升，电动状态减速过程结束。

在 c 点，电磁转矩 $T_c < T_L$，则在位能性负载转矩 T_L 的拖动下，电动机将反向加速，开始下放重物，机械特性进入第Ⅳ象限。这时电磁转矩 T 方向没有改变，但转速 n 改变了方向，T 与 n 方向相反，T 为制动转矩。电动机运行在制动状态。由于转速 n 反向，电动势 E_a 也反向，电枢电流为

$$I_a = \frac{U-(-E_a)}{R_a+R_f} = \frac{U+E_a}{R_a+R_f} \tag{2.25}$$

即电动机过 c 点后，I_a 和 T 的方向仍为正，电磁转矩 T 仍小于 T_L，电动机继续反向加速，使 E_a 值增大，I_a 与 T 也相应增加，直到 d 点，$T_d = T_L$，电动机以恒定的转速 n_d 下放重物。

2.能量关系与机械特性

转速反向的反接制动发生在 cd 段，电动势 E_a 的方向变成与 U 同方向，其能量关系为

$$P_1 = U_N I_a > 0$$

表明电动机仍从电源吸收电功率，此时

$$P_M = E_a I_a \approx T\Omega < 0$$

表明电动机要从位能性负载处吸收机械功率，在扣除空载损耗功率 p_0 后，全部转换成了电功率，电枢回路的铜损耗为

$$p_{Cu} = I_a^2(R_a+R_f) = P_1 - P_M = P_1 + |P_M|$$

表明从电源吸收的功率和从负载处吸收的机械功率都消耗在电阻 R_a+R_f 上，并转换成热量散发掉。其功率流程图如图2.27所示。

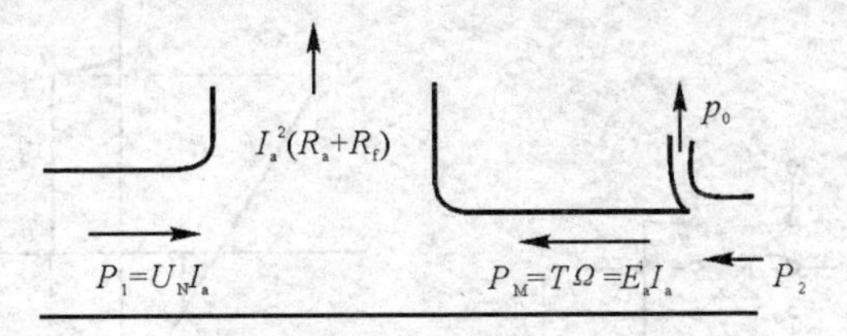

图2.27　转速反向反接制动过程中功率流程图

与电动状态下电枢回路串电阻的人为特性方程式相比，转速反向的反接制动状态，只是电枢回路串入了大电阻 R_f，其他条件都没有变。因此其机械特性方程式相同，为

$$n = n_0 - \frac{R_a+R_f}{C_eC_T\Phi^2}T \tag{2.26}$$

此时因 R_f 很大，故式(2.26)后一项大于 n_0，故 n 为负值，特性位于第Ⅳ象限，如图2.26(b)中人为机械特性上的 cd 段，显而易见，制动电阻 R_f 越大，稳定下放重物的速度也越大。

2.7.1.2　电压反向的反接制动

1.方法及制动原理

图2.28(a)为电压反向的反接制动原理图。当双向闸刀合向上方时，电动机工作在电动

状态，稳定运行在机械特性曲线1的a点上，如图2.28(b)所示。当把双向闸刀合向下方时，即把电源电压U_N反向接到电动机电枢两端，U_N与反电动势E_a方向一致，此时几乎有近2倍的额定电压加到电枢回路两端，由于电枢电阻R_a很小，将会产生很大的反向电流。为了限制过大的电流，电压反接的同时，在电枢回路中串入了反接制动电阻R_f。

电压反接瞬间，转速n不能突变，工作点从a点过渡到电压反接的人为特性曲线2的b点上，此时$U=-U_N$，这样，电枢电流为

$$I_a=\frac{-U_N-E_a}{R_a+R_f}=-\frac{U_N+E_a}{R_a+R_f} \tag{2.27}$$

I_a变为负值，电磁转矩变为T_b，也是负值，T与n反向，成为制动转矩，电动机工作在制动状态。在T_b与T_L的共同作用下，电动机转速迅速下降，沿直线2变化，到c点，$n=0$，制动状态结束。

2. 能量关系、机械特性及制动电阻计算

就能量转换关系而言，电压反接制动与转速反向反接制动是相同的，此处不再赘述，读者不妨做类似的分析。

电压反接制动的特点是U_N反向，此时有

$$\Phi=\Phi_N,\quad R=R_a+R_f$$

故理想空载转速为

$$\frac{-U}{C_e\Phi}=-n_0$$

其机械特性方程式为

$$n=-n_0-\frac{R_a+R_f}{C_eC_T\Phi^2}T \tag{2.28}$$

式中，T应以负值代入。n为正值，机械特性曲线位于第Ⅱ象限，如图2.28(b)中bc段所示。

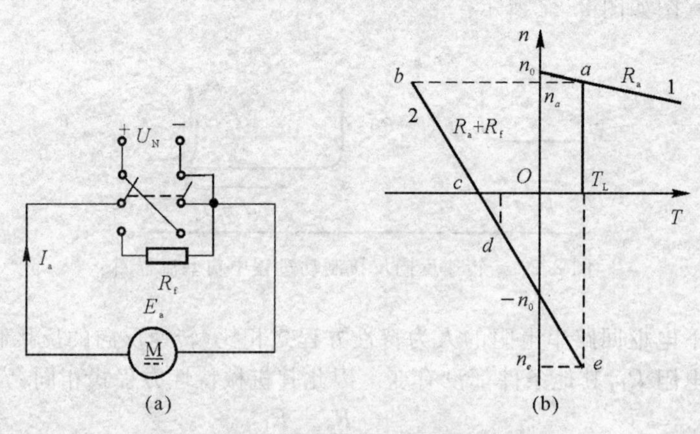

图2.28 电压反接制动的原理图及机械特性

(a) 原理图； (b) 机械特性

电压反接制动到达c点时，$n=0$，电磁转矩T_C为负值，此时：

(1) 如果要求停车，就必须马上拉闸断开电源，并施加机械抱闸。

(2) 如果负载是反抗性负载，当$|T_C|>|T_L|$时，$(-T_C+T_L)<0$，使$\frac{d(-n)}{dt}>0$，电动机

将反向起动，并加速到 d 点稳定运行（$-T_d=-T_L$）。这时，电动机工作在反向电动状态。

(3) 如果负载是位能性负载，无论 $|T_C|$ 多大，都有 $(-T_C+T_L)<0$，$\frac{d(-n)}{dt}>0$，在位能负载和 T_C 的共同作用下，电动机都将反向加速，并且加速到 e 点稳定运行。这时，电动机工作在回馈制动（回馈制动将在下文叙述）状态，如图 2.28(b) 所示。

2.7.2　能耗制动

1. 方法及制动原理

在图 2.29(a) 中，开关 QS 合向上方时，电动机运行于电动状态。电枢电流 I_a 的方向与电动势 E_a 的方向相反，转矩 T 与转速 n 方向相同。电动机工作在图 2.29(b) 中的 A 点。制动时，保持励磁不变，把开关 QS 合向下方，使电动机脱离电源，同时电枢绕组接到制动电阻 R_n 上。

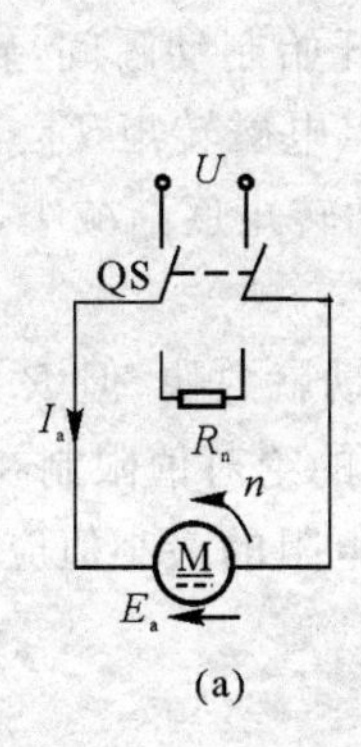

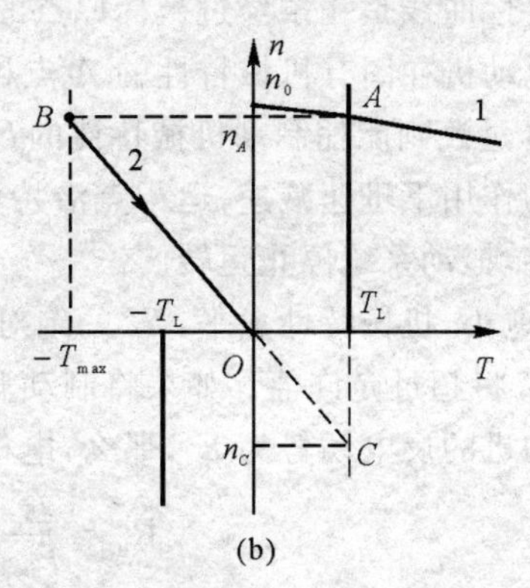

图 2.29　能耗制动过程

(a) 原理图；(b) 机械特性

制动开始瞬间，由于机械惯性的影响，转速 n 仍保持原来的电动运行状态的方向和大小不变，反电动势 E_a 的方向和大小亦与电动状态时相同，显然，因 $U=0$。则

$$I_a=-\frac{E_a}{R_a+R_n}$$

电枢电流为负值，说明其方向与电动状态的正方向相反，因此电磁转矩 T 也与电动状态相反，从而使得 T 与 n 方向相反，即 T 由原来的驱动转矩变为现在的制动转矩，电动机工作在制动状态，使系统较快地减速。当 $n=0$ 时，$E_a=0$，$I_a=0$，$T=0$，制动过程结束。

2. 能量关系、机械特性与制动电阻计算

$$P_1=UI_a=0$$

上式表明电动机与电源没有能量交换，电磁功率为

$$P_M=E_aI_a\approx T\Omega<0$$

上式表明电动机要从负载处吸收机械功率，而

$$P_1=P_M+p_{Cu}$$

则电枢回路的铜损耗为

$$p_{Cu}=I_a^2(R_a+R_n)=-P_M=|P_M|$$

上式表明电动机从负载处吸收机械功率后，扣除空载损耗功率 p_0，其余的全部消耗在电枢回路的电阻上，故称之为能耗制动。其功率流程图如图 2.30 所示。

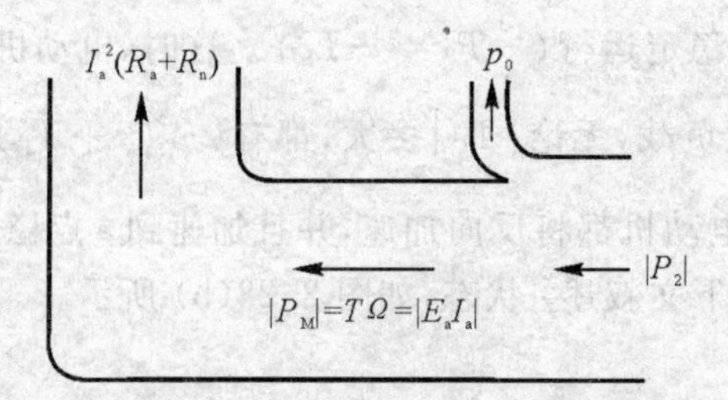

图 2.30　能耗制动过程的功率流程图

把 $U=0, R=R_a+R_n$ 代入式(2.12),便可得到能耗制动的机械特性方程式为

$$n=-\frac{R_a+R_n}{C_e C_T \Phi_N^2}T \tag{2.29}$$

对应的机械特性曲线是一条经过坐标原点的直线,如图 2.29(b) 所示。

如果制动前电动机在固有机械特性的 A 点稳定运行。开始制动瞬间,转速 n_A 不能突变,电动机从工作点 A 过渡到能耗制动机械特性的 B 点。因 B 点电磁转矩 $T_B<0$,拖动系统在转矩 $(-T_B-T_L)$ 的作用下迅速减速,运行点沿特性下降,制动转矩逐渐减小,直到原点,电磁转矩及转速都降到零,拖动系统停止运转。

制动电阻 R_n 愈小,机械特性愈平,T_B 的绝对值愈大,制动就愈快,但 R_n 又不宜太小,否则电枢电流 I_B 和 T_B 将超过允许值。如果将制动开始时的 I_B 的绝对值限制在最大允许值 I_{max},设制动开始时电动机的反电动势为 E_a,那么,电枢回路外串电阻的最小值应为

$$R_n=\frac{E_a}{I_{max}}-R_a \tag{2.30}$$

如果电动机拖动的是位能负载,采用能耗制动,当电动机减速到转速为零时,由于此时 $T=0$,在位能负载作用下:$T-T_L<0$,电动机会开始反转。电动机的运行点沿着机械特性曲线 2 从 $O\rightarrow C$,由于 C 点处 $T=T_L$,因此系统会在 C 点停止反方向加速而稳定运行,恒速下放重物。

在 C 点:电磁转矩 $T>0$,转速 $n<0$,T 与 n 方向相反,T 为制动性转矩,这种稳态运行状态称为能耗制动运行。能耗制动运行时电枢回路串入的制动电阻不同,运行速度就不同,改变制动电阻 R_n 的大小,可获得不同的下放速度。

例 2.2　某型号他励直流电动机的铭牌数据如下:$P_N=40$ kW,$U_N=220$ V,$I_N=210$ A,$n_N=1\ 000$ r/min,如果测得其电枢内阻 $R_a=0.1\ \Omega$。要求:

(1) 如果要使其在额定负载下采用能耗制动,且最大制动电流为额定电流的 2 倍,那么应该接入多大的制动电阻?

(2) 求此能耗制动时的机械特性方程。

(3) 若电枢绕组不外串制动电阻,而是直接短接,制动开始时会产生多大的制动电流?

(4) 设电动机拖动位能性负载,$T_L=0.8T_N$,要求在能耗制动中以 800 r/min 的稳定转速下放重物,求电枢回路中应串接的电阻值。

解　(1) 当在额定负载下运行时,电枢绕组的反电动势为

$$E_{aN}=U_N-I_N R_N=(220-210\times 0.1)\ \text{V}=199\ \text{V}$$

按要求

$$I_{max}=2I_N=2\times 210\ \text{A}=420\ \text{A}$$

能耗制动时，电枢应外接电阻

$$R_n=\frac{E_a}{I_{max}}-R_a=\left(\frac{199}{420}-0.1\right)\ \Omega=0.374\ \Omega$$

(2) 能耗制动时的机械特性方程为

$$C_e\Phi_N=\frac{E_{aN}}{n_N}=\frac{199}{1\ 000}\ V/(r\cdot min^{-1})=0.199\ V/(r\cdot min^{-1})$$

$$C_T\Phi_N=9.55C_e\Phi_N=9.55\times0.199\ V/(r\cdot min^{-1})=1.900\ 5\ V/(r\cdot min^{-1})$$

因此机械特性方程式为

$$n=-\frac{R_a+R_n}{C_eC_T\Phi_N^2}T=-\frac{0.1+0.374}{0.199\times1.900\ 5}T=-1.253T$$

(3) 如果电枢直接短接，则制动电流为

$$I_a=-\frac{E_a}{R_a}=-\frac{199}{0.1}\ A=-1\ 990\ A$$

此电流高达额定电流的 9.5 倍。因此，采用能耗制动时，绝不允许直接将电枢绕组短接，必须外串大小合适的制动电阻。

(4) 当 $T_L=0.8T_N$ 时，电机稳定下放重物时的电枢电流为

$$I_a=\frac{T}{C_T\Phi_N}=\frac{T_L}{C_T\Phi_N}=\frac{0.8T_N}{C_T\Phi_N}=0.8I_N=0.8\times210\ A=168\ A$$

将有关数据代入能耗制动机械特性方程式，可以求得

$$R_n=0.848\ \Omega$$

2.7.3　回馈制动

2.7.3.1　正向回馈制动

如图 2.31 所示，电动机原来在固有机械特性曲线 1 的 A 点稳定运行，转速为 n_A。如果采用降压调速方法突然把电源电压降到 U_1，理想空载转速由 n_0 降到 n_{01}，则电机的人为机械特性向下平移，变为曲线 2。在电源电压刚刚降低的瞬间，由于机械惯性 n_A 不能突变，工作点将从 A 点过渡到人为机械特性曲线 2 的 B 点上。由于 $n_A>n_{01}$，因此工作点 A 对应的反电动势将大于电源电压，即 $E_a>U_1$，导致 $I_a<0$，即电枢电流的实际方向变得与原来在正向电动状态时相反，因而电磁转矩 $T<0$，T 与 n 的实际方向相反，成为制动转矩。在 T 与 T_L 的共同作用下，电动机减速，运行点沿机械特性 2 变化。至 C 点，$n=n_{01}$，$E_a=U_1$，I_a 及 T 均降到零，回馈制动结束。此后，系统在负载转矩 T_L 的作用下继续减速，电动机的运行点进入第 Ⅰ 象限，$n<n_{01}$，$E_a<U_1$，I_a 及 T 均变为正，电动机又恢复为正向电动状态，但由于 $T<T_L$，n 将继续下降，直到 D 点，$T=T_L$，$n=n_D$，此时电动机才不再减速，以恒速 n_D 稳定运行。

从以上分析还可以看出，与前两种电气制动方法不同的是：电动机进入回馈制动状态时，功率 U_1I_a 与 E_aI_a 都变为负值，I_a 的实际方向是从电枢流向电源，表明此时电动机已经不是作为电动机而是作为发电机在运行，把电功率馈送回电源，故称之为回馈制动状态。

无轨电车快速下坡的情况是正向回馈制动的典型例子。当电车下坡时，如果电动机轴上出现的位能性拖动转矩数值上大于因摩擦力产生的阻转矩，就会使电车加速前进，电动机加速运行，直到其转速超过理想空载转速，电磁转矩反向，由拖动转矩变为制动转矩，进入正向回馈

制动状态。当电动机产生的制动转矩增加到与其因摩擦力产生的负载转矩相等时，不再加速，电车以恒定速度快速下坡。读者不妨自行画出机械特性分析其工作过程。

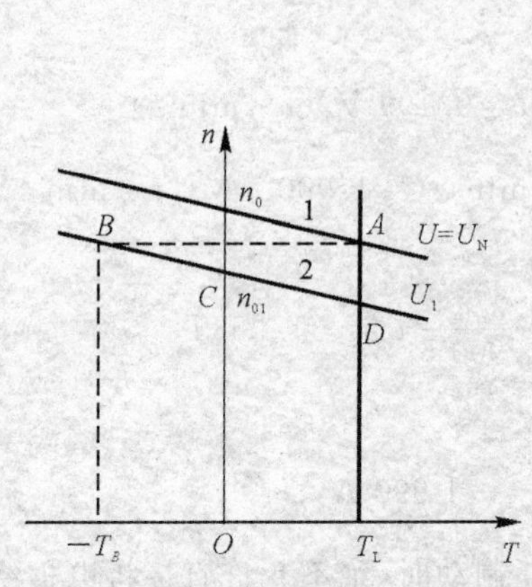

图 2.31　降低电源电压的回馈制动

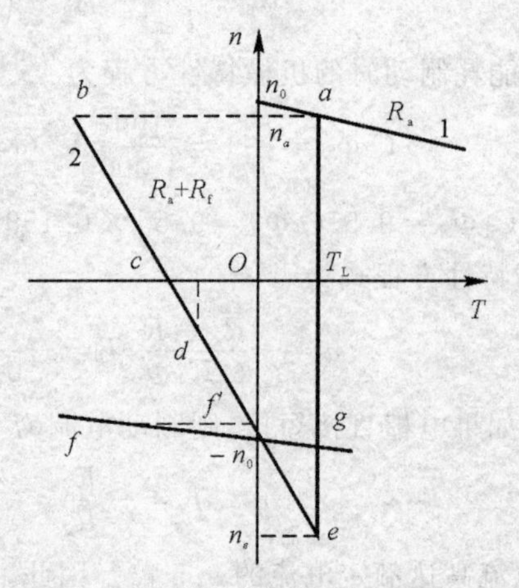

图 2.32　反向回馈制动机械特性

2.7.3.2　反向回馈制动

电动机带位能性负载下放重物时，若采用电压反接制动，则电动机将进入反向回馈制动状态，如图 2.32 所示。

前面分析电压反接制动(参见前面图 2.28(b))时讲到，制动到 c 点时，$n=0$，电磁转矩 T_C 为负值。此时如果电动机拖动的是位能性负载，无论 T_C 的绝对值多大，在位能负载和 T_C 的共同作用下，电动机必定反向加速，进入第 Ⅲ 象限运行。这时 T 与 n 同方向，均为负，电动机运行于反向电动状态，直到 $n=-n_0$，$T=0$，反向电动状态结束。但在位能负载转矩 T_L 的作用下，电动机仍继续反向加速，电动机进入第 Ⅳ 象限，出现 $|-n|>|-n_0|$ 的情况，此时，$|-E_a|>|-U_N|$，电动机向电网回送能量，电枢电流改变了方向，$I_a>0$，电磁转矩 T 也变为正，与 $-n$ 的方向相反，成为制动转矩，电动机的运行状态变为回馈制动状态。随着 $|-n|$ 增加，电磁转矩 T 不断增大，制动作用不断加强，直到运行至 e 点 $T=T_L$ 时电动机才稳定运行，重物以恒定的转速 n_e 下放。

综上所述，在电动机拖动位能负载进行电压反接制动直到稳定运行的全过程中，电动机要经过电压反接制动、反向电动和回馈制动 3 种运行状态。

需要注意的是，电动机带位能性负载采用电压反接制动下放重物，当进入回馈制动状态稳定运行时，由于电枢回路中所串电阻 R_f 很大(为了限制反接瞬间制动电流)，下放重物的转速很高，$|-n_e|>|-n_0|$。为了避免重物下放的速度过高，一般是在反向起动 $|-n|$ 到接近 $|-n_0|$ 时，切除制动电阻 R_f，使电动机回到固有特性上运行。这样，电动机进入回馈状态时，电枢回路中由于没有外串电阻，可以使 g 点的转速低于 e 点的转速，如图 2.32 所示。即使这样，电动机的转速 $|-n_g|$ 仍高于 $|-n_0|$，因此反向回馈制动方法仅仅在下放轻的物体或者空载时才采用。

2.7.4　他励直流电动机的四象限运行

到此为止，已经全部介绍了他励直流电动机 4 个象限的运行状态。现将 4 个象限运行的机械特性画在一起,如图 2.33 所示。由图可见,电动机运行状态分成两大类,T 与 n 同方向时为电动运行状态,T 与 n 反方向时为制动运行状态。

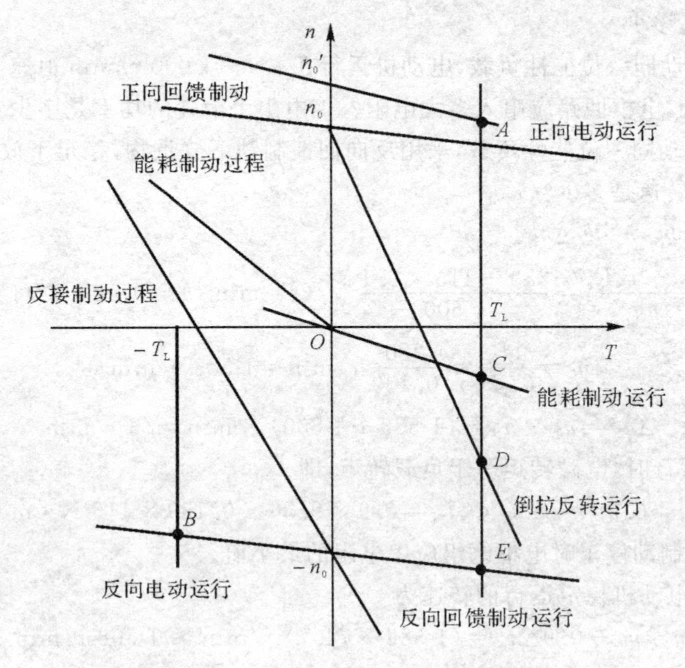

图 2.33　他励直流电动机的四象限运行

电动机在第 Ⅰ 象限各条机械特性上运行时,T 与 n 均为正,因而 T 是拖动转矩,处于正向电动运行状态;而当在第 Ⅲ 象限各条机械特性上运行时,T 与 n 均为负,因而两者仍然是同方向,T 是拖动转矩,处于反向电动运行状态。正向起动属于正向电动状态,反向起动属于反向电动状态。

电动机工作在第 Ⅱ、Ⅳ 象限各条机械特性上时 T 与 n 的方向都是相反的,故均为制动运行状态。第 Ⅱ 象限中的制动运行包括能耗制动过程、反接制动过程、正向回馈制动过程等;第 Ⅳ 象限中的制动运行包括能耗制动运行、倒拉反转运行、反向回馈制动运行等。从制动运行的定义来讲,只要是运行在第 Ⅱ、Ⅳ 象限的各条机械特性上,无论是稳态运行还是处在动态过程中,都属于制动运行状态。各象限中的各种运行状态一般都包括稳态运行和加速或者减速 2 种情况。

实际的电力拖动系统中的电动机一般都要在 2 种以上的状态下运行,有些需要在 4 个象限中运行。

例 2.3　某型他励直流电动机的铭牌数据为 $P_N=22$ kW,$U_N=220$ V,$I_N=115$ A,$n_N=1\ 500$ r/min,$R_a=0.1\ \Omega$,最大允许电流 $I_{amax}\leqslant 2I_N$,忽略空载转矩,在原固有特性上运行,负载转矩 $T_L=0.9T_N$,试计算:

(1) 负载为反抗性恒转矩负载时,采用能耗制动停车,电枢回路应串入的最小电阻为多少?

(2) 负载为反抗性恒转矩负载时,采用电压反接制动停车,电枢回路应串入的最小电阻为多少?

(3) 负载为位能性恒转矩负载时(例如起重机),传动机构的损耗转矩 $\Delta T=0.1T_N$,要求电动机以 $n=-200$ r/min 恒速下放重物,采用能耗制动运行,电枢回路应串入多大电阻? 该电阻上消耗的功率是多少?

(4) 电动机拖动同一位能性负载,电动机运行在 $n=-1\ 000$ r/min 恒速下放重物,采用转速反向的反接制动,电枢回路应串入多大电阻? 该电阻上消耗的功率是多少?

(5) 电动机拖动同一位能性负载,采用反向回馈制动下放重物,稳定下放时电枢回路中不串电阻,电动机的转速是多少?

解 先求 $C_e\Phi_N$,n_0 及 Δn_N。

$$C_e\Phi_N=\frac{U_N-I_NR_a}{n_N}=\frac{220-115\times0.1}{1\ 500}\ \text{V/(r}\cdot\text{min}^{-1})=0.139\ \text{V/(r}\cdot\text{min}^{-1})$$

$$n_0=\frac{U_N}{C_e\Phi_N}=\frac{220}{0.139}\ \text{r/min}=1\ 583\ \text{r/min}$$

$$\Delta n_N=n_0-n_N=(1\ 583-1\ 500)\ \text{r/min}=83\ \text{r/min}$$

电动机稳定运行时,电磁转矩等于负载转矩,即

$$T=T_L=0.9T_N=0.9\times9.55C_e\Phi_NI_N=0.9\times9.55\times0.139\times115\ \text{N}\cdot\text{m}=137.4\ \text{N}\cdot\text{m}$$

(1) 计算能耗制动停车时电枢绕组应串电阻的最小值。

能耗制动前,电动机稳定运行的转速为

$$n=n_0-0.9\Delta n_N=(1\ 583-74.7)\ \text{r/min}\approx1\ 508\ \text{r/min}$$

$$E_a=C_e\Phi_Nn=0.139\times1\ 508\ \text{V}=209.6\ \text{V}$$

能耗制动时,$0=E_a+I_a(R_a+R_n)$,应串入的最小电阻 R_n 为

$$R_n=\frac{E_a}{I_{amax}}-R_a=\left(\frac{209.6}{2\times115}-0.1\right)\ \Omega=0.811\ \Omega$$

(2) 计算电压反接制动停车时电枢绕组应串电阻的最小值。

$$-U_N=E_a+I_a(R_a+R_f)$$

$$R_f=\frac{-U_N-E_a}{-I_{amax}}-R_a=\left[\frac{-(220+209.6)}{-2\times115}-0.1\right]\ \Omega=1.768\ \Omega$$

(3) 能耗制动运行时,电枢回路应串入电阻及消耗功率的计算。

采用能耗制动下放重物时,电源电压 $U_N=0$,负载转矩变为

$$T_{L2}=T_{L1}-2\Delta T=0.9T_N-2\times0.1T_N=0.7T_N$$

稳定下放重物时,$T=T_{L2}$,此时电枢电流为

$$I_a=\frac{T_{L2}}{C_T\Phi_N}=\frac{0.7T_N}{C_T\Phi_N}=0.7I_N=0.7\times115\ \text{A}=80.5\ \text{A}$$

对应转速 -200 r/min 时的电枢电动势 E_a 为

$$E_a=C_e\Phi_Nn=0.139\times(-200)\ \text{V}=-27.8\ \text{V}$$

电枢回路中应串入的电阻值为

$$R_n=-\frac{E_a}{I_a}-R_a=\left(-\frac{-27.8}{80.5}-0.1\right)\ \Omega=0.245\ \Omega$$

电阻 R_n 上消耗的功率为

$$P_R=I_a^2R_n=80.5^2\times0.245\ \text{W}=1\ 588\ \text{W}$$

(4) 转速反向的反接制动运行时,电枢回路应串入电阻及消耗功率的计算。

转速反向的反接制动运行时，电压方向没有改变，电枢电流仍为 $0.7I_N$，对应转速 $-1\ 000$ r/min 时的电枢电动势 E_a 为

$$E_a = C_e\Phi_N n = 0.139 \times (-1\ 000)\ \text{V} = -139\ \text{V}$$

电枢回路中应串入的电阻 R_C 为

$$R_C = \frac{U_N - E_a}{I_N} - R_a = \left[\frac{220-(-139)}{80.5} - 0.1\right]\ \Omega = 4.36\ \Omega$$

电阻 R_C 上消耗的功率为

$$P_R = I_a^2 R_C = 80.5^2 \times 4.36\ \text{W} = 28\ 254\ \text{W} = 28.254\ \text{kW}$$

(5) 反向回馈制动运行时，电动机转速的计算。

反向回馈制动下放重物时，电枢电流仍为 $0.7I_N$，外串电阻 $R_C = 0$，电压反向。

$$n = \frac{-U_N - I_a R_a}{C_e\Phi_N} = \frac{-220 - 80.5 \times 0.1}{0.139}\ \text{r/min} = -1\ 641\ \text{r/min}$$

【思考题】

1. 如何判断他励直流电动机是处于电动运行状态还是制动运行状态？
2. 电动机在电动状态和制动状态下运行时机械特性位于哪个象限？
3. 电压反接制动与转速反接制动有何异同点？

2.8　他励直流电动机的调速

2.8.1　转速控制的要求和调速指标

所谓调速，就是人为地改变设备的工作速度以满足其工艺的要求。调速可用机械方法和电气方法，由于机械调速存在诸多缺点（如采用齿轮调速存在占地大、会产生噪声与润滑油污染等缺点），因此现在越来越多地采用电气调速方法。电气调速方法是通过人为地改变电力拖动系统参数的方法，使其运行于不同的人为机械特性上，从而在相同的负载下，得到不同的运行速度。

任何一台需要控制转速的设备，其生产工艺对调速性能都有一定的要求，例如，最高转速与最低转速之间的范围，是有级调速还是无级调速，稳态运行时允许转速波动的大小，从正转运行变到反转运行的时间间隔，突加或突减负载时允许的转速波动，运行停止时要求的定位精度，等等。归纳起来，对于调速系统转速控制的要求有以下 3 个方面：

(1) 调速。在一定的最高转速和最低转速范围内，分档地（有级）或平滑地（无级）调节转速。

(2) 稳速。以一定的精度在所需转速上稳定运行，在各种干扰下不允许有过大的转速波动，以确保产品质量。

(3) 加、减速。频繁起、制动的设备要求加、减速尽量快，以提高生产率；不宜经受剧烈速度变化的设备则要求起、制动尽量平稳。

为了进行定量的分析，可以针对前 2 项要求定义 2 个调速指标，分别称为调速范围和静差率。这 2 个指标合称为调速系统的稳态性能指标。

1. 调速范围

生产机械要求电动机提供的最高转速 $n_{\max}$ 和最低转速 $n_{\min}$ 之比称为调速范围，用字母 D 表示，即

$$D=\frac{n_{\max}}{n_{\min}} \tag{2.31}$$

其中，$n_{\max}$ 和 $n_{\min}$ 一般都指电动机额定负载时的最高和最低转速，对于少数负载很轻的机械，例如精密磨床，也可用实际负载时的最高和最低转速。

不同的生产机械对调速范围的要求不同，例如车床 $D=20\sim120$，龙门刨床 $D=10\sim40$，轧钢机 $D=3\sim120$，造纸机 $D=1\sim20$，等等。

由式(2.31)可知，要扩大调速范围 D，必须提高 $n_{\max}$ 和降低 $n_{\min}$，$n_{\max}$ 受到电动机的机械强度和换向条件的限制，$n_{\min}$ 受到相对稳定性的限制。

2. 静差率

当系统在某一转速下运行时，负载由理想空载增加到额定值时所对应的转速降 Δn_{N} 与理想空载转速 n_0 之比，称为静差率 δ，用百分数表示为

$$\delta=\frac{\Delta n_{\mathrm{N}}}{n_0}\times100\%=\frac{n_0-n_{\mathrm{N}}}{n_0}\times100\% \tag{2.32}$$

显然，静差率是用来衡量调速系统在负载变化时转速的稳定度的。它和机械特性的硬度有关，特性越硬，静差率越小，转速的稳定度就越高。然而静差率与机械特性硬度又是有区别的。一般降压调速系统在不同转速下的机械特性是互相平行的，如图 2.34 中的特性曲线 a 和 b，两者的硬度相同，额定速降 $\Delta n_{\mathrm{N}a}=\Delta n_{\mathrm{N}b}$，但它们的静差率却不同，因为理想空载转速不一样。根据式(2.32)的定义，因为 $n_{0a}>n_{0b}$，所以 $\delta_a<\delta_b$。这就是说，对于同样硬度的特性，理想空载转速越低，静差率越大，转速的相对稳定度也就越差。当转速为 1 000 r/min 时降落 10 r/min，只占 1%；当转速为 100 r/min 时同样降落 10 r/min，就占 10%；如果 n_0 只有 10 r/min，再降落 10 r/min，就占 100%，这时电动机已经停止转动了。

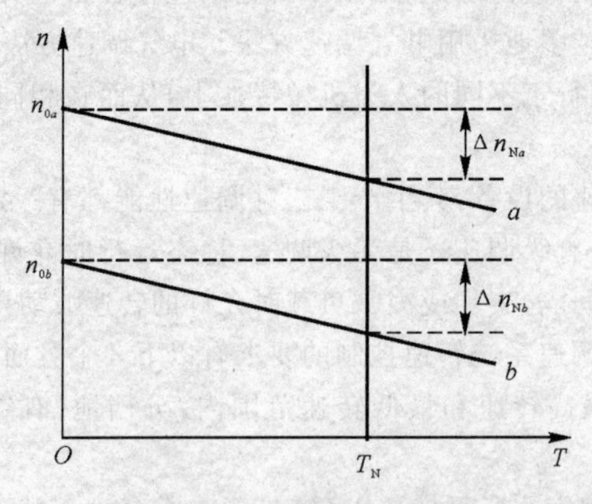

图 2.34　不同转速下的静差率

由此可见，调速范围和静差率这 2 项指标并不是彼此孤立的，必须同时提出才有意义。在调速过程中，若额定转速降相同，则转速越低，静差率越大。如果低速时的静差率能满足设计要求，则高速时的静差率就更满足要求了。因此，调速系统的静差率指标应以最低速时所能达到的数值为准。

各种生产机械在调速时,对静差率的要求是不同的,例如普通车床要求 $\delta \leqslant 30\%$,龙门刨床要求 $\delta \leqslant 10\%$,高精度的造纸机要求 $\delta \leqslant 0.1\%$。

3. 调速的平滑性

调速的平滑性是指相邻两级转速之比,用系数 φ 表示为

$$\varphi = \frac{n_i}{n_{i-1}} \tag{2.33}$$

φ 值越接近于 1,调速平滑性越好。在一定的范围内,调速的级数越多,则调速的平滑性越好。不同的生产机械对调速的平滑性要求不同,例如龙门刨床要求基本上近似无级调速。

4. 调速的经济性

调速的经济性是指调速设备的初投资、运行效率及维修费用等。

5. 调速时的容许输出

容许输出是指在保持电枢电流为额定值的条件下调速时,调速过程中电动机容许输出的最大功率或最大转矩与转速间的关系。

当电动机稳定运行时,实际输出的功率和转矩由负载的需求来决定,因此应该尽量采用适应负载要求的调速方法。

例 2.4　已知某台他励直流电动机的数据为:$P_N = 60$ kW,$U_N = 220$ V,$I_a = 350$ A,$n_N = 1\ 000$ r/min。电枢电阻 $R_a = 0.037\ \Omega$,生产机械要求的静差率 $\delta \leqslant 20\%$,试分别求出采用电枢串电阻与降压 2 种调速方法的调速范围 D。

解　计算电动机的 $C_e\Phi_N$:

$$C_e\Phi_N = \frac{U_N - I_N R_a}{n_N} = \frac{220 - 350 \times 0.037}{1\ 000}\ \text{V/(r} \cdot \text{min}^{-1}) = 0.207\ \text{V/(r} \cdot \text{min}^{-1})$$

计算理想空载转速:

$$n_0 = \frac{U_N}{C_e\Phi_N} = \frac{220}{0.207}\ \text{r/min} = 1\ 063\ \text{r/min}$$

(1) 电枢串电阻调速。电枢串电阻调速时,n_0 保持不变,若想保持 $\delta \leqslant 20\%$,则根据式(2.32),最低转速为

$$n_{\min} = n_0(1 - \delta) = 1\ 063 \times (1 - 0.2)\ \text{r/min} = 850\ \text{r/min}$$

最高转速就是额定转速,即 $n_{\max} = n_N$,调速范围为

$$D = \frac{n_{\max}}{n_{\min}} = \frac{1\ 000}{850} = 1.176$$

(2) 降压调速。降压调速时,理想空载转速发生变化,额定转速降不变,即

$$\Delta n_N = n_0 - n_N = (1\ 063 - 1\ 000)\ \text{r/min} = 63\ \text{r/min}$$

若想保持 $\delta \leqslant 20\%$,则最低理想空载转速为

$$n_{0\min} = \frac{\Delta n_N}{\delta} = \frac{63}{0.2}\ \text{r/min} = 315\ \text{r/min}$$

对应的最低转速为

$$n_{\min} = n_{0\min} - \Delta n_N = (315 - 63)\ \text{r/min} = 252\ \text{r/min}$$

调速范围为

$$D = \frac{n_{\max}}{n_{\min}} = \frac{1\ 000}{252} = 3.968$$

可见，当要求的静差率相同时，采用降压调速比电枢串电阻调速可得到更宽的调速范围。

2.8.2 调速的方法

已知他励直流电动机机械特性的一般公式为

$$n=\frac{U}{C_{e}\Phi}-\frac{R_{a}+R_{C}}{C_{e}\Phi C_{T}\Phi}T$$

由公式可看出，人为地改变外加电枢电压 U、电枢回路外串电阻 R_{C} 以及主磁通 Φ，都可以在相同的负载下，得到不同的转速 n。因此，他励直流电动机的调速方法有降压调速、串电阻调速和弱磁调速 3 种。不难看出，这 3 种调速方法正好与 3 种人为特性一一对应。下面对这 3 种调速方法分别进行讨论。

2.8.2.1 电枢串电阻调速

他励直流电动机保持电源电压和主磁通为额定值，当电枢回路中串入不同阻值时，可以得到如图 2.35 所示的一簇人为机械特性。它们与恒转矩负载的负载转矩特性的交点，即工作点，都是稳定的，当电动机在这些工作点上运行时，可以得到不同的转速。外串电阻 R_{C} 的阻值越大，机械特性的斜率就越大，电动机的转速也就越低。

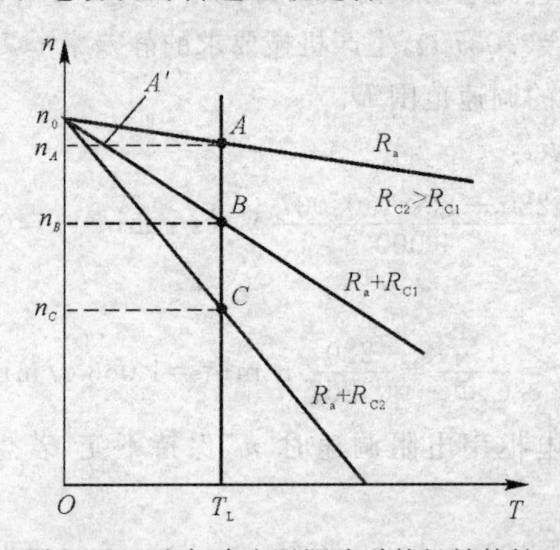

图 2.35 电枢串电阻调速时的机械特性

在额定负载下，电枢串电阻调速时能达到的最高转速是额定转速（$R_{C}=0$ 时），因此其调速方向应由额定转速向下调节。

电枢串电阻调速时，如果负载转矩 T_{L} 为常数，那么，当电动机在不同的转速下稳定运行时，由于电磁转矩都与负载转矩相等，因此电枢电流为

$$I_{a}=\frac{T}{C_{T}\Phi_{N}}=\frac{T_{L}}{C_{T}\Phi_{N}}=\text{常数}$$

即 I_{a} 与 n 无关。若 $T_{L}=T_{N}$，则 I_{a} 将保持额定值 I_{N} 不变。

电枢串电阻调速时，外串电阻 R_{C} 上要消耗电功率 $I_{a}^{2}R_{C}$，使调速系统的效率降低。调速系统的效率可用系统输出的机械功率 P_{2} 与输入的电功率 P_{1} 之比的百分数表示。当电动机的负载转矩 $T_{L}=T_{N}$ 时，$I_{a}=I_{N}$，$P_{1}=U_{N}I_{N}=$常数。忽略电动机的空载损耗 p_{0}，则 $P_{2}=P_{M}=E_{a}I_{N}$。这时，调速系统的效率为

$$\eta_R = \frac{P_2}{P_1} \times 100\% = \frac{E_a I_N}{U_N I_N} \times 100\% = \frac{n}{n_0} \times 100\%$$

可见,调速系统的效率将随 n 的降低成正比地下降。当把转速调到 $0.5n_0$ 时,输入功率将有一半损耗在 $R_a + R_C$ 上,因此这是一种耗能的调速方法。

电枢串电阻调速的人为机械特性是一簇通过理想空载点的直线,串入的调速电阻越大,机械特性越软。这样,当在低速下运行时,负载稍有变化,就会引起转速发生较大的变化,因此低速时转速的稳定性较差。

外串电阻 R_C 只能分段调节,故这种调速方法不能实现无级调速。

综上所述,串电阻调速的优点是:设备简单,初投资少。

缺点是:

(1) 属于有级调速,且级数有限,平滑性差;

(2) 轻载时,调速范围小;

(3) 低速时,效率低,电能损耗大;

(4) 低速运行时,转速的稳定性差。

适合场合:用于各种对调速性能要求不高的设备上。

2.8.2.2　降低电源电压调速

保持他励直流电动机的磁通为额定值,电枢回路不串电阻,若将电源电压降低为 U_1,U_2,U_3 等不同数值时,则可得到与固有机械特性相互平行的人为机械特性,如图 2.36 所示。当电动机拖动恒转矩 T_L,电源电压为额定值时,工作点为 A,电动机的转速为 n_A;电源电压降到 U_1 时,工作点为 B,电动机的转速为 n_B;电源电压降到 U_2 时,工作点为 C,电动机的转速为 n_C;等等。电源电压越低,转速也越低,因此降低电源电压调速是从额定转速向下调节的。

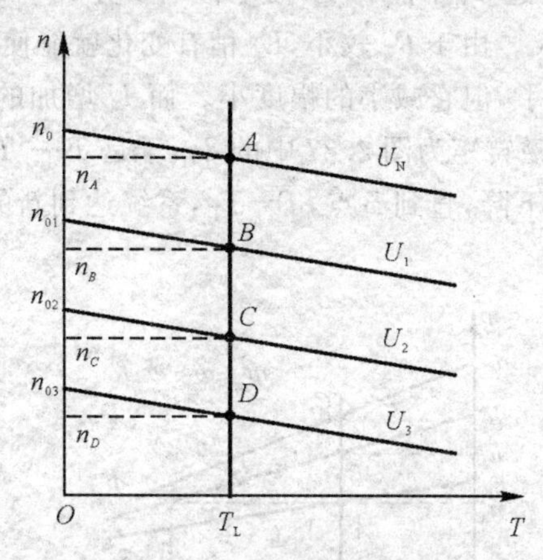

图 2.36　降低电源电压时的机械特性

降低电源电压调速时,$\Phi = \Phi_N$ 是不变的,若电动机拖动恒转矩负载,那么当系统在不同的转速下稳定运行时,电磁转矩 $T = T_L =$ 常数,电枢电流为

$$I_a = \frac{T_L}{C_T \Phi_N} = 常数$$

如果 $T = T_L$,则 $I_a = I_L$ 不变,与转速无关。调速系统的铜损耗 $I_a^2 R_a$ 也与转速无关,而且数

值较小，因此降低电源电压调速效率高。

当电源电压为不同值时，机械特性的斜率都与固有机械特性斜率相等，特性较硬，当降低电源电压在低速下运行时，转速随负载变化的幅度较小。与电枢回路串电阻调速方法比较，转速的稳定性要好得多。

降低电源电压调速需要独立可调的直流电源。可采用晶闸管可控整流电源或PWM变换器（详见第6章）等其他可调压电源设备作为供电电源。无论采用何种装置，输出的直流电压都应是连续可调的，能实现无级调速。

综上所述，降压调速的优点是：

(1) 电源电压能连续调节，调速的平滑性好，可达到无级调速；

(2) 无论是高速还是低速，机械特性硬度不变，因此低速时稳定性好；

(3) 低速时电能损耗小，效率高。

缺点是：设备的初投资较大。

适用场合：因降压调速是一种性能优越的调速方法，故广泛应用于对调速性能要求较高的设备上。

2.8.2.3 减弱磁通调速

保持他励直流电动机的电源电压为额定值，电枢回路不外串电阻，在电动机励磁电路中串接可调电阻，改变励磁电流，即可改变磁通。通常改变磁通只能在额定磁通下减弱磁通，因此这种调速方法只能在额定转速以上调速。

他励直流电动机拖动恒转矩负载减弱磁通升速过程，可用图2.37所示的机械特性来说明。设电动机拖动恒转矩负载稳定运行在固有机械特性上的A点，转速为n_A。当电动机励磁从Φ_N降到Φ_1时，弱磁瞬间转速n_A不能突变，而电枢电动势$E_a=C_e\Phi n_A$因Φ下降而减小，电枢电流$I_a=(U_N-E_a)/R_a$增大。由于R_a较小，E_a稍有变化就能使I_a增加很多。电磁转矩$T=9.55C_e\Phi I_a$，此时虽然Φ减小了，但它减小的幅度小。而I_a增加的幅度大，因此电磁转矩总的来说是增加了。增大后的电磁转矩为图2.37中的T'，于是$T'-T_L>0$，电动机开始升速。随着转速升高，E_a增大，I_a及T下降，直到B点，$T=T_L$，系统达到新的平衡，电动机在B点稳定运行，转速$n=n_B>n_A$。

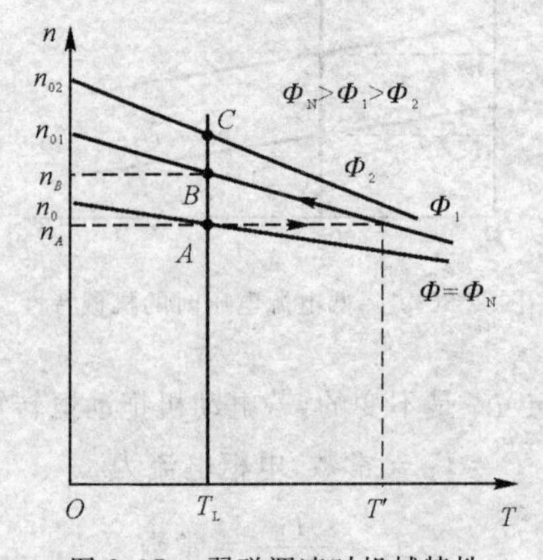

图2.37　弱磁调速时机械特性

应该注意的是：虽然弱磁前后电磁转矩不变，但弱磁后当在 B 点运行时，因磁通减小，电枢电流将与磁通成反比地增大。

弱磁调速方法的优点：

(1) 在电流较小的励磁电路中进行调节，控制方便，功率损耗小。

(2) 用于调速的变阻器功率小，可以较平滑地调节转速，实现无级调速。

缺点：调速范围较小。由于弱磁调速只能升速，而 $n_{\max}$ 受电机本身换向条件和机械强度的限制，一般只能调到额定转速的 1.2 ～ 1.5 倍，采用特殊设计的调磁电机，最高转速可调到 3 ～4 倍的额定转速。

在工程实际中，通常把降压调速和弱磁调速配合起来使用，以电动机的额定转速作为基速，在基速以下调压，在基速以上调磁，以实现双向调速，扩大调节范围。

例 2.5　有一台他励直流电动机的铭牌数据为 $P_N = 22$ kW，$U_N = 220$ V，$I_a = 115$ A，$n_N = 1\,500$ r/min，$R_a = 0.1\ \Omega$，该电机拖动额定负载运行，要求把转速降低到 1 000 r/min，不计电动机的空载转矩 T_0，试计算：

(1) 用电枢串电阻调速时需串入的电阻值为多大？静差率与效率分别是多少？

(2) 如果改用降压调速方法，此时须把电源电压降到多少？此时的静差率与效率又是多少？

解　先计算 $C_e\Phi_N$，n_0 及 Δn_N：

$$C_e\Phi_N = \frac{U_N - I_N R_a}{n_N} = \frac{220 - 115 \times 0.1}{1\,500}\ \mathrm{V/(r \cdot min^{-1})} = 0.139\ \mathrm{V/(r \cdot min^{-1})}$$

$$n_0 = \frac{U_N}{C_e\Phi_N} = \frac{220}{0.139}\ \mathrm{r/min} = 1\,583\ \mathrm{r/min}$$

$$\Delta n_N = n_0 - n_N = (1\,583 - 1\,500)\ \mathrm{r/min} = 83\ \mathrm{r/min}$$

(1) 电枢串电阻调速。

拖动额定负载运行时，有

$$T = T_L = T_N,\quad n_{\min} = 1\,000\ \mathrm{r/min}$$

由机械特性方程式，可得

$$n = \frac{U_N}{C_e\Phi_N} - \frac{R_a + R_n}{C_e C_T \Phi_N^2} T_N = \frac{U_N - (R_a + R_n) I_N}{C_e\Phi_N}$$

可知串入的电阻为

$$R_n = \frac{U_N - C_e\Phi_N n_{\min}}{I_N} - R_a = \left(\frac{220 - 0.139 \times 1\,000}{115} - 0.1\right)\ \Omega = 0.604\ \Omega$$

静差率为

$$\delta = \frac{n_0 - n_{\min}}{n_0} \times 100\% = \frac{1\,583 - 1\,000}{1\,580} \times 100\% = 36.8\%$$

电枢串电阻调速时系统输入的电功率为

$$P_1 = U_N I_N = (220 \times 115)\ \mathrm{W} = 25\,300\ \mathrm{W} = 25.3\ \mathrm{kW}$$

输出转矩为

$$T_2 = T_N = 9\,550 \times \frac{P_N}{n_N} = 9\,550 \times \frac{22}{1\,500}\ \mathrm{N \cdot m} = 140.1\ \mathrm{N \cdot m}$$

电枢串电阻调速时系统输出的机械功率为

$$P_2 = \frac{T_2 n}{9\ 550} = \frac{140.1 \times 1\ 000}{9\ 550}\ \text{kW} = 14.67\ \text{kW}$$

此时系统的效率为

$$\eta = \eta_R = \frac{P_2}{P_1} \times 100\% = \frac{14.67}{25.3} \times 100\% \approx 58\%$$

(2) 降压调速。降压时最低转速 $n_{\min} = 1\ 000\ \text{r/min}$，$I_a = I_N$，则电源电压最低为

$$U_1 = C_e \Phi_N n_{\min} + R_a I_N = (0.139 \times 1\ 000 + 0.1 \times 115)\ \text{V} = 150.5\ \text{V}$$

此时，理想空载转速为

$$n_{01} = \frac{U_1}{C_e \Phi_N} = \frac{150.5}{0.139}\ \text{r/min} = 1\ 083\ \text{r/min}$$

转速降 $\Delta n = \Delta n_N$，则静差率为

$$\delta = \frac{\Delta n}{n_{01}} \times 100\% = \frac{83}{1\ 083} \times 100\% = 7.7\%$$

$$P_2 = \frac{T_2 n}{9\ 550} = \frac{140.1 \times 1\ 000}{9\ 550}\ \text{kW} = 14.67\ \text{kW}$$

降压调速时系统输入的电功率为

$$P_1 = U_1 I_N = 150.5 \times 115\ \text{W} = 17\ 380\ \text{W} = 17.38\ \text{kW}$$

由于此时系统输出的机械功率与电枢串电阻调速时相同，故降压调速时系统的效率为

$$\eta = \eta_R = \frac{P_2}{P_1} \times 100\% = \frac{14.67}{17.38} \times 100\% \approx 84.4\%$$

不难看出，采用降压调速的效率明显比采用电枢串电阻调速的效率要高。

2.8.3 调速方式与负载类型的配合

2.8.3.1 电动机的容许输出与充分利用

电动机的容许输出，是指电动机在某一转速下长期可靠工作时所能输出的最大功率和转矩。容许输出的大小主要取决于电机的发热，而发热又主要取决于电枢电流。因此，在一定转速下，对应额定电流时的输出功率和转矩便是电动机的容许输出功率和转矩。

要使电动机得到充分利用，应在一定转速下让电动机的实际输出达到容许值，即电枢电流达到额定值。显然，在大于额定电流下工作的电机，其实际输出将超过它的容许值，这时电机会因过热而损坏；而在小于额定电流下工作的电机，其实际输出会小于它的允许值，这时电机便会因得不到充分利用而造成浪费。因此，最充分地使用电动机，就是让它工作在 $I_a = I_N$ 情况下。对于恒速运行的电动机，要做到这一点很容易；但当电动机需要调速时，能否让它在不同的转速下始终保持 $I_a = I_N$，这是设计电力拖动系统和选择电动机需要解决的一个重要问题。

2.8.3.2 调速方式

电力拖动系统中，负载有不同的类型，电动机有不同的调速方法，具体分析电动机采用不同调速方法拖动不同类型负载时的电枢电流 I_a 的情况，对于充分利用电动机来说，是十分必要的。对于他励直流电动机的 3 种调速方法，可以把它分类为恒转矩调速和恒功率调速 2 种方式。所谓恒转矩调速方式指的是：在整个调速过程中保持电动机容许输出的转矩 T_{cy} 不变；

而恒功率调速方式指的是:在整个调速过程中保持电动机容许输出的功率 P_2 不变。

对于他励直流电动机串电阻调速与降低电源电压调速而言,由 $T=C_T\Phi_N I_a$ 可知,当 $I_a=I_N$ 时,若保持 $\Phi=\Phi_N$ 不变,则 $T_{cy}=T_N$ 为常量,因而他励直流电动机电枢回路串电阻调速和降低电枢电压调速是属于恒转矩调速方式。此时,$P_2=T_N\Omega$,当转速上升时,输出功率也上升(见图 2.38 中左边虚线的左侧部分)。

对于他励直流电动机的弱磁调速而言,由于 $T=C_T\Phi I_a$,$P_2=T\Omega$,当 $I_a=I_N$ 时,若 Φ 减小,则转速上升,同时转矩减小,故 $P_2=T\Omega$ 保持不变。他励直流电动机弱磁调速就属于恒功率调速方式(见图 2.38 中两条虚线的中间部分)。

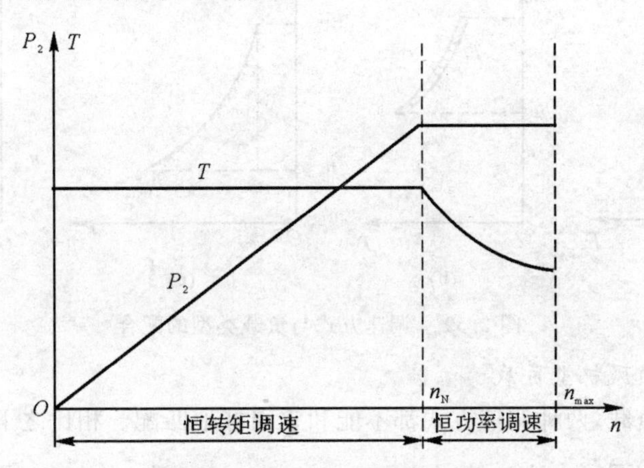

图 2.38　他励直流电动机调速时的容许输出转矩与功率

2.8.3.3　调速方式与负载类型的配合

电动机的容许输出转矩和容许输出功率,仅仅表示电动机的利用限度,并不代表电动机的实际输出,电动机的实际输出是由负载的需要来决定的。负载有 3 种类型:恒转矩负载、恒功率负载、通风机型负载。每种类型的负载在不同转速下所需要的转矩和电流是不同的。因此要根据电动机所拖动负载的性质来选择调速方式,以达到合理使用电动机的目的。

1. 电动机拖动恒转矩负载

当电动机拖动恒转矩负载时,宜采用恒转矩调速方式,并选择电动机的额定转矩 $T_N=T_L$,额定转速 n_N 等于生产机械所要求的最高转速 n_{max}。那么,当电动机在不同转速下运行时,电枢电流和电磁转矩都等于额定值,不仅电动机得到了合理使用,也满足了负载的恒转矩要求。像这样的配合关系称为匹配,如图 2.39(a) 所示。

假如这时采用恒功率调速方式,在这种调速方式下,电动机允许输出转矩 T_{cy} 是与转速 n 成反比的,为了使电动机在最高转速 n_{max} 和最低转速 n_{min} 之间的任何转速下都能长期可靠运行,应使最小的 T_{cy}(最高转速下的输出转矩)等于负载转矩,如图 2.39(c) 所示。而在 $n<n_{max}$ 的其他各处,$T_L<T_{cy}$,即电枢电流都小于额定值,电动机得不到充分利用,因此这种配合不恰当。

2. 电动机拖动恒功率负载

当电动机拖动恒功率负载时,宜采用恒功率调速方式,并选择电动机的额定功率 $P_N=P_L$,恒功率调速方式是指弱磁调速,是从额定转速往上调速,因此选电动机的额定转速 n_N 等于生产机械要求的最低转速 n_{min}。那么，在输出功率一定的条件下（因 P_L = 常数），输出转矩 $T = P_L/\Omega$，与 n 成反比，因磁通 Φ 与转速 n 也成反比，因此 T 与 Φ 成正比地变化，这样在调速范围内，电枢电流可始终保持为额定值，电动机得到了充分利用，如图 2.39(b) 所示。

假如这时采用恒转矩调速方式，在这种调速方式下，T_{cy} 为常数，为了使电动机在最高转速 n_{max} 和最低转速 n_{min} 之间的任何转速下都能长期可靠运行，必须使 T_{cy} 等于最大的负载转矩（最低转速时的负载转矩），如图 2.39(d) 所示，而在 $n > n_{min}$ 的其他各处，$T_L < T_{cy}$，即电枢电流都小于额定值，电动机得不到充分利用，因而这种配合也不恰当。

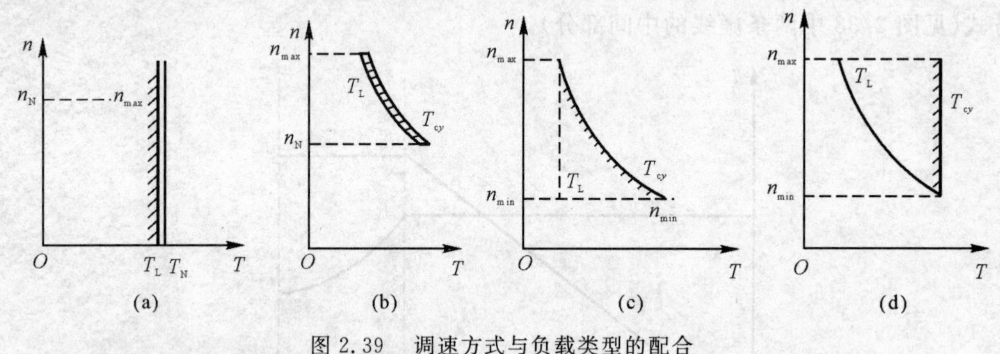

图 2.39　调速方式与负载类型的配合

3. 电动机拖动通风机型负载

对于通风机型负载，两种调速方式都不能和它很好地匹配。相比之下，采用恒转矩调速方式所造成的浪费要小一些。

如果有些生产机械的负载特性在较低转速范围内具有近似恒转矩的特性，而在较高的转速范围内具有近似恒功率的特性，这时可以在额定转速 n_N 以下采用降低电枢电压或电枢回路串电阻调速方式，在 n_N 以上采用减弱磁通调速方式，从而得到较好的配合关系。

上述结论虽然是针对他励直流电动机得出的，但对其他类型电动机的调速问题同样适用。

【思考题】

1. 他励直流电动机有哪几种调速方法？各有什么特点？

2. 静差率与机械特性的硬度有何区别？

3. 调速范围与静差率有何关系？是否同时提出才有意义？

4. 什么叫恒转矩调速方式和恒功率调速方式？他励直流电动机的 3 种调速方法各属于哪种调速方式？

5. 电动机的调速方式为什么要与负载性质匹配？如果调速方式与负载性质不匹配，会有什么问题？

6. “只要他励直流电动机的负载转矩不超过额定值，不论采用何种调速方法，电机都可以长期运行而不致过热损坏。”这种说法错在哪里？

*2.9　串励和复励直流电动机的电力拖动

串励直流电动机的接线图如图 2.40(a) 所示，其中 R_f 为励磁绕组的电阻，R 是外串的可变电阻。由于其励磁绕组与电枢绕组串励，励磁电流即为电枢电流，故主磁通 Φ 是电枢电流 I_a 的函数。这一特点使其运行性能不同于他励和并励直流电动机。

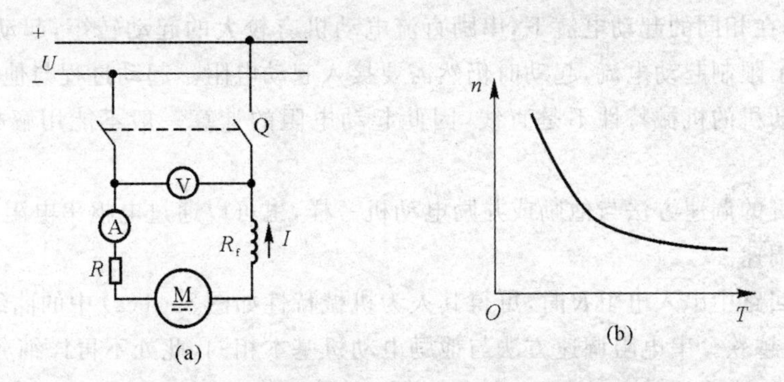

图 2.40　串励直流电动机的接线图与机械特性

(a) 接线图；(b) 机械特性

2.9.1　串励直流电动机的机械特性

由图 2.40(a) 可以列出串励直流电动机的电枢回路电压平衡方程式：

$$U = E_a + I_a(R_a + R_f + R)$$

考虑到 $E_a = C_e\Phi n$，$T = C_T\Phi I_a$，则可求出和他励直流电动机形式相同的机械特性方程式：

$$n = \frac{U}{C_e\Phi} - \frac{R_a + R_f + R}{C_e C_T \Phi^2}T \tag{2.34}$$

但是，与他励电动机根本不同的是，上式中主磁通 Φ 不是常数，而是电枢电流 I_a 的非线性函数。两者之间的关系就是电动机磁路的磁化曲线。因此，转速 n 也是转矩 T 的非线性函数。在工程实践中，一般是根据电动机制造厂家产品样本给出的通用曲线 $n = f(T)$ 和 $T = f(I_a)$，采用图解法绘制出机械特性曲线。其固有机械特性（$R = 0$ 即不外串电阻时）的基本形状如图 2.40(b) 所示。

由机械特性可以看出，串励直流电动机的主要特点有：

(1) 固有特性是一条非线性的软特性。当负载小时，电动机转速会自动升高很多，从而提高生产机械的运行效率。

(2) 不能在空载或很轻载的情况下运行。因为在这种情况下转速会非常高，一般会达到 $(5 \sim 6)n_N$，这么高的转速将会造成电动机与所带设备的损坏，所以串励直流电动机在固有特性上不允许空载或很轻载运行。

(3) 过载能力强，起动性能好。在相同的最大电流下，产生的转矩比他励直流电动机产生的转矩大得多。因为当负载增大时，电枢电流和磁通都增大，所以电枢电流稍有增大，电动机转矩就可以与负载转矩相平衡。因此，尽管负载增大很多，电枢电流的增加却比他励直流电动机小得多，不会因负载增大而使电动机过载。同理，在相同的起动电流下，产生的起动转矩也比他励直流电动机的起动转矩大得多。

由于串励直流电动机具有以上几个主要特点，因此起重运输机械和电气牵引装置多采用串励直流电动机拖动。

2.9.2 串励直流电动机的起动与调速

如上所述,在相同的起动电流下,串励直流电动机有较大的起动转矩,起动性能优于他励电动机。但为了限制起动电流,起动时仍然需要接入起动电阻。起动过程与他励电动机类似,但由于串励电动机的机械特性不是直线,因此起动电阻的计算一般不能用解析法,宜采用图解法。

串励电动机的调速方法与他励或并励电动机一样,也可以通过电枢串电阻,改变磁通和改变电枢电压来调速。

当在电枢回路中串入电阻R时,可得其人为机械特性如图2.41(a)中的曲线2所示。串接电阻越大,特性越软。串电阻调速方法与他励电动机基本相同,此处不再详细分析。

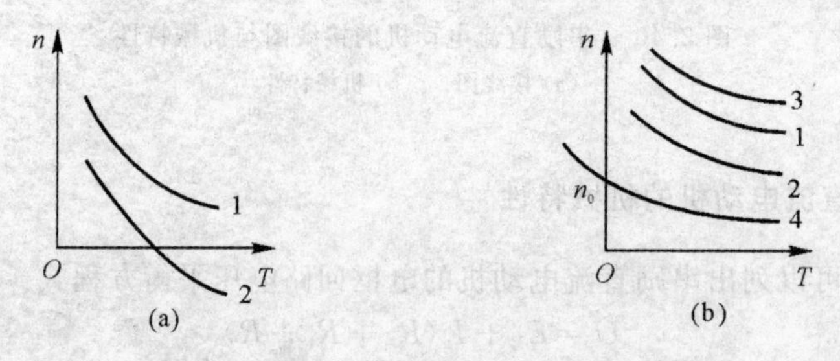

图 2.41 串励直流电动机的人为机械特性曲线

(a) 电枢回路串电阻的人为机械特性; (b) 降低电枢电压和并联分路电阻的人为特性

在串励电动机中要改变主磁通达到调速的目的,可在电枢绕组两端并联调节电阻(称为电枢分路)来增大串励绕组的电流,其人为机械特性位于固有特性下方,如图 2.41(b) 中曲线 4 所示。也可以在串励绕组两端并联调节电阻(称为励磁分路)来减小串励绕组电流,其人为特性位于固有特性上方,如图 2.41(b) 中曲线 3 所示。串励电动机改变磁通调速接线图如图 2.42 所示。

改变电枢电压调速是指电枢回路不串电阻,只降低电枢回路的外加电压U,其人为机械特性如图 2.41(b) 中曲线 2 所示。

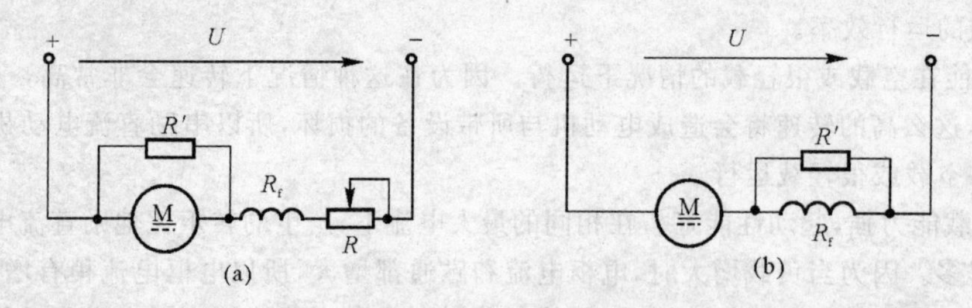

图 2.42 串励电动机改变磁通调速图

(a) 电枢分路; (b) 励磁分路

改变电枢电压调速时,一般选用两台容量较小的电动机来代替一台大容量电动机,两台电动机同轴连接,共同拖动一个生产机械。这两台电动机可以串联接到电源上,也可以并联在电源上,如图 2.43 所示。串联时每台电动机所承受的电压只有并联时的一半,转速也就降低一半，这就得到了两级调速，如果要得到更多的调速级，可以在电枢中串入调节电阻，改变电阻值，就可以获得较多的调速级。这种调速方法广泛应用在电力牵引车中。

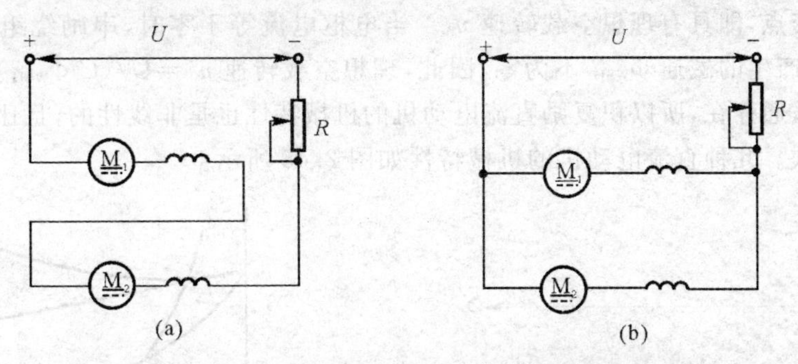

图 2.43　两台串励电动机串、并联的调速接线图

(a) 串联；(b) 并联

2.9.3　串励直流电动机的制动

串励直流电动机的空载转速接近无穷大，因而它不可能有回馈制动运行状态，只能进行能耗制动和反接制动。

1. 能耗制动

串励电动机的能耗制动可采用两种方式：自励式和他励式。采用他励式能耗制动时，只把电枢绕组脱离电源并通过外接制动电阻形成闭路，而把串励绕组接到电源上，由于串励绕组的电阻很小，必须在励磁回路中接入限流电阻。这时电动机成为一台他励发电机，从而产生制动转矩，其特性及制动过程与他励直流电动机的能耗制动一样。采用自励式能耗制动的方法是：将电枢绕组和串励绕组脱离电源后一起接到制动电阻上，依靠电动机内剩磁自励，建立电动势成为串励发电机，因而产生制动转矩，使电动机停转。为了保证电动机能自励，当进行自励式能耗制动接线时，必须注意要保持励磁电流的方向和制动前相同，否则不能产生制动转矩。

2. 反接制动

串励电动机的反接制动也有两种：转速反向的反接制动和电压反接的反接制动。

采用转速反向的反接制动时，只须在电枢回路内串入一较大的电阻。其制动的物理过程和他励电动机相同，也是用于下放位能性负载。

采用电压反接的反接制动时，须在电枢回路内串入电阻，同时将电枢两端接线头的位置对调。这样可使励磁绕组中电流的方向与制动前一样，而加在电枢两端的电压与制动前相比已经反向。其制动的物理过程和他励电动机相同。

2.9.4　复励直流电动机的电力拖动简介

复励直流电动机有两个励磁绕组，一个是串励绕组 WSE，另一个是并励绕组 WSH，其线路原理图如图 2.44 所示。当两绕组的励磁磁动势方向相同时，为积复励直流电动机；当两绕组的励磁磁动势方向相反时，为差复励直流电动机。由于差复励的串励磁动势起去磁作用，其机械特性可能上翘，运行不易稳定，故一般都是采用积复励直流电动机。

积复励直流电动机的机械特性介于他励直流电动机和串励直流电动机之间。当并励绕组磁动势起主要作用时，机械特性接近于他励直流电动机的机械特性；当串励绕组磁动势起主要作用时，机械特性接近于串励直流电动机的机械特性。但是，由于有并励绕组，因而它的机械特性与纵轴有交点，即具有理想空载转速 n_0。当电枢电流等于零时，串励绕组产生的磁通为零，而并励绕组产生的磁通 Φ_{WSH} 不为零，因此，理想空载转速 $n_0 = U/(C_e\Phi_{WSH})$。又因为有串励绕组产生的磁通存在，所以积复励直流电动机的机械特性也是非线性的，且比他励直流电动机的机械特性软。几种直流电动机的机械特性如图 2.45 所示。

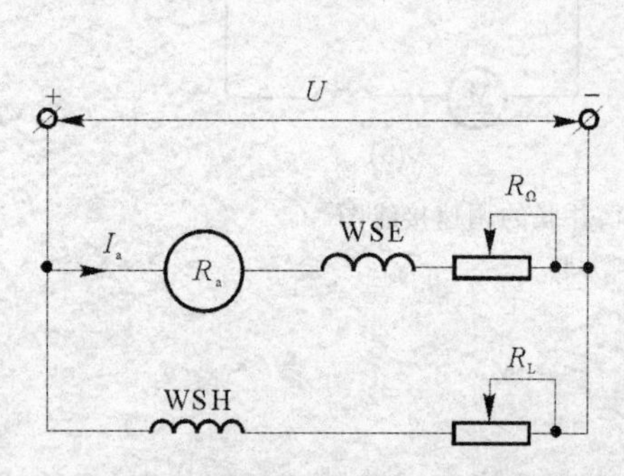

图 2.44　复励直流电动机的原理图

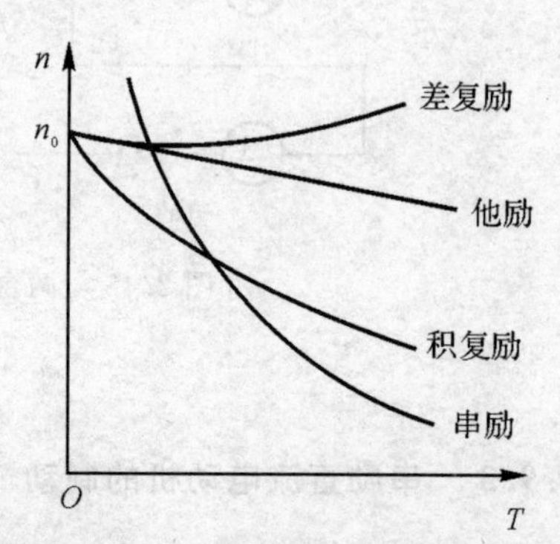

图 2.45　几种直流电动机的机械特性

反向电动状态和电压反接制动状态时，为了保持串励绕组磁动势与并励绕组磁动势方向一致，一般只改变电枢两端的接线，使电枢进行反接；保持串励绕组的接线不变，使串励绕组中的电流方向不变。

复励电动机有反接制动、能耗制动、回馈制动 3 种制动方式。为了避免在回馈制动和能耗制动状态下，由于电枢电流反向而使串励绕组产生去磁作用，以至减弱磁通 Φ，影响制动效果，一般在进行回馈制动和能耗制动时，将串励绕组短接，这样复励电动机的回馈制动和能耗制动时的机械特性就与他励直流电动机的机械特性完全相同了，其制动的物理过程也相同，不再介绍。

复励电动机既具有串励电动机的起动转矩大、过载能力强等优点，又因为有并励绕组，使得理想空载转速不至于太高，所以避免了“飞车”的危险。这种电机的用途也很广泛，例如无轨电车就是由积复励直流电动机拖动的。

本章习题

1. 一台他励直流电动机，铭牌数据为 $P_N = 60$ kW，$U_N = 220$ V，$I_N = 305$ A，$n_N = 1\,000$ r/min，试求：

(1) 固有机械特性，并画在坐标纸上。

(2) $T = 0.75T_N$ 时的转速。

(3) 转速 $n = 800$ r/min 时的电枢电流。

2. 某型他励直流电动机，$P_N = 7.5$ kW，$U_N = 110$ V，$I_N = 85.2$ A，$n_N = 750$ r/min，$R_a = 0.129\ \Omega$。采用电枢串电阻分三级起动，最大起动电流为 $2I_N$，试计算各级起动电阻值。

3. 一台他励直流电动机，$P_N = 7.5$ kW，$U_N = 220$ V，$I_N = 41$ A，$n_N = 1\,500$ r/min，$R_a = 0.376\ \Omega$，拖动恒转矩负载运行，$T = T_N$。问：

(1) 当把电源电压降到$U=180$ V时,降压瞬间电枢电流与电磁转矩是多少？ 稳定运行时转速是多少?

(2) 若把磁通减小到 $\Phi=0.8\Phi_N$,稳定运行时转速是多少？电动机能否长期运行？为什么?

4. 电动机的数据同第1题,已知$R_N=U_N/I_N$(称为额定电阻),试计算并画出下列条件下的人为机械特性曲线。

(1) 电枢回路总电阻为 $2R_N$;

(2) 电源电压为 $U_N/2$,电枢回路不串电阻;

(3) 电源电压为 U_N,电枢不串电阻,$\Phi=\Phi_N/2$。

5. 他励直流电动机的数据为 $P_N=13$ kW,$U_N=220$ V,$I_N=68.7$ A,$n_N=1\ 500$ r/min,$R_a=0.224\ \Omega$。采用电枢串电阻调速,要求 $\delta_{max}=30\%$。已知电动机拖动额定负载,试求:

(1) 最低转速、调速范围及电枢回路需串入的电阻值。

(2) 当在最低转速下运行时电动机电枢回路的输入功率、输出功率(忽略 T_0)及外串电阻上消耗的功率。

6. 若第 5 题中的电动机采用降压调速,要求 $\delta_{max}=30\%$,求:

(1) 最低转速、调速范围及所需最低电源电压;

(3) 当在最低转速下运行时,从电源输入的功率及输出功率(不计 T_0)。

7. 他励直流电动机 $P_N=29$ kW,$U_N=440$ V,$I_N=76$ A, $n_N=1\ 000$ r/min,$R_a=0.376\ \Omega$,采用降压与弱磁调速,要求最低理想空载转速 $n_{0min}=250$ r/min,最高理想空载转速$n_{0max}=1\ 500$ r/min, 试求:

(1)$T=T_N$ 时的最低转速及此时的静差率;

(2) 拖动恒功率负载 $P_2=P_N$ 时的最高转速;

(3) 调速范围。

8. 某台他励直流电动机原工作在额定电动状态下,已知 $P_N=3$ kW, $U_N=110$ V,$I_N=35.2$ A,$n_N=750$ r/min, $R_a=0.35\ \Omega$, $I_{amax}=2I_N$,试计算:

(1) 采用能耗制动与电压反接制动停车时,电枢回路中应分别串入的电阻值;

(2) 两种制动方法在制动到 $n=0$ 时的电磁转矩;

(3) 欲在额定负载下使电动机以 -400 r/min 的恒速下放重物,采用能耗制动运行时电枢回路中应串入多大电阻?

9. 他励直流电动机的额定数据如下:$P_N=13$ kW,$U_N=220$ V,$I_N=68.7$ A, $n_N=1\ 500$ r/min,$R_a=0.2\ \Omega$,用它拖动某台起重机的提升机构。已知重物的负载转矩为电动机的额定负载,如果不用机械抱闸而由电动机的电磁转矩把重物吊在空中不动,问此时电枢回路中应串入多大电阻?

10. 已知某台他励直流电动机的技术数据为 $P_N=29$ kW,$U_N=440$ V,$I_N=76$ A, $n_N=1\ 000$ r/min, $R_a=0.377\ \Omega$,$I_{amax}=1.8I_N$,$T_L=T_N$。用它拖动一辆电车,摩擦负载转矩$T_{L1}=0.8T_N$,下坡时位能负载转矩 $T_{L2}=1.2T_N$,试问:

(1) 电车下坡时在位能负载转矩作用下电动机的运行状态将发生什么变化?

(2) 分别求出电枢不串电阻及电枢串有 0.5 Ω 电阻时电动机的稳定转速。

11. 某台他励直流电动机的数据与第 10 题相同,拖动起重机的提升机构,不计传动机构的损耗转矩和电动机的空载转矩，试问：

(1) 电动机在反向回馈制动状态时下放重物，$I_a=60$ A，电枢回路不串电阻，电动机的转速及转矩各为多少？回馈到电源的功率为多大？

(2) 采用转速反接制动下放同一重物，要求转速 $n=-750$ r/min，电枢回路中应串入多大电阻？电枢回路从电源吸收的功率是多大？电枢外串电阻上消耗的功率是多少？

(3) 采用能耗制动运行下放同一重物，要求转速 $n=-300$ r/min，电枢回路中应串入多大电阻？该电阻上消耗的功率为多少？

12. 某型他励直流电动机铭牌数据为 $P_N=4$ kW，$U_N=220$ V，$I_N=22.3$ A，$n_N=1\ 000$ r/min，$R_a=0.91\ \Omega$，$T_L=T_N$，为了使电动机停转，采用电压反接制动，已知电枢回路串入的制动电阻 $R_C=9\ \Omega$，试问：

(1) 制动开始和结束时电动机产生的电磁转矩分别为多大？

(2) 如果是反抗性负载，当制动到 $n=0$ 时不切断电源，不用机械抱闸制动，电动机能否反转？为什么？

第 3 章　三相异步电动机的运行原理及其电力拖动

在“电工技术”课程中，已经学习了异步电动机的结构和工作原理，为了更深入地理解三相异步电动机的运行原理，本章首先分析三相异步电动机空载与负载运行时的电磁过程，然后将电磁过程用基本方程式加以综合，再根据这些方程式，运用频率归算和绕组归算的方法得出三相异步电动机的等效电路，然后用异步电动机的基本方程式与等效电路去分析其功率与转矩，进而得出异步电动机的机械特性并对其几种不同的表达式进行深入的讨论。在此基础上，本章还详细研究了三相异步电动机的起动、制动和调速的各种方法及其原理。

3.1　三相异步电动机运行时的电磁过程分析

3.1.1　空载与负载时的物理过程分析

当三相异步电动机的定子绕组接到对称三相电源时，定子绕组中就通过对称三相交流电流 $\dot{I}_{1A}$，$\dot{I}_{1B}$，$\dot{I}_{1C}$（下标“1”表示定子，“2”表示转子）。若不计谐波磁动势和齿槽的影响，这个对称三相交流电流将在气隙内形成按正弦规律分布，并以同步转速 n_0 旋转的旋转磁动势 F_1。由旋转磁动势 F_1 建立气隙主磁场（旋转磁场）B_m。这个旋转磁场切割定、转子绕组（转子绕组是对称的，但不一定是三相绕组），分别在定、转子绕组内感应出对称定子电动势 $\dot{E}_{1A}$，$\dot{E}_{1B}$，$\dot{E}_{1C}$ 和对称转子电动势。若转子绕组闭合，转子回路有对称多相电流通过，于是在气隙磁场和转子电流的相互作用下，产生了电磁转矩，转子顺着旋转磁场方向转动。如果轴上没有外加机械负载，则电动机在空载下运行。在空载情况下，异步电动机所产生的电磁转矩仅仅用来克服摩擦与风阻的阻转矩，因而是很小的。因电动机所受阻转矩很小，则其转速接近同步转速，即 $n \approx n_0$，转子与旋转磁场的相对转速就接近于零，故可以认为旋转磁场不切割转子绕组，因而不会产生感应电动势，即每相转子感应电动势 $\dot{E}_{2s} \approx 0$（下标“s”表示转子电动势的频率与定子电动势的频率不同），所以每相转子电流 $\dot{I}_2 \approx 0$。由此可见，异步电动机空载运行时，建立气隙磁场 B_m 的励磁磁动势 F_{m0} 就是定子上的三相基波合成磁动势 F_{10}，即 $F_{m0} = F_{10}$。异步电动机空载运行时的这种电磁关系，可用图 3.1 表明（图中电的量为每一相的量，而磁的量为三相合成的量）。

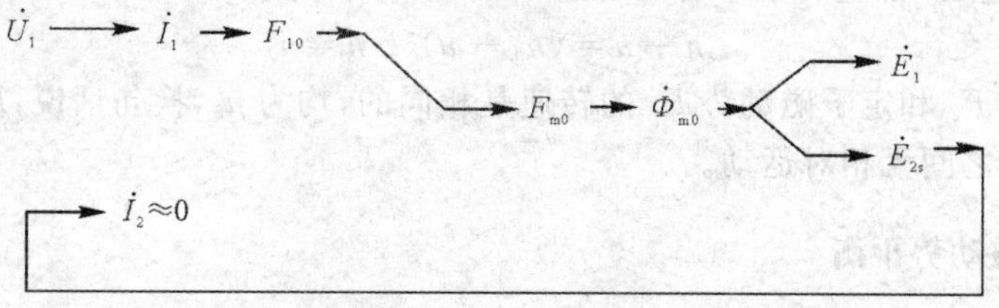

图 3.1　异步电动机空载运行时的电磁关系

在异步电动机轴上带有机械负载后，转子的转速就会降低，即 $n < n_0$，这时气隙中以同步转速 n_0 旋转的主磁场与转子之间的相对转速增大，于是在转子绕组中感应的电动势 $\dot{E}_{2s}$ 及转子电流 $\dot{I}_2$ 都增大了。此时，不能再认为 $\dot{E}_{2s}$ 及 $\dot{I}_2$ 近似为零，而且 $\dot{I}_2$ 也形成了磁动势 F_2，称为转子磁动势。下面就来研究 F_2 的性质以及它与 F_1 的关系，并且分析它对气隙内主磁场有何影响。

3.1.1.1 转子磁动势的分析

转子磁动势 F_2 也是一个旋转磁动势，如果电动机是绕线型，其转子绕组也是三相对称绕组，转子电流是对称三相电流，所形成的磁动势无疑是旋转的；即使是笼型转子，导条所组成的绕组也是一种对称的多相绕组(一般每对极下的导条数就是相数)。由正弦分布的旋转磁场切割而感应的电动势必然是对称多相电动势，当然电流也是对称的多相电流。根据电机学知识，当对称多相绕组中通过对称的多相电流时，所形成的合成磁动势也是一种旋转磁动势。既然不论转子结构型式如何，F_2 都是一种旋转磁动势，则须确定其旋转方向及转速，才能判明其对 F_1，B_m 的关系和影响。

1. F_2 的旋转方向

如图 3.2 所示，若相序为 A—B—C 的异步电动机定子电流所产生的旋转磁场按逆时针方向旋转，因 $n < n_0$，则它在转子绕组中感应电动势的相序为 a—b—c，转子电流的相序也是 a—b—c。根据旋转磁场方向的规律，可确定转子电流所形成的旋转磁动势 F_2 的旋转方向按 a—b—c 的相序，从图 3.2 看也是逆时针方向。因此，转子磁动势 F_2 与定子磁动势 F_1 的旋转方向相同。

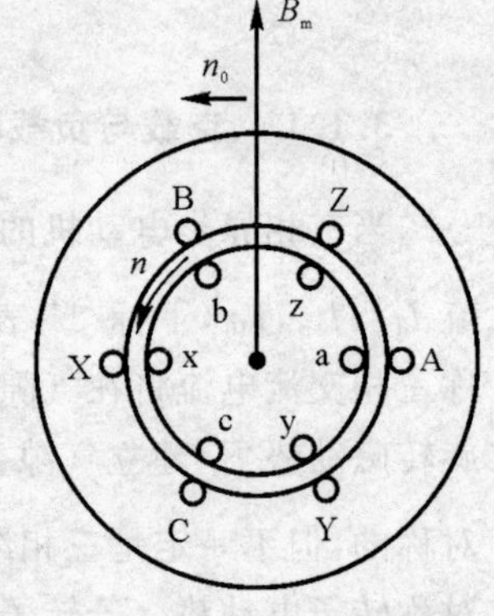

图 3.2 转子绕组的相序

2. F_2 转速的大小

异步电动机带负载时，转子转速为 n，而旋转磁场的转速为 n_0，两者旋转方向相同，因此旋转磁场以 $(n_0 - n)$ 的相对转速切割转子绕组，如电动机的极对数为 p(任何类型电动机的定、转子极对数必须相同)，则在转子绕组中感应的多相电动势和电流的频率为

$$f_2 = \frac{p(n_0 - n)}{60} = \frac{pn_0}{60}\frac{n_0 - n}{n_0} = sf_1 \tag{3.1}$$

f_2 称为转差频率。这种多相转子电流所形成的转子磁动势 F_2 是旋转的，旋转方向与 F_1 相同，它相对于转子本身的转速为 Δn，且

$$\Delta n = \frac{60f_2}{p} = \frac{60f_1}{p}s = n_0 s = n_0\frac{n_0 - n}{n_0} = n_0 - n \tag{3.2}$$

因为转子以转速 n 旋转，而 Δn 与 n 的方向一致，因此 F_2 相对于静止的定子铁芯的转速应为它相对于转子的转速 Δn 加上转子本身的转速 n，即

$$\Delta n + n = (n_0 - n) + n = n_0 \tag{3.3}$$

可见，转子磁动势 F_2 和定子磁动势 F_1 的转速是相同的，均为 n_0，换句话说，F_2 与 F_1 在空间保持相对静止，两者之间无相对运动。

3.1.1.2 磁动势平衡

由于转子磁动势 F_2 与定子磁动势 F_1 相对静止，就可以把 F_2 与 F_1 合成起来，得出合成磁

动势 F_1+F_2。因此，异步电动机带负载时，在气隙内产生旋转磁场的是定、转子磁动势的合成磁动势，即

$$F_1+F_2=F_m \rightarrow B_m(\dot{\Phi}_m)$$

而空载时

$$F_{10}=F_{m0} \rightarrow B_{m0}(\dot{\Phi}_{m0})$$

负载或空载时气隙内主磁通都在定子绕组内产生感应电动势，和变压器中的电磁情况相似，这种一次绕组（即与电源相接的绕组）内的感应电动势与电源电压只相差一个由绕组漏阻抗所引起的很小的电压降落。而异步电动机在正常运行时，电源电压是恒定不变的额定电压 U_{1N}，因此，可以认为电动机从空载到负载的过程中，定子绕组内的感应电动势 $\dot{E}_1$ 的变化很小，差不多和电源电压相平衡，故 $\dot{E}_1$ 是一个近乎不变的量。这样，可以断定主磁通 $\dot{\Phi}_m \approx \dot{\Phi}_{m0}$，工程上认为 $\dot{\Phi}_m=\dot{\Phi}_{m0}$ 是允许的，因此可得出下列关系

$$F_1+F_2=F_m \approx F_{m0} \rightarrow \dot{\Phi}_m$$

或者

$$F_1=F_m+(-F_2) \tag{3.4}$$

式(3.4)表明，负载时异步电动机的定子磁动势 F_1 包含两个分量，一个是 $(-F_2)$ 去抵消转子磁动势 F_2 的作用，故它的大小和 F_2 相等，方向与 F_2 相反；另一个是产生气隙内主磁通 $\dot{\Phi}_m$ 的励磁磁动势 F_m。由 $\dot{\Phi}_m$ 在定子绕组中感应出电动势 $\dot{E}_1$ 与电源电压 $\dot{U}_{1N}$ 相平衡，这种异步电动机负载时磁动势的平衡关系如图3.3所示。

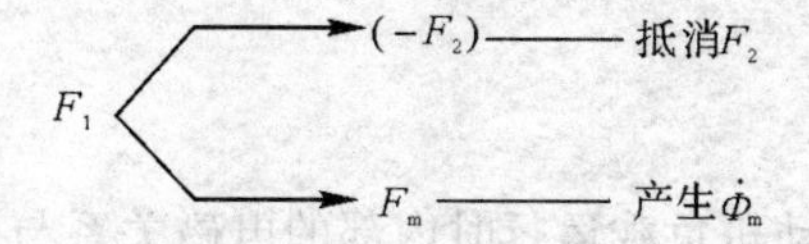

图3.3　异步电动机负载时磁动势的平衡关系

3.1.1.3　电磁关系

前面已得出负载时异步电动机中定子磁动势 F_1 与转子磁动势 F_2 合成为励磁磁动势 F_m 的磁动势平衡关系。下面在此基础上来分析电磁关系。

由励磁磁动势 F_m 建立气隙内主磁场 B_m，其主磁通为 $\dot{\Phi}_m$。由于主磁通 $\dot{\Phi}_m$ 与定、转子绕组相链，分别在定、转子绕组中感应出对称的定子电动势 $\dot{E}_1$ 和转子电动势 $\dot{E}_{2s}$，$\dot{E}_1$ 与 $\dot{E}_{2s}$ 的有效值分别为

$$E_1=4.44f_1N_1k_{w1}\Phi_m$$
$$E_{2s}=4.44f_2N_2k_{w2}\Phi_m$$

式中　N_1——定子绕组的实际匝数；

N_2——转子绕组的实际匝数；

k_{w1}——与绕组结构有关的定子绕组系数，其值小于但接近于1，该系数乘以实际匝数为绕组的有效匝数；

k_{w2}——与绕组结构有关的转子绕组系数，其值小于但接近于1，该系数乘以实际匝数为绕组的有效匝数。

而 $\dot{E}_1$ 与 $\dot{E}_{2s}$ 在相位上均滞后 $\dot{\Phi}_m 90^\circ$ 电角度，所以 $\dot{E}_1$ 与 $\dot{E}_2$ 的相量表达式分别为

$$\left.\begin{aligned}\dot{E}_1 &= -\mathrm{j}4.44 f_1 N_1 k_{w1} \dot{\Phi}_m \\ \dot{E}_{2s} &= -\mathrm{j}4.44 f_2 N_2 k_{w2} \dot{\Phi}_m = -\mathrm{j}4.44 s f_1 N_2 k_{w2} \dot{\Phi}_m\end{aligned}\right\} \tag{3.5}$$

此外，定、转子电流 $\dot{I}_1$ 和 $\dot{I}_2$ 分别产生定、转子的漏磁通 $\dot{\Phi}_{1\sigma}$ 和 $\dot{\Phi}_{2\sigma s}$，这些漏磁通会在各自的绕组内感应出漏电动势 $\dot{E}_{1\sigma}$ 和 $\dot{E}_{2\sigma}$，其相量表达式分别为

$$\dot{E}_{1\sigma} = -\mathrm{j}4.44 f_1 N_1 k_{w1} \dot{\Phi}_{1\sigma}$$

$$\dot{E}_{2\sigma s} = -\mathrm{j}4.44 f_2 N_2 k_{w2} \dot{\Phi}_{2\sigma s} = -\mathrm{j}4.44 s f_1 N_2 k_{w2} \dot{\Phi}_{2\sigma s}$$

另外，定、转子绕组中还有电阻存在，定、转子电流 $\dot{I}_1$ 和 $\dot{I}_2$ 通过电阻又会产生电压降落 $\dot{I}_1 r_1$，$\dot{I}_2 r_2$。异步电动机在负载时的这种电磁关系如图 3.4 所示。

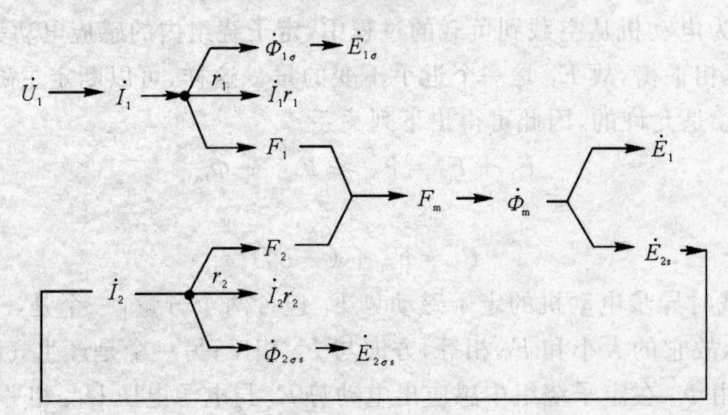

图 3.4　异步电动机负载运行时的电磁关系

3.1.2　基本方程式

从图 3.4 可看出，异步电动机负载运行时内部的电磁关系与变压器极为相似，故可仿照变压器的分析方法，把这种电磁关系用一些基本方程式来加以综合。

3.1.2.1　磁动势平衡方程式

异步电动机定、转子磁动势合成为励磁磁动势的关系式，就是表达异步电动机负载时磁动势平衡的方程式

$$F_1 + F_2 = F_m$$

因为这些磁动势都有对应的相电流，从电机学中可知这种相电流与磁动势的关系分别为

$$\left.\begin{aligned}F_1 &= 0.9\frac{m_1}{2}\frac{N_1 k_{w1}}{p}\dot{I}_1 \\ F_m &= 0.9\frac{m_1}{2}\frac{N_1 k_{w1}}{p}\dot{I}_m \\ F_2 &= 0.9\frac{m_2}{2}\frac{N_2 k_{w2}}{p}\dot{I}_2\end{aligned}\right\} \tag{3.6}$$

式中　m_1，m_2 —— 定、转子绕组的相数；

p —— 极对数；

$\dot{I}_m$ —— 对应于励磁磁动势的励磁电流。

因此磁动势平衡方程式又可表示为

$$0.9\frac{m_1}{2}\frac{N_1k_{w1}}{p}\dot{I}_1+0.9\frac{m_2}{2}\frac{N_2k_{w2}}{p}\dot{I}_2=0.9\frac{m_1}{2}\frac{N_1k_{w1}}{p}\dot{I}_m \tag{3.7}$$

如果将上式中的 $\dot{I}_2$ 稍加变换，使其前面的系数与 $\dot{I}_1$，$\dot{I}_m$ 前面的系数一致，则磁动势的矢量关系就可以变换成对应电流的相量关系。为此，令

$$\dot{I}'_2=\frac{1}{k_i}\dot{I}_2\quad（系数\ k_i\ 待定） \tag{3.8}$$

再给系数 k_i 一个合适的值以使下式成立：

$$0.9\frac{m_1}{2}\frac{N_1k_{w1}}{p}\dot{I}_1+0.9\frac{m_1}{2}\frac{N_1k_{w1}}{p}\dot{I}'_2=0.9\frac{m_1}{2}\frac{N_1k_{w1}}{p}\dot{I}_m \tag{3.9}$$

约去上式各个电流前面的系数得出

$$\dot{I}_1+\dot{I}'_2=\dot{I}_m \tag{3.10}$$

将 $\dot{I}_2$ 进行这种人为的变换时，必须保持 F_2 不变。亦即，由变换过的转子电流 $\dot{I}'_2$ 所形成的磁动势必须和实际转子电流 $\dot{I}'_2$ 所形成的转子磁动势的数值相等，即

$$F_2=0.9\frac{m_1}{2}\frac{N_1k_{w1}}{p}\dot{I}'_2=0.9\frac{m_2}{2}\frac{N_2k_{w2}}{p}\dot{I}_2 \tag{3.11}$$

比较式(3.11) 和式(3.8)，即可得出

$$k_i=\frac{m_1N_1k_{w1}}{m_2N_2k_{w2}} \tag{3.12}$$

系数 k_i 称为异步电动机的电流比。

式(3.10) 就是用电流相量表达磁动势平衡的方程式，如将 $\dot{I}'_2$ 移至等号右边，即

$$\dot{I}_1=\dot{I}_m+(-\dot{I}'_2) \tag{3.13}$$

式(3.13) 和式(3.4) 有相似的物理意义，即负载时异步电动机的定子电流可以看成由两部分组成：一部分为励磁分量 $\dot{I}_m$，亦称为励磁电流，其作用是产生气隙主磁通 $\dot{\Phi}_m$；另一部分是负载分量 $-\dot{I}'_2$，亦称为负载电流，其作用为抵消转子电流所产生的磁效应。

3.1.2.2　电动势平衡方程式

对于定、转子绕组这两个异步电动机的电路，有如图 3.4 所示的电磁关系及所规定的电动势、电流方向。根据基尔霍夫定律，可列出异步电动机负载时定、转子绕组的电动势平衡方程式为

$$\left.\begin{aligned}\dot{U}_1&=(-\dot{E}_1)+(-\dot{E}_{1\sigma})+\dot{I}_1r_1\\ \dot{E}_{2s}&=(-\dot{E}_{2\sigma s})+\dot{I}_2r_2\end{aligned}\right\} \tag{3.14}$$

和变压器一样，把 $\dot{E}_1$ 这个电动势和表明漏磁通电磁效应的漏电动势 $\dot{E}_{1\sigma}$ 和 $\dot{E}_{2\sigma s}$ 都作为电压降来处理，即

$$\dot{E}_1=-\dot{I}_mZ_m=-\dot{I}_m(r_m+jx_m) \tag{3.15}$$

式中　Z_m——表征铁芯磁化特性和铁芯损耗的一个综合参数，称为励磁阻抗，其大小等于单位励磁电流所产生的主磁通在定子绕组中所感应的电动势；

x_m——励磁电抗，对应于气隙主磁通 $\dot{\Phi}_m$ 的电抗；

r_m——反映铁芯损耗的励磁电阻。

而

$$\dot{E}_{1\sigma}=-j\dot{I}_1x_1$$

$$\dot{E}_{2\sigma s}=-\mathrm{j}\dot{I}_2x_{2s}$$

式中　x_1—— 定子漏电抗，表征定子绕组漏磁通特性的参数；

x_{2s}—— 转子漏电抗，表征转子绕组漏磁通特性的参数。

下面对 x_{2s} 作进一步的说明。

转子电流所产生的漏磁通 $\dot{\Phi}_{2\sigma}$ 在转子绕组内感应漏电动势 $\dot{E}_{2\sigma s}$ 的有效值为

$$E_{2\sigma s}=4.44f_2N_2k_{w2}\Phi_{2\sigma}=4.44sf_1N_2k_{w2}\Phi_{2\sigma}$$

漏电动势的频率为 $f_2=sf_1$。当转子不动时，$n=0,s=1$，这时 $f_2=f_1$。如果用 $E_{2\sigma}=4.44f_1N_2k_{w2}\dot{\Phi}_{2\sigma}$ 表示转子不动时转子绕组内漏电动势 $E_{2\sigma}$ 的有效值，则转子转动时的漏电动势有效值 $E_{2\sigma s}$ 为

$$E_{2\sigma s}=E_{2\sigma}s \tag{3.16}$$

所以，漏电抗也有这种关系：

$$x_{2s}=2\pi f_2L_{2\sigma}=2\pi f_1L_{2\sigma}s=x_2s \tag{3.17}$$

即转子转动时的转子漏电抗 x_{2s} 等于不动时的转子漏电抗 x_2 与转差率 s 的乘积。对于已制成的异步电动机，x_2 是不变的，因而转子转动时的转子漏电抗与转差率成正比，即

$$x_{2s}\propto s$$

同理，异步电动机转动时转子电动势有效值 E_{2s} 等于转子不动时转子电动势有效值 E_2 与转差率 s 的乘积，即

$$E_{2s}=4.44f_1N_2k_{w2}\Phi_m=E_2s \tag{3.18}$$

将分析得出的漏电抗 x_1,x_2 等参数代入式(3.14)，即得

$$\dot{U}_1=-\dot{E}_1+\dot{I}_1r_1+\mathrm{j}\dot{I}_1x_1 \tag{3.19}$$

$$\dot{E}_{2s}=\dot{E}_2s=\dot{I}_2r_2+\mathrm{j}\dot{I}_2x_2s \tag{3.20}$$

相应于式(3.19)、式(3.20)的电路，如图3.5所示。由于定、转子绕组的相数、有效匝数以及电动势、电流的频率均不相同，定、转子的电路还不能连接起来。异步电动机负载时的基本方程式列在一起有

$$\dot{U}_1=-\dot{E}_1+\dot{I}_1r_1+\mathrm{j}\dot{I}_1x_1=-\dot{E}_1+\dot{I}_1Z_1$$

$$\dot{E}_{2s}=\dot{E}_2s=\dot{I}_2r_2+\mathrm{j}\dot{I}_2x_2s$$

$$\dot{E}_1=-\dot{I}_m(r_m+\mathrm{j}x_m)=-\dot{I}_mZ_m$$

$$\dot{I}_1+\frac{1}{k_i}\dot{I}_2=\dot{I}_m$$

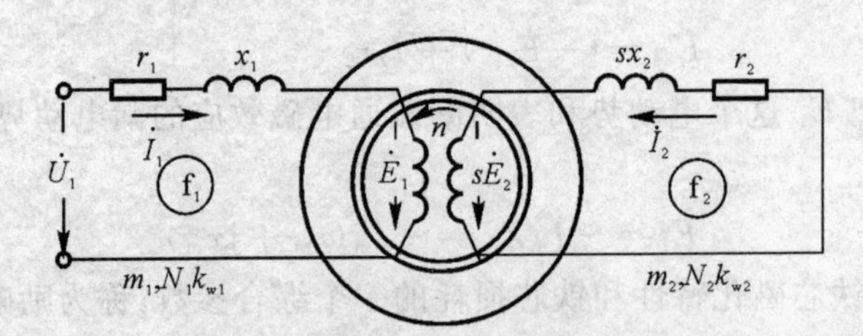

图3.5　旋转时异步电动机的电路

【思考题】

试解释异步电动机的机械负载增加时，定子电流与输入功率会自动增加的原因。

3.2　三相异步电动机的等效电路

3.2.1　建立异步电动机等效电路的基本方法

由式(3.5) 并考虑到转子静止时 $s=1$,可得出电动机不转时的转子电动势 $\dot{E}_2$ 为

$$\dot{E}_2=-\mathrm{j}4.44f_1N_2k_{w2}\Phi_m$$

再根据式(3.5) 中定子电动势 $\dot{E}_1$ 的表达式,可得出下列关系:

$$\dot{E}_2=-\mathrm{j}4.44f_1N_1k_{w1}\Phi_m\frac{N_2k_{w2}}{N_1k_{w1}}=\frac{N_2k_{w2}}{N_1k_{w1}}\dot{E}_1=\frac{1}{k_e}\dot{E}_1 \tag{3.21}$$

式中,k_e 为电势比,$k_e=\dfrac{N_1k_{w1}}{N_2k_{w2}}$。

式(3.21) 连同 3.1 节最后所列出的 4 个方程式,一共有 5 个基本方程式。在给定端电压 U_1 及参数 Z_1,Z_2,Z_m 的条件下,对一定的转差率 s,可求解 $\dot{E}_1,\dot{E}_2,\dot{I}_1,\dot{I}_2,\dot{I}_m$ 这 5 个未知数,以便确定异步电动机运行时的主要物理量以及它们之间的相互关系,即确定电动机的运行特性。然而,联立求解这 5 个向量方程式不但计算十分复杂,而且由于转子电路的频率 f_2 与定子电路的频率 f_1 不同,直接联合求解这些频率不同的电路向量方程式没有什么物理意义。因此,需要寻求一种既简便又精确的方法去解决这个问题,这种方法在“电工技术”课程中学习“变压器的阻抗变换”时已经运用过,就是将通过磁场耦合的两个电路中的一个电路归算到另一个电路,得出所谓等效电路的方法。

异步电动机的定、转子绕组与普通双绕组变压器的原、副绕组一样,两者之间只有磁的耦合,而无电的联系。如果在不改变定子绕组中的物理量(定子的电动势、电流及功率因数等)和异步电动机的电磁性能的前提下,将转子绕组进行归算,然后将归算过的转子绕组与定子绕组直接联系起来,可得出与异步电动机等效的电路。用这种等效电路就可以很方便地分析电动机的运行特性。

前面指出,异步电动机的转子频率 f_2 与定子频率 f_1 不同,进行归算时,除了和变压器一样要进行绕组归算以外,必须先将频率归算。

3.2.2　频率归算

所谓频率归算就是指保持整个电磁系统的电磁性能不变,把一种频率的参数及有关物理量换算成为另一种频率的参数及有关物理量。就异步电动机而言,为克服因定、转子电路中频率不同而带来分析与计算上的困难,须将转子电路中的参数及电动势、电流等归算为定子频率下的参数。实质上,就是用一个有定子频率而等效于转子的电路去替换实际转子电路。这里所说的“等效”包括两个方面:首先,进行这种代换以后,必须确保转子电路对定子电路的电磁效应不变。因为转子电路对定子电路的电磁效应集中表现于转子磁动势 F_2,所以必须保持 F_2 不变(同转速、同幅值、同空间位移角)。其次,等效的转子电路的电磁性能(有功功率、无功功率、铜损耗等)必须和实际转子电路一样。

因为 $f_2=sf_1$,当 $s=1$ 时,$f_2=f_1$,这个关系说明转子频率和定子频率相等时,转子是静止的,所以要进行转子频率的归算,用一个静止的转子电路去代替实际的转子电路以后才有可

能。问题在于静止的转子电路能否与实际的转子电路等效。

就转子磁动势的转速而言,实际转子电流所产生的转子磁动势的绝对转速是同步转速,而实际转子电路被静止的转子电路替换后,转子频率就变为定子的频率 f_1 了。因此,用静止转子电路替换实际转子电路以后,得出的转子电流所产生的转子磁动势的绝对转速还是同步转速,这种转子电路的替换不会影响转子磁动势的转速。

从转子磁动势幅值与空间位移角来看,因为合成磁动势与对应电流之间存在严格不变的关系,所以 F_2 的幅值与空间位移角完全取决于对应相电流的有效值与时间相位角。如果用静止的转子电路去代换实际转子电路,而转子电流的相量 $\dot{I}_2$ 不变的话,则可保证 F_2 这个矢量的大小和方向不变。

根据式(3.20)可得

$$\dot{I}_2=\frac{\dot{E}_2 s}{r_2+\mathrm{j}x_2 s}$$

如果将上式的分子分母都除以 s,则重新表示为

$$\dot{I}''_2=\frac{\dot{E}_2}{r_2/s+\mathrm{j}x_2} \tag{3.22}$$

虽然对式(3.20)仅仅进行了一步简单的代数运算,得出了式(3.22),但是式(3.22)却具有不同的物理意义。因为式(3.22)中的 $\dot{E}_2$,x_2 表示静止的转子电路中的电动势和漏电抗,所以 $\dot{I}''_2$ 代表静止转子电路中的电流。显而易见,$\dot{I}''_2$ 与 $\dot{I}_2$ 的有效值和相位角均相等。所以要用静止转子电路去代替实际的转子电路,除改变与频率有关的参数和电动势以外,只要用 r_2/s,去代替 r_2,就可达到保持 $\dot{I}_2$,F_2 不变的目的。

下面再就 r_2 变换为 r_2/s 后,讨论电动机功率的变化。

因为异步电机作电动机运行时,$0<s<1$,转子电阻由 r_2 变为 r_2/s,相当于转子串入了一个附加电阻

$$\frac{1-s}{s}r_2=\frac{r_2}{s}-r_2 \tag{3.23}$$

在附加电阻 $(1-s)r_2/s$ 中会发生功率损耗 $I_2^2(1-s)r_2/s$,而实际转子电路中并不存在这部分损耗,而只产生机械功率,因此,静止转子电路中这部分虚拟的损耗,实质上是表征了异步电动机的机械功率。从附加电阻 $(1-s)r_2/s$ 本身就是一个 s 的函数(即转速 n 的函数),就可以说明这一点。异步电机的转速与运行状态的关系是:当 $0<s<1$ 时,异步电机作电动机运行,这时电机产生的机械功率是正值,而 $I_2^2(1-s)r_2/s$ 也是正值,异步电机输出机械功率;当 $-\infty<s<0$ 时,$I_2^2(1-s)r_2/s$ 变为负值,这时异步电机输入机械功率,变作发电机运行了。这就说明,用静止的转子去代替实际转子,在功率和损耗方面也是等效的。

因此,用静止的转子去代换实际的转子,无论从转子对定子的电磁效应看,还是就功率而言都是等效的,这种人为的代换就是进行频率归算。而归算前后定子的电动势、电流及功率等物理量不会发生变化,换言之,从定子方面看,无从区别转子是一个实际转子,还是在转子电路中串联一个附加电阻 $(1-s)r_2/s$ 后的静止等效转子。图 3.6 所示为频率归算后异步电动机的定、转子电路图。

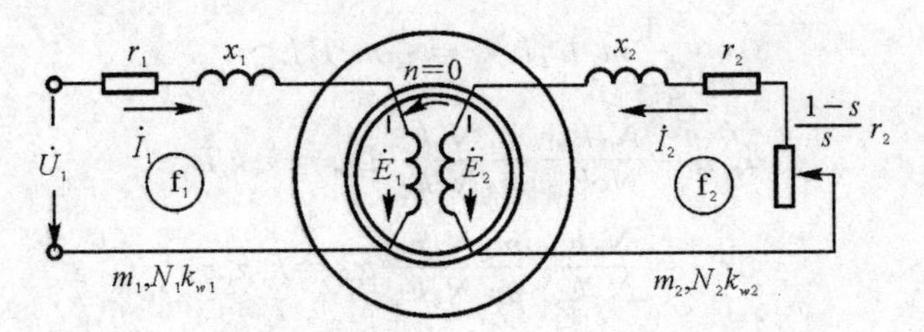

图 3.6　频率归算后异步电动机的定子、转子电路图

3.2.3　绕组归算

对异步电动机进行频率归算之后，由于定、转子频率不同而发生的问题解决了，但是还不能把定、转子电路连接起来，因为两个电路的电动势还不相等，即 $\dot{E}_1 \neq \dot{E}_2$，电动势两端不是等电位点，所以还要像变压器那样进行绕组归算，才可得出等效电路。

和变压器的绕组归算一样，异步电动机的绕组归算也就是人为地用一个相数、每相实际匝数以及绕组系数都和定子绕组一样的绕组去代替相数为 m_2、每相实际匝数为 N_2 以及绕组系数为 k_{w2} 并经过频率归算的转子绕组。这里必须保证归算前后转子对定子的电磁效应不变，即转子磁动势、转子总的视在功率、转子铜损耗及转子漏磁场储能均保持不变。

现在根据上述进行绕组归算的条件和要求进行归算。转子的归算值上均加"′"表示，以示区别。

由转子磁动势保持不变可以得出

$$0.9\frac{m_1}{2}\frac{N_1 k_{w1}}{p}I'_2 = 0.9\frac{m_2}{2}\frac{N_2 k_{w2}}{p}I_2 \tag{3.24}$$

所以归算后的转子电流有效值为

$$I'_2 = \frac{m_2 N_2 k_{w2}}{m_1 N_1 k_{w1}}I_2 = \frac{1}{k_i}I_2 \tag{3.25}$$

式中，k_i 即为式(3.12) 中的电流比。

由转子总的视在功率保持不变可以得出

$$m_1 E'_2 I'_2 = m_2 E_2 I_2 \tag{3.26}$$

所以

$$E'_2 = \frac{N_1 k_{w1}}{N_2 k_{w2}}E_2 = k_e E_2 \tag{3.27}$$

式中，k_e 即为式(3.21) 中的电动势比。

由式(3.21) 及式(3.27) 可得出

$$E'_2 = k_e E_2 = k_e \frac{1}{k_e}E_1 = E_1$$

由转子铜损耗和漏磁场储能不变可以得出

$$m_1 I'^2_2 r'_2 = m_2 I^2_2 r_2 \tag{3.28}$$

所以

$$r'_2 = \frac{N_1 k_{w1}}{N_2 k_{w2}}\frac{m_1 N_1 k_{w1}}{m_2 N_2 k_{w2}}r_2 = k_e k_i r_2 \tag{3.29}$$

$$\frac{1}{2}m_1 I'^2_2 L'_{2\sigma} = \frac{1}{2}m_2 I_2^2 L_{2\sigma}$$

$$L'_{2\sigma} = \frac{N_1 k_{w1}}{N_2 k_{w2}} \frac{m_1 N_1 k_{w1}}{m_2 N_2 k_{w2}} L_{2\sigma} = k_e k_i L_{2\sigma} \tag{3.30}$$

$$x'_2 = \frac{N_1 k_{w1}}{N_2 k_{w2}} \frac{m_1 N_1 k_{w1}}{m_2 N_2 k_{w2}} x_2 = k_e k_i x_2$$

所以

$$x'_2 = k_e k_i x_2 \tag{3.31}$$

图 3.7 所示为经频率和绕组归算后的异步电动机定、转子电路图。

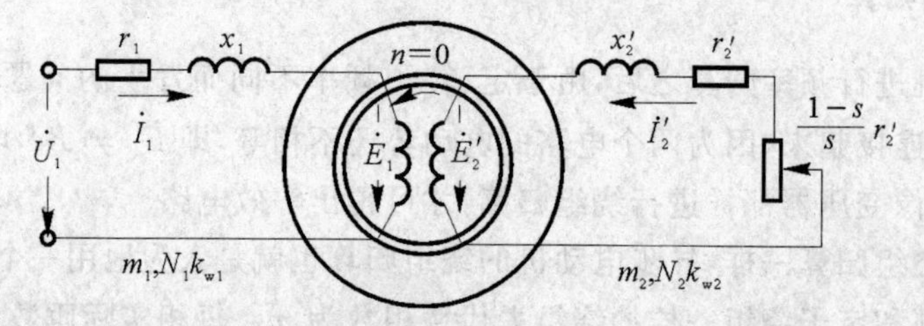

图 3.7　转子绕组归算后的异步电动机定、转子电路图

3.2.4　电动机的等效电路

经过频率和绕组的归算后，把异步电动机转子绕组的频率、相数、每相有效匝数都归算成和定子绕组一样，即可用归算过的基本方程式推导出异步电动机的等效电路。

归算过的定、转子电动势方程式为

$$\left.\begin{aligned}
&\dot{U}_1 = -\dot{E}_1 + \dot{I}_1(r_1 + \mathrm{j}x_1) = -\dot{E}_1 + \dot{I}_1 Z_1 \\
&\dot{E}'_2 = \dot{I}'_2 r'_2\left(\frac{1-s}{s}\right) + \dot{I}'_2(r'_2 + \mathrm{j}x'_2) = \dot{I}'_2 r'_2\left(\frac{1-s}{s}\right) + \dot{I}'_2 Z'_2 \\
&\dot{E}_1 = \dot{E}'_2 \\
&\text{磁动势方程式为} \\
&\dot{I}_1 + \dot{I}'_2 = \dot{I}_m \\
&\text{励磁支路的电动势方程式为} \\
&\dot{E}_1 = -\dot{I}_m Z_m
\end{aligned}\right\} \tag{3.32}$$

从式(3.32)中消去 $\dot{E}_1, \dot{E}'_2, \dot{I}'_2, \dot{I}_m$，可导出

$$\dot{U}_1 = \dot{I}_1\left[Z_1 + \frac{Z_m\left(Z'_2 + \frac{1-s}{s}r'_2\right)}{Z_m + \left(Z'_2 + \frac{1-s}{s}r'_2\right)}\right] \tag{3.33}$$

画出相应于式(3.33)的电路，如图 3.8 所示，此即异步电动机的 T 形等效电路。其中，r_1，x_1 为定子绕组的电阻和漏电抗，r'_2，x'_2 为归算过的转子绕组的电阻和漏电抗；r_m 代表与定子铁损耗相对应的励磁电阻；x_m 代表与主磁通相对应的铁芯磁路的励磁电抗。

如果从电路中的等电位点可直接连接而不影响整个电路的物理情况这个角度来考虑的话，由于 $\dot{E}_1 = \dot{E}'_2$，也可把图 3.7 中 $\dot{E}_1$ 与 $\dot{E}_2$ 的两端设想用导线直接连接起来，而得出如图 3.8 所示的 T 形等效电路。

异步电动机的 T 形等效电路以电路形式综合了异步电机的电磁过程，它能够反映异步电机的各种运行情况。

3.2.5　等效电路的简化

图 3.8 所示的 T 形等效电路是一个复联电路，计算和分析都比较复杂。因此，在实际应用时，常把励磁支路移到输入端，如图 3.9 所示。这样，电路就简化为单纯的并联支路，使计算更为简化，这种等效电路称为异步电动机的近似等效电路。不难看出，这样算出的定、转子电流将比用 T 形等效电路算出的稍大，且电动机越小，相对偏差越大。

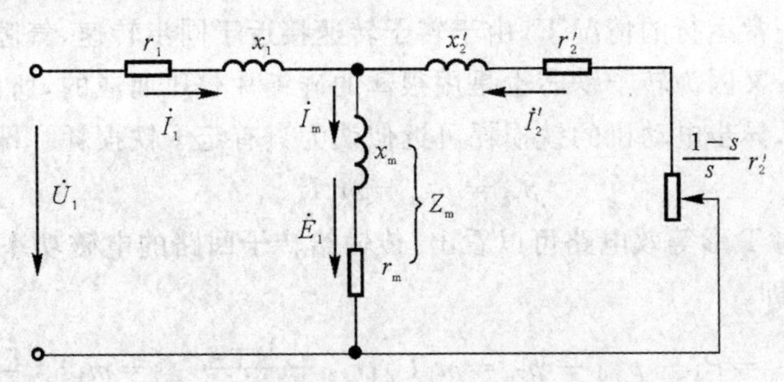

图 3.8　异步电动机的 T 形等效电路

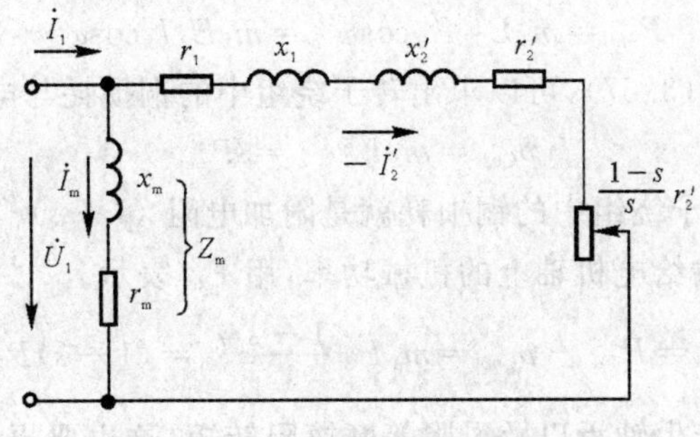

图 3.9　异步电动机的近似等效电路

【思考题】

1. 异步电动机等效电路中的 Z_m 反映什么物理量？在额定电压下电动机由空载到满载，Z_m 的大小是否变化？若有变化，是怎样变化的？

2. 导出三相异步电动机的等效电路时，转子边要进行哪些归算？归算的原则是什么？

3. 异步电动机等效电路中的 $\frac{1-s}{s}r'_2$ 代表什么？能否用电感或电容代替，为什么？

3.3　异步电动机的功率与转矩及工作特性

异步电动机的机电能量转换过程和直流电动机相似，其机电能量转换的关键在于作为耦合介质的磁场对电系统和机械系统的作用和反作用。不同之处在于异步电动机的气隙磁场基本上与负载无关，所以它不存在电枢反应。尽管如此，异步电动机由定子绕组输入电功率，从转子轴输出机械功率的总过程与直流电动机是一样的。不过在异步电动机中，电磁功率却产生在定子绕组中，然后经由气隙传输给转子，扣除一些损耗后，在轴上输出。在机电能量转换的过程中，必然会产生一些损耗，其种类和性质也与直流电动机相似。

3.3.1 功率关系

当异步电动机以转速 n 稳定运行时，从电源输入的功率为

$$P_1 = m_1 U_1 I_1 \cos\varphi_1 \tag{3.34}$$

定子铜损耗为

$$p_{Cu1} = m_1 I_1^2 r_1 \tag{3.35}$$

异步电动机在正常运行的情况下，由于转子转速接近于同步转速，气隙旋转磁场与转子铁芯的相对转速很小。又因为转子铁芯也是用很薄的硅钢片叠压而成的，所以转子铁损耗很小，可以忽略不计，因此，异步电动机的铁损耗可近似认为只有定子铁损耗。即

$$p_{Fe} = p_{Fe1} = m_1 I_m^2 r_m \tag{3.36}$$

从异步电动机的 T 形等效电路可以看出，传输给转子回路的电磁功率 P_{em} 等于转子回路全部电阻上的损耗，即

$$P_{em} = P_1 - p_{Cu1} - p_{Fe} = m_1 I'^2_2\left(r'_2 + \frac{1-s}{s}r'_2\right) = m_1 I'^2_2 \frac{r'_2}{s} \tag{3.37}$$

根据异步电动机绕组归算前后的电路，电磁功率也可表示为

$$P_{em} = m_1 E'_2 I'_2 \cos\varphi'_2 = m_2 E_2 I_2 \cos\varphi_2 \tag{3.38}$$

由 T 形等效电路与式(3.37)，可以求出转子绕组中的铜损耗与电磁功率的关系为

$$p_{Cu2} = m_1 I'^2_2 r'_2 = sP_{em} \tag{3.39}$$

电磁功率 P_{em} 减去转子绕组中的铜损耗就是附加电阻 $(1-s)r'_2/s$ 上的电功率。如前所述，这部分电功率就是传输给电机轴上的机械功率，用 P_m 表示。

$$P_m = P_{em} - p_{Cu2} = m_1 I'_2 \frac{1-s}{s} r'_2 = (1-s)P_{em} \tag{3.40}$$

电动机在运行时，会产生轴承以及风阻等摩擦阻转矩，这也要损耗一部分功率，把这部分功率叫做机械损耗，用 p_{mec} 表示。另外在异步电动机中，除了上述各部分损耗外，由于定、转子开了槽和定、转子磁动势中含有谐波磁动势，还要产生一些附加损耗，用 p_Δ 表示。p_Δ 一般不易计算，往往根据经验估算，在大型异步电动机中，约为输出额定功率的 0.5%；而在小型异步电动机中，满载时，可达输出额定功率的 1% ~ 3% 或更大些。

转子的机械功率 P_m 减去机械损耗 p_{mec} 和附加损耗 p_Δ 后，才是转轴上真正输出的功率，用 P_2 表示，即

$$P_2 = P_m - p_{mec} - p_\Delta \tag{3.41}$$

因此，可得出电源输入电功率 P_1 与转轴上输出的机械功率 P_2 的关系为

$$P_2 = P_1 - p_{Cu1} - p_{Fe} - p_{Cu2} - p_{mec} - p_\Delta \tag{3.42}$$

综上分析，异步电动机运行时，其功率传输过程可用图 3.10 所示功率流程图来表示。

从以上功率关系定量分析中可以看出，异步电动机运行时，其电磁功率、转子回路铜损耗和机械功率三者之间的定量关系是

$$P_{em} : p_{Cu2} : P_m = 1 : s : (1-s) \tag{3.43}$$

上式说明，若电磁功率 P_{em} 一定，转差率 s 越小，转子回路铜损耗就越小，机械功率就越大。所

以电机运行时，若 s 较大，效率一定不会高。

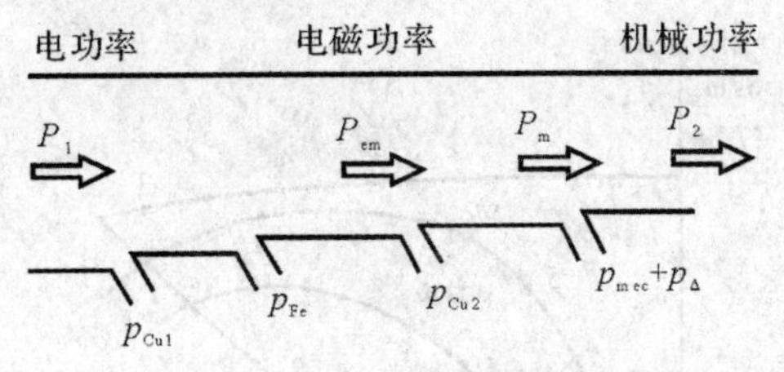

图 3.10　异步电动机的功率流程图

3.3.2　转矩关系

机械功率 P_m 除以轴的角速度 Ω 就是电磁转矩 T。同时，如果注意到式(3.43)中 P_m 与 P_{em} 的比值，也不难看出 T 也等于电磁功率除以同步角速度。证明如下：

$$T=\frac{P_m}{\Omega}=\frac{P_m}{\frac{2\pi n}{60}}=\frac{P_m}{(1-s)\frac{2\pi n_0}{60}}=\frac{P_{em}}{\Omega_0} \tag{3.44}$$

式中，$\Omega_0=2\pi n_0/60$，是旋转磁场的角速度，即同步角速度。

式(3.41)两边同除以角速度，得

$$T_2=T-T_0 \tag{3.45}$$

式中　T_2 —— 输出转矩；

T_0 —— 空载转矩。

$$T_0=\frac{p_{mec}+p_\Delta}{\Omega}=\frac{P_0}{\Omega} \tag{3.46}$$

3.3.3　电磁转矩公式

由上述电磁功率与电磁转矩的关系，可以推导出异步电动机的电磁转矩公式。根据式(3.44)，电磁转矩等于电磁功率 P_{em} 除以同步角速度 Ω_0，即

$$T=\frac{P_{em}}{\Omega_0}=\frac{m_1E'_2I'_2\cos\varphi'_2}{\Omega_0}=\frac{pm_1(\sqrt{2}\pi f_1N_2k_{w2}\Phi_m)I'_2\cos\varphi_2}{2\pi f_1}=$$

$$\frac{m_1}{\sqrt{2}}pN_2k_{w2}\Phi_mI'_2\cos\varphi_2=C_T\Phi_mI'_2\cos\varphi_2 \quad (注意\ \varphi'_2=\varphi_2)$$

即有异步电动机的电磁转矩公式

$$T=C_T\Phi_mI'_2\cos\varphi_2 \tag{3.47}$$

式中

$$C_T=\frac{m_1}{\sqrt{2}}pN_2k_{w2}$$

C_T 称为异步电动机的转矩系数。

从式(3.47)可知，异步电动机的电磁转矩与每极磁通和转子电流有功分量的乘积成正比。

3.3.4　异步电动机的工作特性

异步电动机的工作特性是指在额定电压和额定频率运行的情况下，电动机的转速 n、定子

电流 I_1、功率因数 $\cos\varphi_1$、电磁转矩 T、效率 η 等与输出功率 P_2 的关系。如图 3.11 所示。

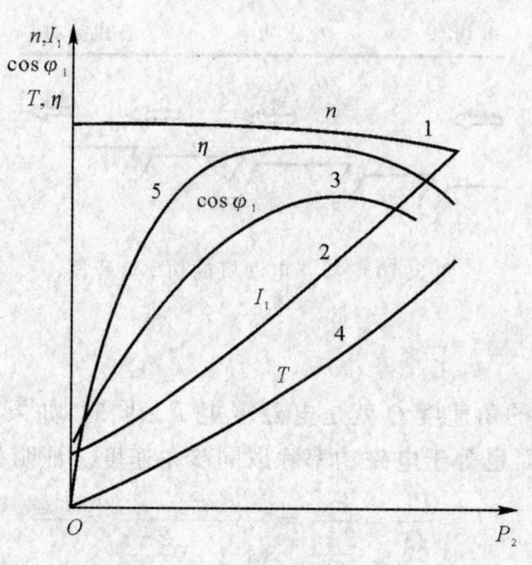

图 3.11 异步电动机的工作特性

1. 转速特性

当电动机空载时，输出功率 $P_2 \approx 0$，转速接近同步转速。当负载转矩增大时，会使转速下降，引起转子电动势与转子电流增大，以产生更大的电磁转矩和负载转矩相平衡。因此，随着输出功率 P_2 的增大，转差率 s 也增大，则转速稍有下降。所以转速特性为一条稍向下倾斜的曲线，见图 3.11 中曲线 1。

2. 定子电流特性

根据异步电动机的磁动势平衡方程式 $\dot{I}_1=\dot{I}_m+(-\dot{I}'_2)$，空载时，转子电流近似为零，此时定子电流几乎全部为励磁电流。随着负载的增大，转子转速下降，转子电流增大，定子电流及其磁动势也随之增大，以抵消转子电流产生的磁动势，以保持磁动势的平衡。定子电流几乎随 P_2 按正比例增加，如图 3.11 中曲线 2 所示。

3. 功率因数特性

由异步电动机等效电路求得的总阻抗是电感性的。所以对电源来说，异步电动机相当于一个感性阻抗，其功率因数总是滞后的，它必须从电网吸收感性无功功率。空载时，定子电流基本上是励磁电流，主要用于无功励磁，所以功率因数很低，约为 0.1 ~ 0.2。当负载增加时，转子电流的有功分量增加，定子电流的有功分量也随之增加，即可使功率因数提高。在接近额定负载时，功率因数达到最大。但负载超过额定值时，转差率就会变得较大，使得转子电流中的无功分量增加，因而使电动机定子功率因数又重新下降。功率因数特性如图 3.11 中曲线 3 所示。

4. 电磁转矩特性

稳态运行时，异步电动机的转矩平衡方程式为 $T=T_2+T_0$，因为输出功率 $P_2=T_2\Omega$，所以

$$T=T_0+\frac{P_2}{\Omega}$$

异步电动机的负载不超过额定值时，转速和角速度变化很小。而空载转矩 T_0 又可认为基本上不变，所以电磁转矩特性近似为一条斜率为 $1/\Omega$ 的直线（见图 3.11 中的曲线 4）。

5. 效率特性

根据效率的定义，异步电动机的效率为

$$\eta=\frac{P_2}{P_1}=\frac{P_2}{P_2+p_{\mathrm{Cu1}}+p_{\mathrm{Fe}}+p_{\mathrm{Cu2}}+p_{\mathrm{mec}}+p_{\Delta}} \tag{3.48}$$

异步电动机中的损耗可分为不变损耗 $p_{\mathrm{Fe}}+p_{\mathrm{mec}}$ 和可变损耗 $p_{\mathrm{Cu1}}+p_{\mathrm{Cu2}}+p_{\Delta}$ 两部分。如图3.11 中曲线 5 所示，当输出功率 P_2 增加时，可变损耗增加较慢，所以效率上升很快。当可变损耗等于不变损耗时，异步电动机的效率达到最大值。随着负载继续增加，可变损耗增加很快，效率就要降低。

从以上分析可知，异步电动机在空载和轻载时，效率与功率因数都很低。在额定状态附近运行时两者最高，故在选用异步电动机的额定功率时，应注意使其与实际负载所需要的功率相当。

3.4　三相异步电动机的机械特性

电动机的机械特性是指电动机的转速 n 与电磁转矩 T 之间的关系 $n=f(T)$。由于异步电动机的转速 n 与转差率 s 及旋转磁场的同步速 n_0 之间的关系为

$$n=(1-s)n_0$$

因此异步电动机的机械特性也常用 $T=f(s)$ 的形式来表示，它有 3 种不同的表达形式，现分述如下。

3.4.1　机械特性的三种表达式

3.4.1.1　物理表达式

在上一节中已经得出了异步电动机的电磁转矩公式，现在重写于下：

$$T=C_{\mathrm{T}}\Phi_{\mathrm{m}}I'_2\cos\varphi_2 \tag{3.49}$$

将此式和直流电动机电磁转矩的表达式 $T=C_{\mathrm{T}}\Phi I_{\mathrm{a}}$ 相比，三相异步电动机的电磁转矩除了和气隙磁通及转子电流有关外，还和转子电路的功率因数有关。这是由于在异步电动机中，转子电流滞后于转子电动势，在同一极性气隙磁场下面的各转子有效导体中，电流方向不完全相同。所以异步电动机的电磁转矩与气隙磁通和转子电流的有功分量成正比。

根据异步电动机的等效电路，可以求出式(3.49) 中 $I'_2\cos\varphi_2$ 与 s 的关系，所以式(3.49) 也间接地表示了 $T-s$ 曲线。它常用于从物理意义上分析异步电动机在各种运行状态下 T 与 Φ_{m} 及 $I'_2\cos\varphi_2$ 之间的数量与方向关系，故称之为机械特性的物理表达式。

3.4.1.2　参数表达式

由异步电动机的近似等效电路可得

$$I'_2=\frac{U_1}{\sqrt{\left(r_1+\frac{r'_2}{s}\right)^2+(x_1+x'_2)^2}} \tag{3.50}$$

将此式代入式(3.37) 后，再把式(3.37) 代入式(3.44)，并考虑到 $\omega_1=p\Omega_0$，可以得出

$$T=\frac{m_1 p}{\omega_1}U_1^2\frac{\frac{r'_2}{s}}{\left(r_1+\frac{r'_2}{s}\right)^2+(x_1+x'_2)^2} \tag{3.51}$$

式(3.51)反映了异步电动机的电磁转矩与电源参数(相数、相电压、频率)和电动机定转子参数以及转差率之间的关系。对于一台已经制造好了的电动机,其参数 r_1,r'_2,x_1,x'_2,p,m_1 等均不变,若 U_1,f_1 不变,则 $T=f(s)$ 或 $T=f(n)$ 称为机械特性的参数表达式。

图3.12所示为按式(3.51)绘制的机械特性曲线。图中第Ⅰ象限部分 $n<n_0,T>0$,为电动机运行状态;第Ⅱ象限部分,$n>n_0,T<0$,为发电回馈制动状态。图3.12中的 s_m,称为临界转差率,其值大约在0.2左右。从图3.12可见,在电动机运行状态,当 $0<s<s_m$ 时,随着 s 的增加,T 也增加,到 $s=s_m$ 时,转矩 T 达到最大值 T_{max}。而在 $s>s_m$ 以后,s 增加时,电磁转矩反而减小。

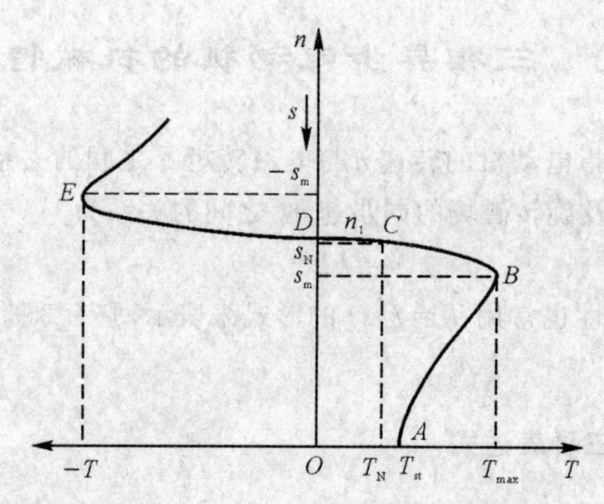

图3.12 异步电动机的机械特性

下面对机械特性的参数表达式做进一步的分析讨论。

1. **最大转矩 T_{max} 和临界转差率 s_m**

T_{max} 是电动机所能提供的最大转矩,对式(3.51)求导数,并令 $dT/ds=0$,得到

$$s_m=\pm\frac{r'_2}{\sqrt{r_1^2+(x_1+x'_2)^2}} \tag{3.52}$$

将式(3.52)代入式(3.51),可得最大转矩 T_{max} 为

$$T_{max}=\pm\frac{pm_1}{\omega_1}U_1^2\frac{1}{2\left[\pm r_1+\sqrt{r_1^2+(x_1+x'_2)^2}\right]} \tag{3.53}$$

式中"+"对应于电动状态,"−"对应于发电状态。通常 $r_1\ll(x_1+x'_2)$,式(3.52)和式(3.53)可近似变为

$$s_m\approx\pm\frac{r'_2}{x_1+x_2} \tag{3.54}$$

$$T_{max}\approx\pm\frac{pm_1}{\omega_1}U_1^2\frac{1}{2(x_1+x'_2)} \tag{3.55}$$

由式(3.54)和式(3.55)可见,在发电和电动两种状态下,s_m 和 T_{max} 的绝对值是相等的。从式(3.52)到式(3.55)中可看出如下几点:

(1)当电动机各参数及电源频率不变时,T_{max} 与电源电压 U_1^2 成正比,但 s_m 与 U_1 无关。

(2) T_{max} 与 r'_2 值无关,而 s_m 与 r'_2 值成正比。因此,改变转子电阻的大小,可以改变产生最大转矩的转差率。

(3) 当电源电压和频率不变时,s_m 和 T_{max} 都近似地与$(x_1 + x'_2)$ 成反比。

T_{max} 是异步电动机可能产生的最大转矩,如果负载转矩大于 T_{max},则异步电动机将因为拖动不了而减速,直至停转。为了保证异步电动机不会因短时过载而停转,一般异步电动机都具有一定的过载能力,其大小用最大转矩 T_{max} 与异步电动机额定转矩 T_N 之比来表示,即

$$\lambda_T = \frac{T_{max}}{T_N} \tag{3.56}$$

λ_T 是一个很重要的参数。一般三相异步电动机的过载能力 $\lambda_T = 1.6 \sim 2.2$,某些专用三相异步电动机的 λ_T 可达 $2.2 \sim 2.8$。

2. 起动转矩

$s=1$ 即 $n=0$ 时的电磁转矩,称为起动转矩,它是三相异步电动机接通交流电源开始起动时的电磁转矩。将 $s=1$ 代入式(3.51) 得

$$T_{st} = \frac{pm_1}{\omega_1} U_1^2 \frac{r'_2}{(r_1 + r'_2)^2 + (x_1 + x'_2)^2} \tag{3.57}$$

可见,起动转矩仅与电动机本身参数和电源有关,与电动机所带的负载无关。对于三相绕线型异步电动机,若在一定范围内增大转子电阻(通过滑环给转子电路外接电阻) 可以增大起动转矩,改善起动性能;但三相笼型异步电动机的转子电阻无法用外接电阻的方法改变,即在电源不变的条件下 T_{st} 是一个恒值。这时 T_{st} 与 T_N 之比称为起动转矩倍数 K_T,即

$$K_T = \frac{T_{st}}{T_N} \tag{3.58}$$

K_T 反映了三相笼型异步电动机的起动能力。只有当 T_{st} 大于负载转矩 T_L 时,电动机才能起动;若要求满载起动,则 K_T 必须大于 1。起动转矩倍数 K_T 的数值可由产品目录中查到,一般 $K_T = 0.9 \sim 1.3$。

3. 同步转速与额定转速

除 T_{st} 和 T_{max} 以外,在机械特性曲线上还有两个比较重要的点。一个是 $n = n_0 (s=0)$ 的点,即同步转速点。此时转子与旋转磁场间无相对运动,所以转子感应电动势与转子电流都为零,故 $T=0$。既然电动机没有电磁转矩,也就不可能在无外部拖动转矩的情况下以 $n=n_0$ 的速度运转,因而这一点称为理想空载点或同步转速点。另一个比较重要的点是额定运行点,此时,$n = n_N$,$s = s_N$,$T = T_N$。一台三相异步电动机制造好以后其额定运行点是确定的。

4. 固有机械特性和人为机械特性

固有机械特性是指异步电动机在额定电压和额定频率下,按规定的接线方式接线,定、转子外接电阻为零时的转速 n 与电磁转矩 T 的关系。图 3.13 所示为三相异步电动机的固有机械特性。图中曲线 1 是气隙磁场按正方向旋转时的固有特性,曲线 2 是气隙磁场按反方向旋转时的固有特性。

人为机械特性是指人为地改变电动机参数或电源参数而得到的机械特性。三相异步电动机的人为机械特性种类较多,下面介绍几种常见的人为机械特性。

(1) 降低定子电压时的机械特性。当定子电压 U_1 降低时,由式(3.51) 可知,电动机的电磁转矩将与 U_1^2 成正比地降低,但产生最大转矩的临界转差率 s_m 与电压无关,因此理想空载转

速 n_0 也不变。可见降低电压的人为机械特性是一组通过理想空载转速点的曲线簇，图 3.14 绘出了 $U_1=U_N$ 的固有特性和 $U_1=0.8U_N$ 及 $U_1=0.5U_N$ 时的人为机械特性。由图可见，当异步电动机在某一负载下运行时，若降低电压，将使电动机转速降低，转差率增大；而转子电流将因转子电动势 $E_{2s}=sE_2$ 的增大而增大，从而引起定子电流的增大。

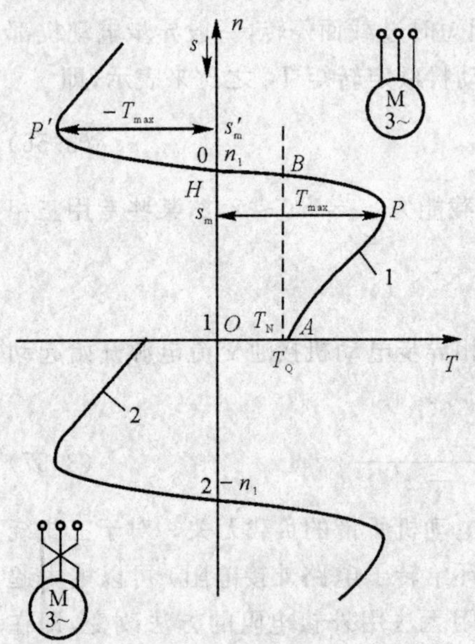

图 3.13　三相异步电动机的固有机械特性

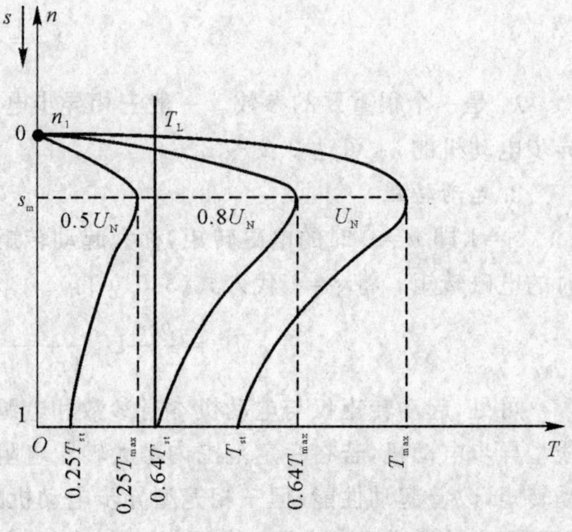

图 3.14　异步电动机降压时的人为机械特性

若电流超过额定值，则电动机的最终温升将超过容许值，导致电动机寿命缩短，如果电压降低过多，致使最大转矩小于负载转矩，则会发生电动机的停转。

(2) 转子电路中串对称电阻时的机械特性。在三相绕线型异步电动机转子电路内，三相分别串接大小相等的电阻，由前述分析可知，此时电动机的同步转速 n_0 不变，最大转矩 T_{max} 也不变，临界转差率 s_m 则随外接电阻 R_s 的增大而增大。人为机械特性是一组通过理想空载点的曲线簇，如图 3.15 所示。在一定范围内增加转子电阻，可以增大电动机的起动转矩。如果所串接的附加电阻使 $s=s_m=1$（如图中的 R_{s3}），则对应的起动转矩 T_{st} 等于最大转矩 T_{max}。此时若再增大转子电阻，起动转矩反而会减小。转子电路串接附加电阻的方法，适用于绕线型异步电动机的起动、制动和调速。

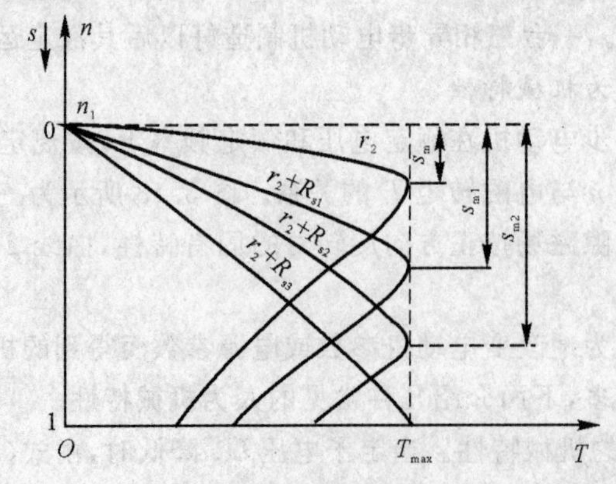

图 3.15　三相绕线型异步电动机转子电路串接对称电阻时的人为机械特性

(3) 定子电路串接电抗的机械特性。在三相笼型异步电动机定子电路三相分别串接对称电抗 X_{st}，由式(3.52)、式(3.53)和式(3.57)可见，n_0 不变，T_{max}，T_{st} 及 s_m 将随 X_{st} 的增大而减小。如图3.16所示。定子电路串接电抗一般用于三相笼型异步电动机的减压起动，以限制电动机的起动电流。

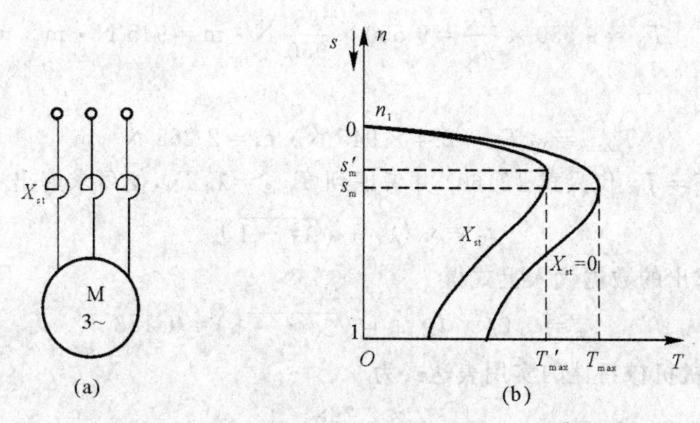

图3.16　三相笼型异步电动机定子电路串接对称电抗

(a) 电路图；(b) 人为机械特性

除了上述降低定子电压和给定转子电路串接电抗或电阻的方法外，还可以通过改变电源频率或改变定子绕组极对数的方法来人为地改变机械特性。这些内容将结合异步电动机调速的内容来介绍。

3.4.1.3　实用表达式

在进行某些理论分析时机械特性的参数表达式是非常有用的，因为它清楚地表示了转矩、转差率与电动机参数之间的关系。但是电动机的定子转子参数都是些设计数据，在电动机产品目录和铭牌上是查不到的。因此，对于某一台具体的电动机，要利用参数表达式来绘制机械特性进行分析计算就很不方便。这就希望能利用电动机的一些技术数据和额定值来表示并绘制机械特性，这样就产生了机械特性的实用表达式。

将式(3.51)除以式(3.53)，并考虑到式(3.52)，化简后得

$$T=\frac{2T_{max}\left(1+s_m\frac{r_1}{r'_2}\right)}{\frac{s}{s_m}+\frac{s_m}{s}+2s_m\frac{r_1}{r'_2}} \tag{3.59}$$

一般情况下，$r_1 \ll r'_2$，故上式可近似为

$$T=\frac{2T_{max}}{\frac{s}{s_m}+\frac{s_m}{s}} \tag{3.60}$$

此式即为机械特性的实用表达式。只要知道了 T_{max} 和 s_m 的值，就可以求出 T 与 s 的关系。T_{max} 和 s_m 的值可由产品目录中给出的过载能力 λ_T、额定功率 P_N(单位为kW)及额定转速 n_N(单位为r/min)求出。

例3.1　一台三相异步电动机额定值如下：$P_N=95$ kW，$n_N=960$ r/min，$U_N=380$ V，Y接法，$\cos\varphi_N=0.86$，$\eta_N=90\%$，过载能力 $\lambda_T=2.4$。试求电动机机械特性的实用表达式。

解 额定转差率为

$$s_N=\frac{n_0-n_N}{n_0}=\frac{1\ 000-960}{1\ 000}=0.04$$

额定转矩为

$$T_N=9\ 550\times\frac{P_N}{n_N}=9\ 550\times\frac{95}{960}\ \text{N}\cdot\text{m}=945\ \text{N}\cdot\text{m}$$

最大转矩为

$$T_{max}=\lambda_T T_N=2.4\times 945\ \text{N}\cdot\text{m}=2\ 268\ \text{N}\cdot\text{m}$$

将 $s=s_N$ 与 $T=T_N$ 代入式 (3.60) 并考虑到 $T_{max}=\lambda_T T_N$，便可求解出

$$s_m=s_N(\lambda_T+\sqrt{\lambda_T^2-1})$$

将已知的和已经求出的数据代入上式得

$$s_m=0.04\times(2.4+\sqrt{2.4^2-1})=0.183$$

所以，该异步电动机机械特性的实用表达式为

$$T=\frac{2T_{max}}{\dfrac{s}{s_m}+\dfrac{s_m}{s}}=\left[\frac{2\times 2\ 268}{\dfrac{s}{0.183}+\dfrac{0.183}{s}}\right]=\frac{4\ 536}{\dfrac{s}{0.183}+\dfrac{0.183}{s}}$$

【思考题】

1. 何谓三相异步电动机的固有机械特性和人为机械特性?

2. 三相异步电动机电磁转矩与电源电压大小有何关系? 如果电源电压降为额定电压的70%，最大转矩 T_{max} 和起动转矩 T_{st} 将变为多大? 若电动机拖动的额定负载转矩不变，问电压下降后，电动机转速 n、定子电流 I_1、转子电流 I_2、主磁通 Φ_m、定子功率因数 $\cos\varphi_1$ 和转子功率因数 $\cos\varphi_2$ 将怎样变化?

3. 异步电动机拖动额定负载运行时，如果电源电压下降过多会产生什么后果?

3.5 三相异步电动机的起动

3.5.1 异步电动机起动性能分析

对异步电动机起动性能的要求一般有以下几点：

(1) 具有足够大的起动转矩 T_{st}，以保证机械负载能够正常地起动；

(2) 在保证大小合适的起动转矩前提下，电动机的起动电流 I_{1st}（定子绕组在起动瞬间的电流）越小越好；

(3) 起动设备力求结构简单，运行可靠，操作方便；

(4) 起动过程的能量损耗越小越好，起动时间越短越好。

上述要求中最重要的是前两条，即要求在起动电流较小的情况下得到较大的起动转矩。这是因为过大的起动电流的冲击，可能引起电网电压的大幅度下降。因为电动机的起动电流流过具有一定内阻抗的发电机、变压器和供电线路会造成电压降落，特别是对于那些小容量的电网更为显著。电网电压的降低会影响接在同一电网上其他负载（主要是其他异步电动机）

的正常运行。对电动机本身来说，当工作在频繁起动的情况下时，过大的起动电流将会造成电动机严重发热，以致加速绝缘老化，大大缩短电动机的使用寿命。同时在大电流的冲击下，电动机绕组(尤其是端部)受电动力作用易发生位移和变形，甚至烧毁。另外，起动转矩太小也会延长起动时间。

由于额定运行时 $s_N=0.02\sim0.05$，而起动时 $s=1$，所以在额定电压下起动时，起动电流约为额定电流的 5 ～ 7 倍。这是由于起动时气隙旋转磁场以同步转速切割转子，在转子上感应有较大的电动势，产生较大的转子电流，从而定子绕组也有较大的电流。但是，尽管异步电动机的起动电流很大，起动转矩却不大(起动转矩倍数 K_T 一般仅为0.9～1.3)。其原因有两条：

(1) 由于起动时 $s=1$，从异步电动机的等效电路可知起动时转子功率因数很低；

(2) I_{1st} 大引起定子漏阻抗压降大，电动势 E_1 减小，主磁通 Φ_m 要相应减小。

根据式(3.49)，上述两条原因必然导致异步电动机的起动转矩不大。

3.5.2　普通笼型异步电动机的起动

普通笼型异步电动机有直接起动和减压起动两种方法。

3.5.2.1　直接起动 —— 小容量电动机起动方法

直接起动也称为全压起动。这种起动方法最简便，不需要复杂的起动设备，但因起动电流较大，只允许在小容量电动机中使用。在一般电网容量下，7.5 kW 电动机就认为是小容量的，所以 $P_N\leqslant 7.5$ kW 的异步电动机可以直接起动。但是所谓小容量电动机也是相对电网容量而言的，如果电网容量大就可以允许容量较大的电动机直接起动。具体来讲，令笼型异步电动机的起动电流倍数 I_{1st}/I_N 为 K_I，电网容量为 S_N，电动机额定功率为 P_N，如果能满足

$$K_I\leqslant(S_N/P_N+3)/4$$

也可直接起动。K_I 的值可根据电动机的型号和规格查知。

3.5.2.2　减压起动 —— 大中容量电动机轻载起动方法

对于不允许直接起动的笼型异步电动机，为限制起动电流，只有降低加在绕组上的电压 U_1。但是由于电磁转矩 T 和 U_1^2 成正比，因此，这种方法只适用于空载或轻载起动的负载。减压起动时，可以采用传统的减压起动方法，亦可采用近年来应用得越来越多的电动机软起动器，本节只介绍 3 种传统的减压起动方法，软起动器的内容将在本书第 6 章中予以介绍。

1. Y → Δ 换接起动

用这种方法起动的三相异步电动机，运行时定子绕组必须采用 Δ 联结，起动时换接成 Y。图 3.17 为 Y→Δ 换接起动时的接线原理图。起动时，将 QC 投向起动侧，再将 Q 合上。由于定子绕组接成 Y，每相绕组所加电压由 Δ 联结时的电源线电压 U_N 降为电源相电压，即 $U_N/\sqrt{3}$，实现了减压起动；待转速接近额定值时，将 QC 再投向运行侧，使定子绕阻接成 Δ 全压运行。起动结束。

设起动时定子每相绕组的等效阻抗为 z_k，从图 3.17(b) 可知，Δ 联结时电网供给的起动电流为

$$I_{1st}=\sqrt{3}\,\frac{U_N}{z_k}\tag{3.61}$$

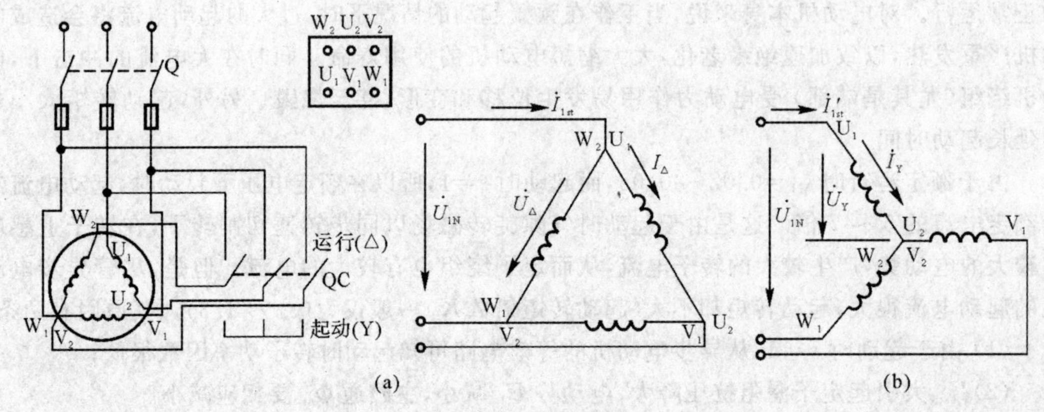

图 3.17　Y→Δ 换接起动接线原理图

(a) 接线图；(b) 原理图

当换接成 Y 减压起动时，定子绕组的线电流为

$$I'_{1st}=\frac{U_N}{\sqrt{3}z_k} \tag{3.62}$$

两者之比为

$$\frac{I'_{1st}}{I_{1st}}=\frac{1}{3} \tag{3.63}$$

由于起动转矩与加在定子绕组上的电压平方成正比，故有

$$\frac{T'_{st}}{T_{st}}=\left(\frac{1}{\sqrt{3}}\right)^2=\frac{1}{3} \tag{3.64}$$

可见，用 Y→Δ 换接实现减压起动时，起动电流和起动转矩都降为直接起动时的 1/3。

Y→Δ 换接起动操作方便，起动设备简单，应用较为广泛。但由于以下两点使它的应用有一定的限制：

(1) 只适用于正常运行为Δ联结电动机。为便于推广 Y→Δ 换接起动方法，Y 系列中，容量为 4 kW 以上的电动机，绕组都是Δ联结，额定电压为380V。由于起动转矩减小到直接起动时的 1/3，故只适用于空载或轻载起动。

(2) 这种起动方法的电动机定子绕组必须引出 6 个出线端，这对于高电压电动机有一定的困难，所以 Y→Δ 换接起动一般只用于 500 V 以下的低压电动机。

2. 自耦变压器减压起动

这种起动方法是利用自耦变压器降低加到电动机定子绕组上的电压，以减小起动电流。图 3.18(a) 所示为其接线原理图。起动时，把开关 QC 投向“起动”位置，这时自耦变压器原绕组加全电压而电动机定子电压仅为抽头部分的电压值，电动机减压起动。待转速接近稳定时，再把开关切换到“运行”位置，这样就把自耦变压器切除，电动机全电压运行，起动结束。

自耦变压器减压起动时，其一相电路原理图如图 3.18(b) 所示，设自耦变压器的变比为 k_a，则

$$U'_2=\frac{U_N}{k_a}, \quad I'_{2st}=k_a I'_{1st} \tag{3.65}$$

其中，I'_{1st} 为由电网供给的起动电流。

$$I'_{1st}=\frac{I'_{2st}}{k_a}=\frac{U'_2}{k_a z_k}=\frac{U_N}{k_a^2 z_k}=\frac{I_{1st}}{k_a^2} \tag{3.66}$$

其中，I_{1st} 为额定电压下直接起动时的起动电流。

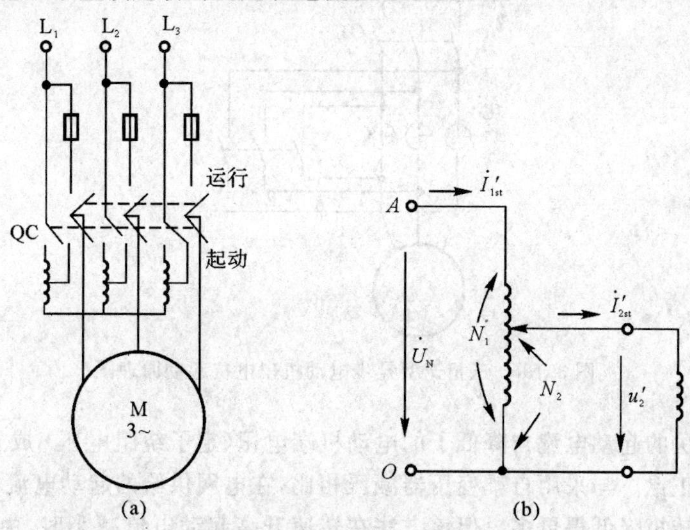

图 3.18　三相异步电动机自耦变压器减压起动原理图
(a) 接线图；(b) 自耦变压器一相原理线路

起动转矩与加在定子绕组上的电压平方成正比，所以

$$T'_{st}=\frac{T_{st}}{k_a^2} \tag{3.67}$$

可见，采用自耦变压器减压起动与直接起动相比较，电压降低到 $1/k_a$，起动电流和起动转矩都降低到全压起动时的 $1/k_a^2$。与下面介绍的定子串电抗(阻) 的起动方法比较，在电网供给的起动电流相同的条件下，采用自耦变压器减压起动时，电动机可产生较大的起动转矩。故这种减压起动可带较大的负载。

自耦变压器起动适于容量较大的低压电动机减压起动时使用。由于这种方法可获得较大的起动转矩，加上自耦变压器二次侧一般有三个抽头，可以根据允许的起动电流和所需的起动转矩选用，故这种起动方法在 10 kW 以上的三相笼型异步电动机得到广泛应用。其缺点是起动设备体积较大，初投资大，需维护检修。

常用的起动用自耦变压器有QJ_3 和QJ_2 两种系列。QJ_3 型的 3 个抽头分别为电源电压的 40%，60% 和 80%，QJ_2 型的 3 个抽头分别为电源电压的 55%，64% 和 73% 。自耦变压器容量的选择与电动机的容量、起动时间和连续起动次数有关。

3. 定子电路串电抗或电阻减压起动

所谓串电抗(阻) 起动，即起动时在电动机定子电路中串接电抗或电阻，待电动机转速基本稳定时再将其从定子电路中切除。由于起动时在串接的电抗或电阻上降掉了一部分电压，所以加在电动机定子绕组上的电压就降低了，相应地起动电流也减小了。

定子串电抗(阻) 起动的原理线路图如图 3.19 所示。起动时，先将转换开关 Q2 断开，然后合上主开关 Q1，电动机开始起动。此时起动电抗(阻) 串入定子电路中。当转速升高到一定数值时，再把 Q2 闭合，切除起动电抗(阻)，电动机全压起动，起动结束后将运行于某一稳定转速。定子串电阻起动时能耗较大，因此一般只在容量较小的低压电动机中使用。容量较大的高压电动机多用串电抗起动。

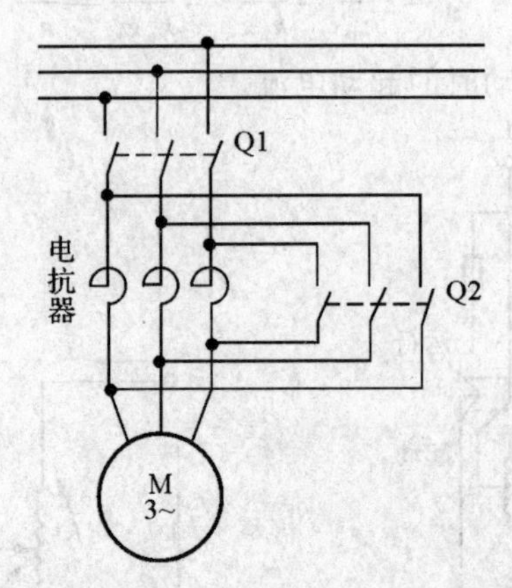

图 3.19　三相笼型异步电动机串电抗起动原理图

这种起动方法的起动电流与降低了的电动机端电压(定子绕组电压) 成正比,起动转矩与端电压的平方成正比。与采用自耦变压器减压相比,在电网供给的起动电流相同的情况下,该起动方法的起动转矩降低得更多。但该方法在转速升高起动电流减小时,由于串接电抗(阻)上产生的电压降也减小,电动机的端电压随之升高,因而转矩也随电压平方的增大而成比例增大,所以该方法适用于负载转矩与转速的平方成比例变化的电力拖动系统。例如泵或通风机等不需要大的起动转矩,但需要限制起动电流的场合。该方法的优点是起动电流冲击小,运行可靠,起动设备构造简单;缺点是起动时电能损耗较多。

例 3.2　一台三相笼型异步电动机,$P_N=75$ kW,$n_N=1\,470$ r/min,$U_{1N}=380$ V,定子Δ联结,$I_{1N}=137.5$ A,$\cos\varphi_{1N}=0.90$,起动电流倍数 $K_I=6.5$,起动转矩倍数 $K_T=1.0$,拟带半载起动,电源容量 S_N 为 1 000 kV·A,请选择适当的起动方法。

解　(1) 直接起动。电源允许电动机直接起动的条件是

$$K_I \leqslant (S_N/P_N+3)/4=(1\,000/75+3)/4\approx 4$$

因 $K_I=6.5>4$,故该电动机不能采用直接起动法起动。

(2) 半载,指 50% 额定负载转矩,尚属于轻载,可以试用减压起动。

1) 定子串电抗(电阻) 起动。从上面可知,电源允许该电动机的起动电流倍数 $K'_I=I'_{1st}/I_{1N}=4$,而电动机直接起动的电流倍数 $K_I=I_{1st}/I_{1N}=6.5$。定子串电抗(电阻) 减压满足起动电流条件时,对应的减压比 α 为

$$a=\frac{I_{1st}}{I'_{1st}}=\frac{K_I}{K'_I}=1.625$$

对应的起动转矩 T'_{st} 为

$$T'_{st}=\frac{1}{\alpha^2}T_{st}=\frac{1}{\alpha^2}K_T T_N=\frac{1}{1.625^2}\times 1.0\times T_N=0.38T_N$$

取 $\alpha=1.625$,虽满足了电源对起动电流的要求,但因 $T'_{st}=0.38T_N<T_{Lst}=0.5T_N$,起动转矩不能满足要求,故不能用定子串电抗(阻) 的起动方法。

2) Y→Δ 起动。

$$I'_{st}=\frac{1}{3}I_{st}=\frac{1}{3}K_I I_{1N}=\frac{1}{3}\times 6.5\times I_{1N}=2.17I_{1N}<4I_{1N}$$

$$T'_{st}=\frac{1}{3}T_{st}=\frac{1}{3}K_T T_N=\frac{1}{3}\times 1.0\times T_N=0.33T_N<0.5T_N$$

同样,起动电流可满足起动要求,而起动转矩不满足,故不能用 $Y\rightarrow\Delta$ 起动法。

3) 自耦变压器起动。设选用QJ_2 系列,其电压抽头为 55%,64%,73%。

当选用 64% 一挡抽头时,变比 $k_a=1/0.64=1.56$,有

$$I'_{1st}=\frac{1}{k_a^2}I_{1st}=\left(\frac{1}{1.56}\right)^2\times 6.5I_{1N}=2.66I_{1N}<4I_{1N}$$

$$T'_{st}=\frac{1}{k_a^2}T_{st}=\left(\frac{1}{1.56}\right)^2\times 1.0\times T_N=0.41T_N<T_{Lst}=0.5T_N$$

起动转矩不能满足要求。

如改用 73% 一挡时,变比 $k_a=1/0.73=1.37$,有

$$I'_{1st}=\left(\frac{1}{1.37}\right)^2\times 6.5I_{1N}=3.46I_{1N}<4I_{1N}$$

$$T'_{st}=\left(\frac{1}{1.37}\right)^2\times 1.0\times T_N=0.53T_N>T_{Lst}=0.5T_N$$

根据计算结果,可以选用电压抽头为 73% 的自耦变压器减压起动。

3.5.3　特种笼型异步电动机的起动

普通笼型异步电动机,虽然结构简单、运行可靠,但其起动性能较差,只能应用在空载或轻载起动的生产机械上,不适于需要重载起动的生产机械。为了改善笼型异步电动机的起动性能,即既要有较大的起动转矩,又要有较小的起动电流,而且在运行时,还要具有普通笼型异步电动机那样较高的效率,产生了下述三种特殊形式的笼型异步电动机。

3.5.3.1　高转差率笼型异步电动机

这种电动机的转子导条不是采用普通的铝条,而是采用电阻率较高的 ZL—14 铝合金,通过适当地加大转子导条的电阻来改善起动性能,这样既可限制起动电流,又可增大起动转矩。但这种电动机在稳定运行时转差率比普通笼型电动机的转差率大,故称为高转差率笼型异步电动机。国产高转差率笼型异步电动机的型号为 JZ 型,使用场合主要是起重运输机械和冶金企业的辅助机械的电力拖动等,因此也称之为起重 / 冶金型电动机。

为了适应起动频繁的要求,除适当增大了转子导条的电阻以改善其起动性能外,该电动机的结构也比较坚固,与普通笼型电动机相比,定子和转子间的气隙较大,过载能力也高。但也正因为这种电动机的气隙大,使得励磁电流也大,功率因数降低,再加上转子电阻大而引起的正常运行时的铜损耗较高,效率比较低。所以不是经常起动的拖动系统一般不采用这种电动机。

3.5.3.2　深槽式笼型异步电动机

这种电动机的转子槽深而窄,通常槽深与槽宽之比为 10～12,当转子导条中通过电流时,槽漏磁通的分布如图 3.20(a) 所示。由图可见,与导条底部相交链的漏磁通比槽口部分所交链的漏磁通要多,因此,若把槽导条看成是由许多单元导体并联组成的,则愈靠近槽底的导体单元的漏电抗愈大,而愈接近槽口部分的导体单元的漏电抗则愈小。当起动时,$n=0$,$s=1$,转

子电流频 $f_2 = sf_1 = f_1$，转子漏电抗很大，因此各导体单元中电流的分配将主要决定于漏电抗。漏电抗愈大，则电流愈小。这样在气隙主磁通所感应的相同电动势的作用下，导条中靠近槽底处的电流密度将很小，而靠近槽口处的则较大，沿槽高的电流密度分布如图 3.20(b) 所示。电流的这种"集肤效应"，其效果相当于减小了转子导体的高度和截面，如图 3.20(c) 所示。因此，起动时转子电阻增大了，满足了起动的要求。

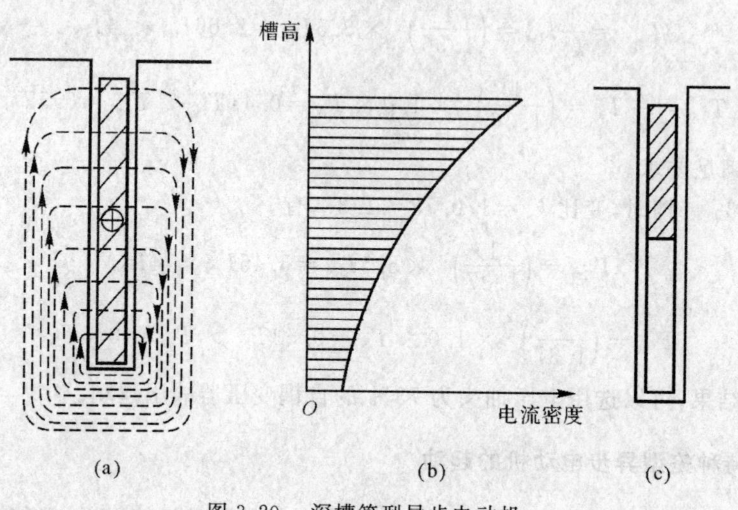

图 3.20　深槽笼型异步电动机

(a) 槽漏磁分布；(b) 导条内电流密度分布；(c) 导条有效截面

当起动完毕、电动机正常运行时，转差率 s 很小，转子电流频率 f_2 很低，一般为 1 ～ 2 Hz，因此转子漏抗很小，集肤效应基本消失，导条内的电流分布均匀，转子电阻恢复到正常值，使电动机正常运行时铜损耗小、效率高。

由于深槽转子的漏磁通增多，所以正常运行时转子漏电抗 X_2 较大，这就使得深槽笼型异步电动机的过载能力和功率因数比普通型笼型异步电动机的要低。

3.5.3.3　双笼式异步电动机

顾名思义，这种电动机的转子绕组有两套笼型绕组。即转子上有两套导条，如图 3.21 中的外笼 1 和内笼 2，这两套绕组一般都有各自的端环。两笼间由狭长的缝隙隔开，显然，与内笼相链的漏磁通比外笼的要多得多，也即内笼的漏电抗比外笼的大得多。外笼通常用电阻系数大的黄铜或青铜制成，且导条截面较小，故电阻较大；而内笼截面较大，用紫铜等电阻系数较小的材料制成，故电阻较小。起动时，转差率 $s=1$，转子电流频率较高，转子电抗大于电阻，两笼的电流分配取决于两者的漏抗大小。因为内笼具有较大的漏抗，转子电流被排挤到外笼中，起动时外笼起主要作用，所以外笼也称为起动笼。起动结束，电动机进入

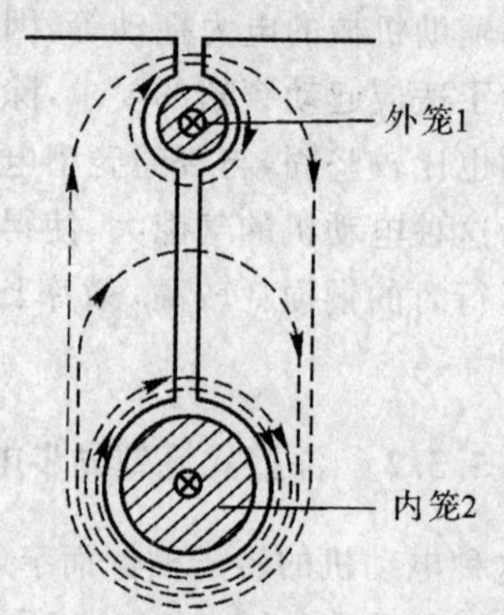

图 3.21　双笼导条的截面与漏磁通分布

正常运行，s 很小，转子电流频率 f_2 很低，转子漏抗远小于转子电阻，电流在两笼间的分配主要决定于电阻，因内笼电阻小，故内笼在运行时起主要作用。所以，内笼被称为运行笼。

双笼式异步电动机的功率因数和过载能力比普通笼型异步电动机低，而且用铜量较多，制造工艺较复杂，价格较贵。因此，一般只用于小容量重载起动的场合。

3.5.4　绕线型异步电动机的起动

下面将要介绍的三相绕线型异步电动机的起动方法，适用于中、大容量异步电动机的重载起动。因为当绕线型异步电动机转子串人适当电阻起动时，既可增大起动转矩，又可限制起动电流，因而可以同时解决笼型异步电动机直接起动时存在的起动电流过大与起动转矩小的问题。绕线型异步电动机起动有转子串电阻和转子串频敏变阻器 2 种起动方法。

3.5.4.1　转子串电阻起动

为加快起动过程，使整个起动过程中尽量保持较大的加速转矩，和直流电动机一样，绕线型异步电动机也采用逐段切除起动电阻的转子串电阻分级起动。图 3.22 所示为三相绕线型异步电动机转子串对称电阻分级起动的接线图以及与之相对应的三级起动的机械特性。

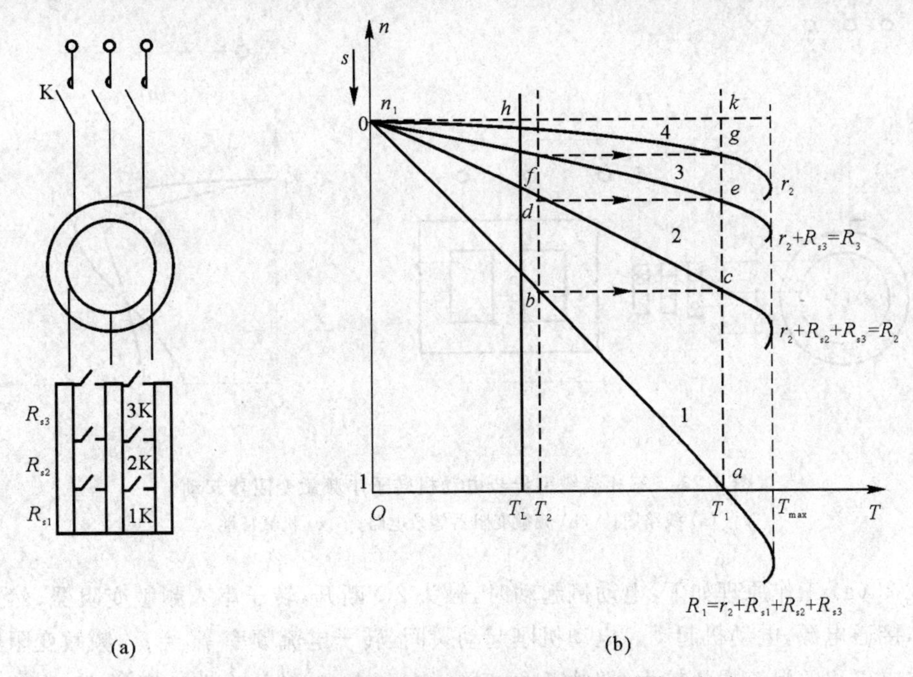

图 3.22　三相绕线型异步电动机转子串电阻分级起动

(a) 接线图；(b) 机械特性

串入转子电路的起动电阻分成 n 段，在起动过程中被逐段切除。在图 3.22 中，曲线 1 对应于转子电阻为 $R_1=r_2+R_{s3}+R_{s2}+R_{s1}$ 的人为特性，曲线 2 对应于转子电阻为 $R_2=R_{s2}+R_{s3}+r_2$ 的人为特性，曲线 3 对应于转子电阻为 $R_3=r_2+R_{s3}$ 的人为特性，曲线 4 为固有机械特性。

刚刚起动瞬间，$n=0$，将全部电阻接入，这时的转子回路电阻为 R_1，起动转矩为 T_1。随转速上升，转速沿曲线 1 变化，电磁转矩 T 逐渐减小，当减到 T_2 时，接触器触点 1K 闭合，R_{s1} 切除，电动机的运行点由曲线 1(b 点) 跳变到曲线 2(c 点)，转矩由 T_2 跃升为 T_1；电动机的转速和转矩又沿曲线 2 变化，待转矩又减到 T_2 时，触头 2K 闭合，电阻 R_{s2} 被切除，电动机运行点由曲线 2(d) 跳变到曲线 3(e)，电动机的转速和转矩又沿着曲线 3 变化，最后 3K 闭合，起动电阻全部切除，转子绕组直接短路，电动机运行点沿固有特性即曲线 4 变化，直到电磁转矩 T 与负载转矩 T_L 相平衡，电动机稳定运行，如图 3.21(b) 中的 h 点。

3.5.4.2 转子串频敏变阻器起动

所谓频敏变阻器，实质上就是一个铁损耗很大的三相电抗器。从结构上看，它好像是一个没有副绕组的三相芯式变压器，只是它的铁芯不是硅钢片而是用厚度为 30 ～ 50 mm 的钢板叠成，以增大铁损耗。三个绕组分别绕在三个铁芯柱上，并接成星形，然后接到转子集电环上。如图 3.23(a) 所示。图 3.23(b) 所示为频敏变阻器每一相的等效电路，其中 r_1 为频敏变阻器绕组的电阻，x_m 为带铁芯绕组的电抗，r_m 为反映铁损耗的等值电阻，因其铁片厚，铁损耗大，故 r_m 值较一般电抗器大。

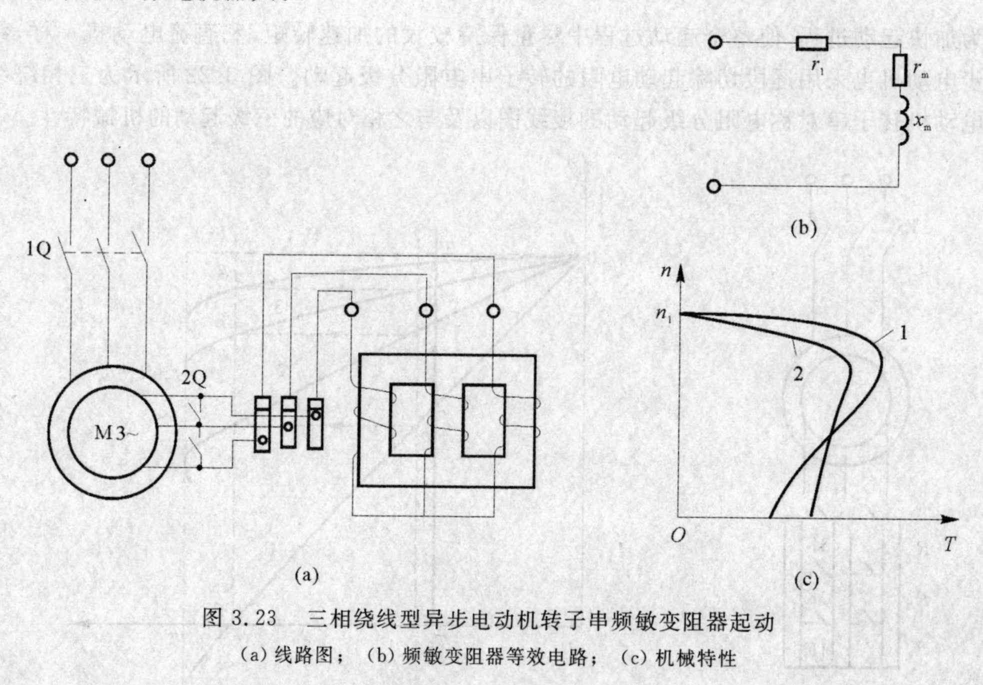

图 3.23　三相绕线型异步电动机转子串频敏变阻器起动

(a) 线路图；(b) 频敏变阻器等效电路；(c) 机械特性

图 3.23(a) 工作原理如下：电动机起动时，触头 2Q 断开，转子串入频敏变阻器，然后触头 1Q 闭合，接通电源，电动机起动。电动机刚起动瞬间，转子电流频率 $f_2 = f_1$，频敏变阻器内与频率平方成正比的涡流损耗较大，即铁耗大，对应的 r_m 大，使转子电路电阻增大，从而使起动电流减小，起动转矩增大。起动过程中，随转速上升，f_2 逐渐降低，频敏变阻器的铁耗及其相对应的等值电阻 r_m 也就随之减小。这就相当于在起动过程中逐步切除转子电路串入的电阻。起动结束后，2Q 闭合，转子电路直接短路。

因为频敏变阻器的等效电阻 r_m 是随频率 f_2 的变化而自动变化的，因此称为“频敏变阻器”，它相当于一种无触点的变阻器。在起动过程中，它能自动、无级地减小电阻，如果它的参数选择适当，可以在起动过程中保持起动转矩近似不变，使起动过程加快。这时电动机的机械特性如图 3.23(c) 曲线 2 所示。曲线 1 为电动机的固有机械特性。

频敏变阻器结构简单,运行可靠,使用维护方便,因此使用广泛。其缺点是 $\cos\varphi_2$ 较低,一般只有 0.3 ～ 0.7,因而使起动转矩的增加受到限制。

【思考题】

1. 三相笼型异步电动机的起动电流一般为额定电流的 4 ～ 7 倍,为什么起动转矩只有额定转矩的 0.8 ～ 1.2 倍?

2. 容量为几个千瓦时,为什么直流电动机不允许直接起动,而笼型异步电动机可以直接起动?

3. 三相笼型异步电动机的起动方法有哪几种? 各有何优缺点? 各适用于什么条件?

4. Y 系列三相异步电动机额定电压为 380 V,3 kW 以下者为 Y 联结,4 kW 以上者为 Δ 联结。试问哪一种情况可以采用 Y → Δ 减压起动? 为什么?

5. 双笼式和深槽式异步电动机与一般笼型异步电动机相比有何优缺点? 为什么?

6. 三相绕线型异步电动机有哪几种起动方法?

7. 绕线型异步电动机转子电路串入适当电阻,为什么起动电流减小而起动转矩反而增大? 如串入的电阻太大,起动转矩为什么会减小? 若串入电抗器,是否也会这样?

3.6　三相异步电动机的制动

三相异步电动机也可以运转在制动状态。当工作于制动状态时,电机的电磁转矩方向与转子转动方向相反,起着制止转子继续向前转动的作用,电动机轴上吸收机械能,并转换成电能。电动机制动的作用有制动停车、加快减速过程和变加速运动为等速运动等 3 种。

同直流电动机一样,三相异步电动机的制动方法也有能耗制动、反接制动和回馈制动 3 种。

3.6.1　能耗制动

3.6.1.1　制动原理

三相异步电动机能耗制动的线路如图 3.24(a) 所示。制动时,接触器 KM1 断开,电动机脱离电网,然后立即将接触器 KM2 闭合,在定子绕组中通入直流电流 I,于是在异步电动机内产生一个恒定磁场。当转子由于惯性而仍在旋转时,转子导体的有效边切割此恒定磁场,从而在转子绕组中感应出电动势并产生电流。由图 3.24(b) 可以判定,转子电流与恒定磁场相互作用所产生的电磁转矩的方向与转子转向相反,为制动转矩,它迫使转速下降。当转速 $n=0$ 时,转子电动势和电流均为零,制动过程结束。这种方法将转子的动能变为电能消耗于转子电阻上,所以称为能耗制动。

3.6.1.2　机械特性曲线

理论分析可以证明(此处从略):异步电动机能耗制动的机械特性与异步电动机接在三相交流电网上正常运行时的机械特性相似。机械特性曲线如图 3.25 所示。其主要特点如下:

(1) 在直流励磁大小不变的条件下,产生最大制动转矩时的转速随转子电阻的增加而增加，但产生的最大制动转矩值不会随转子电阻而改变，如图 3.25 的曲线 1 和曲线 3 所示。

(2) 在转子电路电阻不变的条件下，产生的最大制动转矩值随直流励磁的增加而增大，但产生最大转矩时的转速却不会随直流励磁的大小而改变，如图 3.25 曲线 1 和曲线 2 所示。

(3) 能耗制动时，最大转矩 T_{max} 与定子输入的直流电流平方成正比，这一点和异步电动机改变定子电压的人为机械特性变化规律相同。

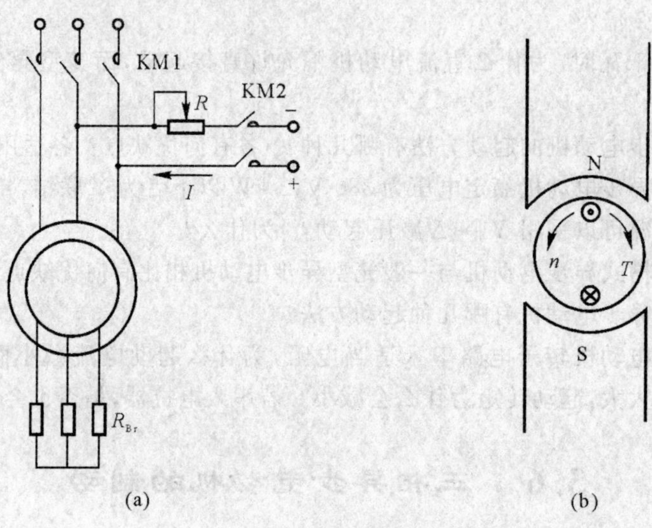

图 3.24　三相异步电动机的能耗制动

(a) 接线图；(b) 制动原理

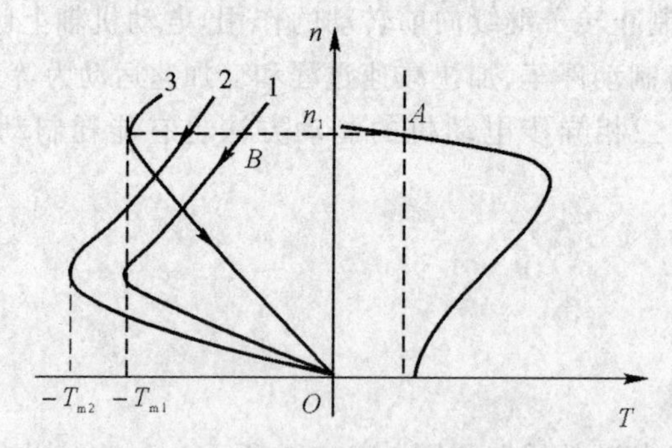

图 3.25　异步电动机能耗制动时的机械特性

3.6.1.3　制动过程

现在根据机械特性曲线来分析异步电动机能耗制动的过程。设电动机原来在正向电动状态的 A 点稳定运行，制动瞬间，由于机械惯性，电动机转速来不及变化，工作点 A 平移至特性曲线 1(设转子未外串制动电阻) 上的 B 点，对应的转矩为由正值(正向电动状态) 变为负值(正向制动状态)，从而使电动机沿曲线 1 减速，直到坐标原点 O，$n=0$ 时 $T=0$。如果负载是反抗性的，则电动机将停转，实现了快速制动停车；如果负载是位能性的，则需要在制动到 $n=0$ 时及时切断电源，这样才能保证准确停车。否则电动机将在位能性负载(重物) 转矩的拖动下反转，特性曲线延伸到第 Ⅳ 象限，直到电磁转矩与负载转矩相平衡时，重物获得稳定的下放速度。

比较图 3.25 所示的三条制动特性曲线可知，转子电阻较小时，在高速时的制动转矩较小，因此，为了增大高速时的制动转矩，对笼型异步电动机就必须增大直流励磁电流；而对绕线型异步电动机，可采用转子串电阻的方法。

3.6.2　反接制动

所谓反接制动状态，就是转子旋转方向和定子旋转磁场方向相反的工作状态。实现异步电动机的反接制动有转速反向与定子两相反接两种方法。

3.6.2.1　转速反向的反接制动

这种反接制动相当于直流电动机的转速反向的反接制动，适用于位能性负载的低速下放。图 3.26(a) 所示为这种反接制动的原理线路图。设原来电动机以转速 n_A 提升重物 G，拖动系统稳定运行于图 3.25(b) 所示固有机械特性 1 上的 A 点。

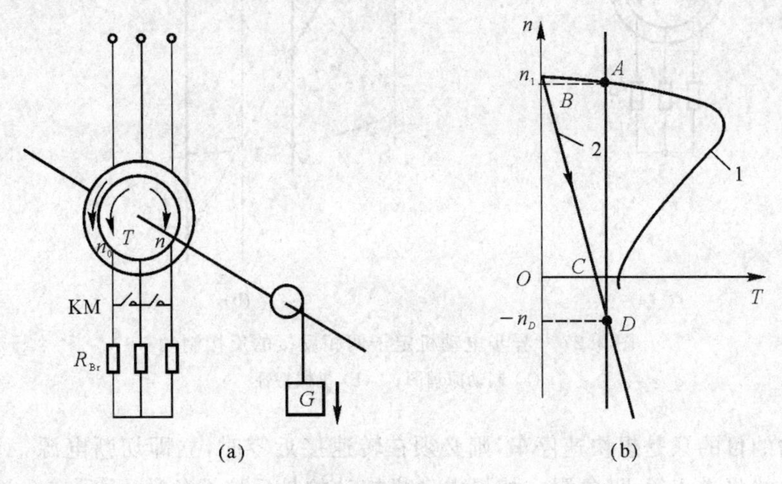

图 3.26　异步电动机转速反向的反接制动

(a) 制动原理图；(b) 机械特性

如果断开接触器 KM 的常开触点，转子电路中就串入了制动电阻 R_{Br}，这时拖动系统将过渡到具有较大电阻的机械特性 2 上运行。R_{Br} 接入转子电路的瞬间，由于存在机械惯性，转速不能突变，因而拖动系统将由 A 点过渡到 B 点，转速将下降，直到转速为零的 C 点，对应的电磁转矩 T_C 仍然小于负载转矩 T_L，重物将迫使电动机的转子反向旋转，直到 D 点，这时 $T_D = T_L$，拖动系统将以 n_D 的转速稳定运行，重物 G 将以某一速度匀速下降。在这种情况下，电动机的电磁转矩方向与电动机的实际转向相反，负载转矩为拖动转矩，拉着电动机反转，而电磁转矩起制动作用，故这种制动又称为倒拉反接制动。这时电磁转矩方向与正向电动状态时的一样，即转矩为正，而转速反向了，变为负值，故机械特性位于第 Ⅳ 象限。

3.6.2.2　定子两相反接的反接制动

设电动机原来稳定运转于正向电动状态，即工作在图 3.27(b) 所示固有机械特性 1 的 A 点，现在把定子两相绕组出线端对调，如图 3.27(a) 所示。由于定子电压的相序变反，所以旋转磁场反向，其对应的同步转速为($-n_0$)，电磁转矩也变为负值，但因机械惯性转速尚未改变，故电磁转矩起制动作用。其机械特性为图3.27(b)中的曲线2。在改变定子电压相序的瞬间，工作点由A过渡到B，此后，由于电磁转矩和负载转矩的共同作用，迫使转子的转速迅速下降，直到C点，转速为零，制动结束。对于绕线型异步电动机，为了限制两相反接瞬间电流和增大电磁制动转矩，通常在定子两相反接的同时，在转子中串入制动电阻R_{Br}，这时对应的机械特性如图3.27(b)中的曲线3所示。这里所说的定子两相反接的反接制动，就是指从反接开始至转速为零的这一制动过程，即图3.27(b)中曲线2的BC段或曲线3的$B'C'$段。

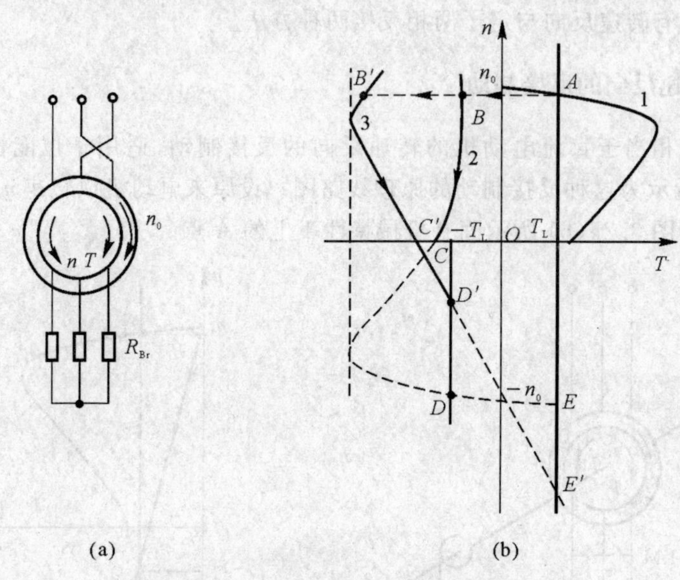

图3.27　异步电动机定子两相反接的反接制动

(a) 制动原理图；(b) 机械特性

如果制动的目的只是想快速停车，则必须在转速接近零时，立即切断电源。否则，电动机的机械特性曲线将进入第Ⅲ象限。如果电动机拖动的是反抗性负载，而且在$C(C')$点的电磁转矩大于负载转矩，则将反向起动到$D(D')$点后稳定运行于此点，这是反向电动状态；如果拖动的是位能性负载，则电动机在位能负载拖动下，将一直反向加速到$E(E')$点，$T=T_L$，才能稳定运行。在这种情况下，电动机转速高于同步转速，电磁转矩与转向相反，这就是后面要讲的回馈制动状态。

以上两种反接制动虽然实现制动的方法不同，但在能量传递关系上是相同的。在这两种反接制动状态下，电动机的转差率s都大于1。因此，根据式(3.37)与式(3.40)，其电磁功率$P_m=m_1 I'^2_2(r'_2+R'_{Br})/s>0$，而机械功率$P_m=(1-s)P_{em}<0$，即为负值。这就表明：与电动机处于电动状态相比，反接制动时机械功率的传递方向相反，此时电动机实际上是吸收而非输出机械功率。因此，异步电动机反接制动时，一方面从电网吸收电能，另一方面从旋转系统获得动能(定子两相反接的反接制动)或重力势能(转速反向的反接制动)转化为电能，这些能量都消耗在转子回路中。因此，从能量损失来看，异步电动机的反接制动是很不经济的。

3.6.3　回馈制动

当异步电动机运行在正向电动状态时，如果由于某种原因，在转子转向不变的条件下，使电动机转速高于同步转速，转差率变负，即$n>n_0$，$s=(n_0-n)/n_0<0$，转子的感应电动势将变

为负值，这时异步电动机的电磁转矩 T 将与转速 n 相反，起制动作用。电动机向电网输送电功率，这种状态称为回馈制动或再生制动。如果在拖动转矩作用下，能使电动机转速不变，那实际上就成为异步发电机了。

在制动状态下，电磁转矩与转速 n 反向，机械特性在第 Ⅱ，Ⅳ 象限。由于回馈制动时，$n<n_0$，$s>0$，所以当电动机正转即 n 为正值时，回馈制动状态的机械特性是第 Ⅰ 象限正向电动状态特性曲线在第 Ⅱ 象限的延伸，如图 3.28(b) 中的曲线 1；同理，当电动机反转即 n 为负值时，回馈制动机械特性是第 Ⅲ 象限反向电动状态特性曲线在第 Ⅳ 象限中的延伸，如图 3.28(b) 中的曲线 2，3 所示。

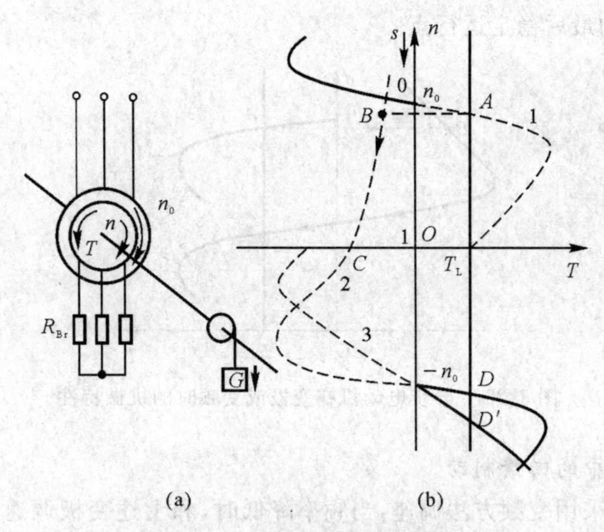

图 3.28　异步电动机回馈制动

(a) 制动原理图；(b) 机械特性

与直流电动机相似，异步电动机的回馈制动可用于正向回馈制动运行（例如电动机车下坡）或反向回馈制动运行（位能性负载）的拖动系统中，以获得稳定的转速，这时负载的势能转化为回馈给电网的电能。正向回馈制动状态运行比较简单，电动机稳定工作于图 3.28(b) 中曲线 1 在第 Ⅱ 象限的某点，读者不妨以电动机车下坡为例自行分析。下面利用图 3.28 来分析下放重物时的回馈制动过程。

异步电动机从提升重物（电动状态 A 点）到下放重物（回馈制动状态 D 点）的过程如下：首先将电动机定子两相反接，这时定子旋转磁场的同步转速为 $-n_0$，机械特性如图 3.28(b) 中曲线 2。由于拖动系统存在机械惯性，工作点由 $A\rightarrow B$，电磁转矩 T 为负值，即 T 与负载转矩 T_L 方向相同，并与转速 n 反向，这就迫使拖动系统的转速很快降为零（对应 C 点）。在 $n=0$ 处，起动转矩仍为负值，电动机沿机械特性反向加速，直到同步点，坐标值为 $(0,-n_0)$，此时虽 $T=0$，但在重物产生的负载转矩 T_L 作用下继续沿特性反向加速，最后在 D 点稳定运行。电机以 $(-n_D)$ 的转速使重物匀速下放。如果在转子电路中串入制动电阻 R_{Br}，对应特性为图 3.28(b) 中的曲线 3，回馈制动工作点为 D' 点，与未串入制动电阻 R_{Br} 的曲线 2 上的 D 点相比，转速绝对值更大，重物下放速度更快。

除了上述两种情况，异步电动机的回馈制动还会出现在电动机变极调速或变频调速的过程中。下面对此进行分析。

1. 变极调速过程中的回馈制动

这种制动情况可用图 3.29 来说明。假设电动机原来在机械特性曲线 1 上的 A 点稳定运行，当电动机的极对数增加时，其对应的同步转速将降低为 n'_0，机械特性变为曲线 2。在变极的瞬间，由于系统的机械惯性，工作点由 A 到 B，对应的电磁转矩由正值变为负值，与负载转矩同向并与转速 n 反向，因为 $n_B > n'_0$，电动机处于回馈制动状态，迫使电动机转速快速下降，直到 n'_0点。沿特性曲线 2 的 B 点到 n'_0点的过程为电动机的回馈制动过程。在这个过程中，电动机不断吸收系统中释放的动能，并转换成电能送到电网。这一机电能量转换过程与直流拖动系统增磁或降压时的过程完全相似。电动机沿特性曲线 2 的 n'_0点到 C 点为电动状态的减速过程，C 点为拖动系统的最后稳定运行点。

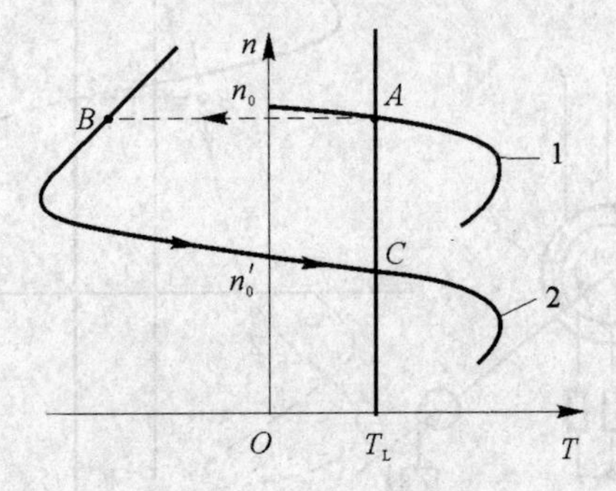

图 3.29　异步电动机在变极或变频时的机械特性

2. 变频调速过程中的回馈制动

异步电动机如果采用变频方法调速，当频率降低时，和上述变极调速方法类似，在频率降低瞬间，同步转速降低，$n > n_0$，在这种情况下采用回馈制动还是能耗制动，与变频装置的类型有关，本书不再做进一步分析。

【思考题】

1. 如何从转差率 s 的数值来区别异步电动机的各种运行状态？

2. 为使异步电动机快速停车，可采用哪几种制动方法？如何改变制动的强弱？

3. 当异步电动机拖动位能性负载时，为了限制负载下降时的速度，可采用哪几种制动方法？

4. 异步电动机在哪些情况下可能进入回馈制动状态？它能否像直流电动机那样，通过降低电源电压进入回馈制动状态？为什么？

3.7　三相异步电动机的调速

由三相异步电动机的转速表达式

$$n = n_0(1-s) = \frac{60f_1}{p}(1-s) \tag{3.68}$$

可以看出，要对其进行速度调节，有以下 3 种可能的方法：

(1) 改变供电电源的频率 f_1，即变频调速。

(2) 改变定子极对数，即变极调速。

(3) 改变电动机的转差率进行调速，其中包括定子调压调速、绕线型异步电动机转子串电阻调速、串级调速及电磁离合器调速等。

根据异步电动机的工作原理可知，从定子传递到转子的电磁功率 P_{em} 可以分成两部分，一部分为机械功率 P_m，$P_m=(1-s)P_{em}$，另一部分为转差功率 sP_{em}，从节能的观点来看，调速过程中转差功率是否增大，是消耗掉还是得到回收，是评价调速系统效率高低的一种标志。因此，按照转差功率处理方式的不同，可以把上述调速方法分成以下3类。

1. *转差功率消耗型调速系统*

这种类型的全部转差功率都转换成热能的形式消耗在转子回路中。上述的定子调压调速，绕线型异步电动机转子串电阻调速以及电磁离合器调速等都属于这一类。在三类之中，这类调速系统的效率最低，而且越向下调速效率越低。在拖动恒转矩负载时，它是以增加转差功率的消耗来换取转速的降低。可是这类系统结构简单，设备成本低，所以还有一定的应用价值。

2. *转差功率回馈型调速系统*

在这类系统中，除转子铜损耗消耗了一部分转差功率外，大部分则通过变流装置回馈电网或者转化为机械能加以利用，转速越低时回收的功率也越多。上述串级调速属于这一类。这类调速系统的效率显然比第一类要高。但须增设变流装置，而且此类装置总要多消耗一部分功率。

3. *转差功率不变型调速系统*

转差功率中转子铜耗损部分是不可避免的。在这类系统中，转差功率中只有转子铜耗损部分，而且无论转速高低，转差功率的消耗基本不变，因此效率最高。上述变极与变频调速方法属于此类，其中变极调速属于有级调速方法，应用场合有限，只有变频调速可以构成宽调速范围、高效率、高动态性能的调速系统，应用最广，可以取代直流调速。但这类调速系统须在定子电路配备与电动机容量相当的变压变频器，故设备成本稍高一些。

变频调速是20世纪80年代以后，伴随着电力电子技术、计算机技术以及控制技术的发展而发展起来的。在此之前，尽管异步电动机和直流电动机相比，具有结构简单、运行可靠、维护方便等一系列优点，但其调速性能无法和直流电动机相比。所以在高性能、可调速的控制系统中大都采用直流电动机。近十几年来，随着变频装置性能价格比的逐年上升，在变速传动领域中，交流传动已经基本取代直流传动，上述的串级调速以及电磁离合器调速的应用也已不多。由于变频调速已经成为异步电动机诸多调速方法中最重要的一种，具有特殊地位，本书将在第6章中结合变频电路用一节予以专门介绍。本节只介绍尚有一定应用场合的变极调速、定子调压调速与绕线型异步电动机转子串电阻调速等。另外，本节最后还将介绍绕线型异步电机在各工作状态下转子附加电阻的计算方法。

3.7.1　绕线型异步电动机转子串电阻调速

3.7.1.1　调速原理及调速性能

当转子串有不同附加电阻时电动机的机械特性曲线如图3.30所示。从机械特性上看，转子所串附加电阻增加时，n_0 与 T_m 均不变，但临界转差率 s_m 却增大。此外，当负载转矩一定时，电动机的转速随转子所串附加电阻的增加而降低，从而起到了调节转速的作用。

这种调速方法的主要优点是方法简单,易于实现。缺点是低速运行时能量损耗大,这是因为异步电动机运行时转子的铜损耗 $p_{Cu2}=sP_{em}$,它随 s 的增大而增加,所以运行效率低。同时,在低速时,由于机械特性较软,当负载转矩波动时引起的转速波动比较大,亦即低速特性的静差率较大,所以该方法的调速范围不大。不过由于该方法简便,在调速要求不高的场合及拖动容量不大的生产机械(如桥式起重机)上应用仍比较多。

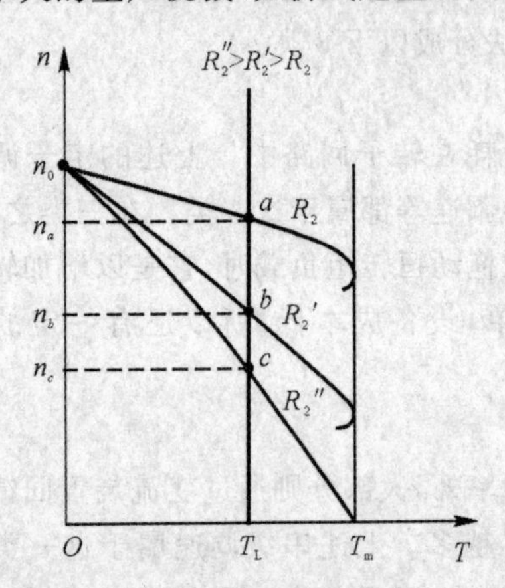

图 3.30　绕线型异步电动机转子串电阻调速

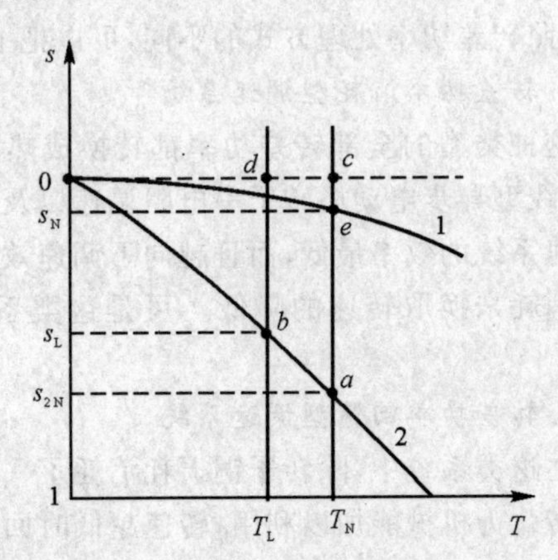

图 3.31　转子电阻与转差率的关系

3.7.1.2　调速电阻的计算方法

由图 3.31 可找出转子电阻与一定负载转矩下的转速的关系。图中曲线 1 为电动机的固有机械特性曲线的一段,曲线 2 为电动机转子串入附加电阻后的人为机械特性曲线的一段,因为在同一负载转矩下转差率 s 和转子电阻成正比,所以,当 $T=T_N$ 时

$$\frac{s_N}{s_{2N}}=\frac{r_2}{R_s+r_2} \tag{3.69}$$

式中　R_s—— 转子回路中所串入的附加电阻;

s_{2N}—— $T=T_N$时,人为机械特性曲线 2 所对应的转差率,对应图中 ca 段的长度。

设在任一负载转矩 T_L 时人为机械特性上转差率为 s_L,即图中的 db 段,因为 $\Delta Oac\sim\Delta Obd$,则 $Oc/Od=ca/db$,即 $T_N/T_L=s_{2N}/s_L$ 或 $s_{2N}=(T_N/T_L)s_L$,以此式代入式(3.69)中,得

$$R_s=\left(\frac{s_L T_N}{s_N T_L}-1\right)r_2 \tag{3.70}$$

可见,只要已知负载转矩及所要求的运行转速,再根据电动机的铭牌数据求出其额定转矩与额定转差率,便可按上式求得调速所需的附加电阻值。

3.7.2　改变定子电压调速

3.7.2.1　调速原理与调速性能

改变异步电动机定子电压时的机械特性如图 3.32 所示。在不同定子电压时,电动机的同步转速 n_0 是不变的,临界转差率 s_m 也保持不变,随着电压的降低,电动机的最大转矩按平方成比例地下降。

由图 3.32 可知,如果负载转矩为通风机负载,改变定子电压,可以获得较低的稳定运行速

度，如图 3.32(a) 中特性 1。如果负载为恒转矩，如图 3.32(a) 中特性 2，则其调速范围只能在 $0<s<s_m$ 区域内，这样窄的调速范围，往往不能满足生产机械对调速的要求。

为了扩大带恒转矩负载时的调速范围，需要采用转子电阻较大，机械特性比较软的高转差率电动机，该电动机在不同定子电压时的机械特性如图 3.32(b) 所示。但是，由于机械特性太软，其静差率较低，运行稳定性又往往不能满足生产工艺的要求。由此可见，单纯地改变定子电压调速很不理想。为了克服这一缺点，现代的调压调速系统通常采用测速反馈的闭环控制。有关调压调速的闭环控制方法将在第 6 章中予以简单介绍。

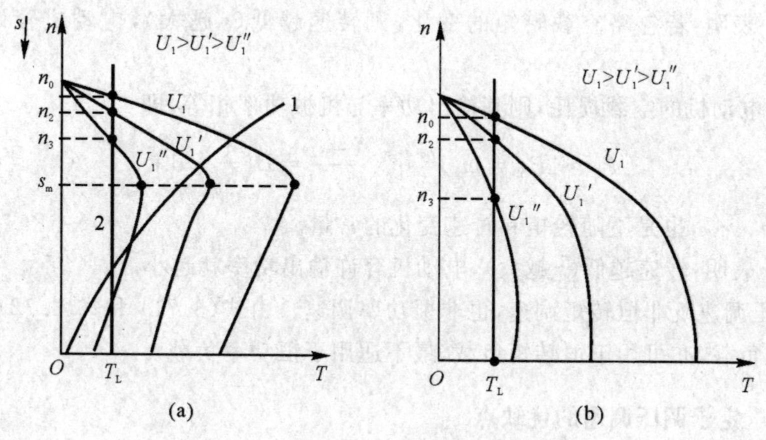

图 3.32　改变定子电压时的机械特性

3.7.2.2　调压调速闭环控制系统的机械特性

采用闭环控制调速系统，可以使电动机的机械特性硬度大大提高，如图 3.33 中实线所示。

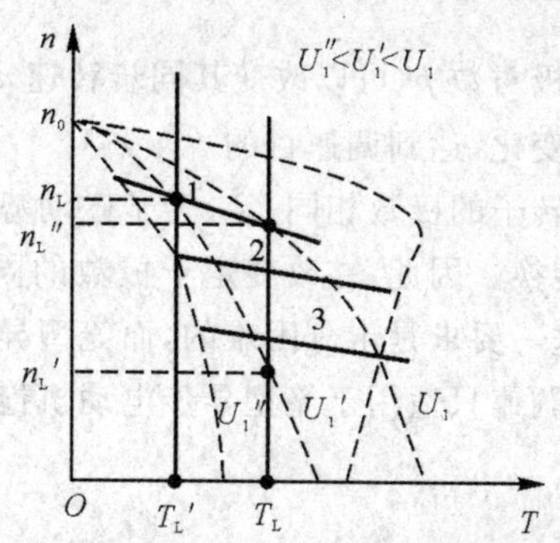

图 3.33　调压调速闭环系统的机械特性

图 3.33 中虚线画出了异步电动机在不同定子电压下的机械特性。设负载转矩为 T'_L，定子电压为 U'_1，电动机的稳定转速为 n_L，若此时系统为开环系统，则当负载转矩增加至 T_L 时，电动机的转速将沿原来的机械特性下降为 n'_L。很显然，转速的降落很大。如果改用闭环调速系统，则当负载增加而引起转速 n 下降时，系统中的调压装置的输出电压会随即升高，即定子电压由原来的 U'_1 升高为 U_1，此时转速为 n''_L，减小了转速下降。其相应的机械特性变为图 3.33 中实线 1 所示。

有时，为了调节转速，可以改变调压调速系统中速度给定器的输出电压，从而可得到一组基本平行的特性曲线簇,如图 3.33 中实线 1,2,3 所示。

3.7.2.3 调压调速时电动机的容许输出

在保证电动机转子电流为额定值的情况下,电动机的电磁转矩为

$$T=\frac{pP_{em}}{\omega_1}=\frac{m_1pI'^2_{2N}r'_2/s}{\omega_1}=\frac{A}{s} \tag{3.71}$$

式中,$A=m_1pI'^2_{2N}r'_2/\omega_1$,为一个不随转矩和转速变化的常量。

式(3.71)表明:若忽略空载转矩的变化,则转速越低(s 越大),电动机容许输出转矩就越小。

如果忽略电动机的空载损耗,则其输出功率与机械功率相等,即

$$P_2\approx P_m=m_1I'^2_{2N}r'_2\frac{1-s}{s}=B\left(\frac{1}{s}-1\right) \tag{3.72}$$

式中,$B=m_1I'_{2N}r'_2$,也是不随转矩和转速变化的常量。

式(3.72)表明:转速越低(s 越大),电动机容许输出功率就越小。

可见,调压调速既非恒转矩调速,也非恒功率调速。由式(3.71)和式(3.72)可知,它比较适用于通风机负载,亦可用于恒转矩负载,最不适用于恒功率负载。

3.7.2.4 定子调压调速的优缺点

优点:调速平滑,采用闭环调速系统,其机械特性很硬,调速范围可达到 10∶1。

缺点:由于是变转差率调速,因此,低速时转差功率 sP_{em} 大,效率低。采用下述变极调速与定子调压调速相结合,可以克服这一缺点,但其控制装置及定子绕组的接线都比较复杂。

3.7.3 改变定子极数调速

改变异步电动机定子的磁极对数 p,可以改变其同步转速 $n_0=60f_1/p$,从而使电动机在某一负载下的稳定运行速度发生变化,达到调速目的。

根据电机学原理,只有定、转子的极数相同,定、转子磁动势在空间才能相互作用产生恒定的电磁转矩,实现机电能量的转换。因此,在改变定子极数的同时,必须相应地改变转子的极数,绕线型异步电动机要满足这一要求是十分困难的,而笼型异步电动机的转子极数能自动地跟随定子极数变化,所以,变极调速只适用于笼型异步电动机拖动系统中。

3.7.3.1 变极方法

改变电动机定子磁极对数,是靠改变定子绕组接线而实现的。下面用图 3.34 说明每相绕组的改接方法,图中用两个线圈表示一相绕组,即假设定子每相只有两个极相组。图 3.34(a)中,两个极相组的线圈头尾相接,即顺向串联,每个极相组线圈中的电流方向都是头进尾出。按照线圈内电流方向可以确定磁通的方向如图所示(图中"×"表示磁通穿入纸面,"·"表示磁通穿出纸面),显然,此时电动机形成 4 个磁极,即 $p=2$。若将两个极相组线圈的连接改成图 3.34(b)或图 3.34(c)的连接方式,使其中一个极相组线圈中电流的方向改变,电动机就变成了两个极,即 $p=1$,则定子极数减少一半,电动机的同步转速便升高 1 倍。

由此可知,只要改变定子每相绕组的联结方式,将每相绕组分成两个"半相绕组",通过改

变其引出端的联结方式，使其中任一“半相绕组”中的电流反向，即可使定子磁极对数增大1倍或减小一半。

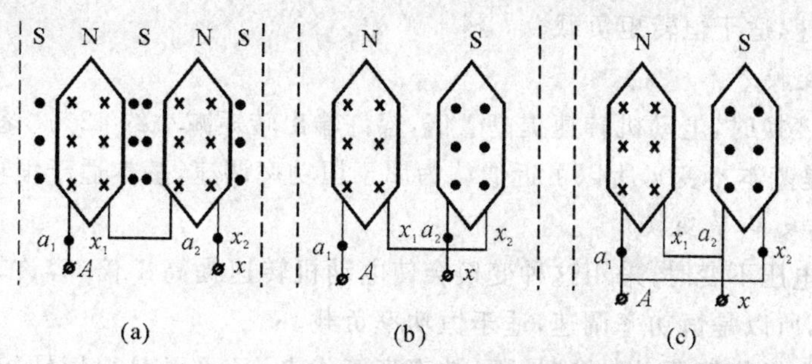

图 3.34　改变极对数时一相绕组的改接方法

(a)$p=2$；(b)$p=1$；(c) $p=1$

3.7.3.2　三种常用的变极接线方式

图 3.35 示出了 3 种常用的变极接线方式的原理图。由图可见，对于每种接线方式的两种接线图来讲，如果从左图改接成右图，都会使每相绕组上一半线圈内电流方向改变，因而使磁场的极对数减少一半，同步转速提高 1 倍。其中图 3.35(a) 表示由单星形改接成并联的双星形；图 3.35(b) 表示由单星形改接成反向串联的单星形；图 3.35(c) 表示由三角形改接成双星形。相反，如果从右图改接为左图，则定子极对数加倍，同步转速减半。

还须指出，当改接定子绕组的接线时，应该同时将三相绕组中 V，W 两相绕组的出线端交换一下，以保证调速前后电动机转向一致。因为在电动机的定子圆周上，电角度是机械角度的 p 倍，极对数改变后，会引起三相绕组的相序变化，这是变极调速中一个特殊问题，在设计电动机的控制线路时务必注意。

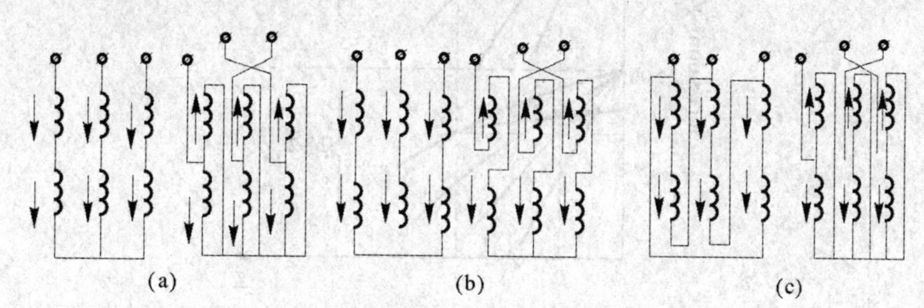

图 3.35　双速异步电动机常用的变极接线方式

(a) Y 联结(低速)⟷ YY 联结(高速)；(b) Y 联结(低速)⟷ 反串 Y 联结(高速)

(c) △ 联结(低速)⟷ YY 联结(高速)

3.7.3.3　变极调速时的容许输出

如前所述，调速过程中电动机的容许输出，是指在保持定、转子电流均为额定电流情况下，调速前后电动机轴上输出转矩和输出功率的变化情况。下面直接给出上述 3 种变极方式容许输出的结论，其分析论证过程读者可参阅相关参考文献。

1. Y → YY 变换

当 Y → YY 变换时，电动机转速提高 1 倍，容许输出转矩不变，容许输出功率也增加 1 倍，所以是恒转矩调速，适于恒转矩负载。

2. Δ → YY 变换

当 Δ → YY 变换时，电动机转速提高 1 倍，容许输出转矩减小约 42% ，容许输出功率提高约 15%(可认为是基本不变)，所以可近似认为属于恒功率调速，基本适于恒功率负载。

3. 顺串 Y → 反串 Y 变换

当定子外施电压不变时，采用这种变换会使电动机转速提高 1 倍，容许输出转矩减半，容许输出功率不变，所以是恒功率调速，适于恒功率负载。

变极调速具有操作简便、机械特性硬、效率高等优点，且可以获得恒转矩或恒功率调速特性，但是，由于它是有级调速，仅适用于不要求平滑调速的场合。如在机床设备上，用变极调速作粗调，齿轮变速作细调。

常用的变极调速电动机是双速异步电动机，其极对数成倍改变，如 2/4 极，4/8 极，6/12 极。此外，还有可获得非倍极比及单绕组三速异步电动机，这种电动机一般结构较复杂，成本高，故使用很少。

为了进一步扩大调速范围，还可以采用将变极调速与调压调速相结合的方法。"粗调"用变极调速，"细调"用调压调速，两者互补，这样既可实现平滑调速，又能扩大调速范围，其调速机械特性如图 3.36 所示。

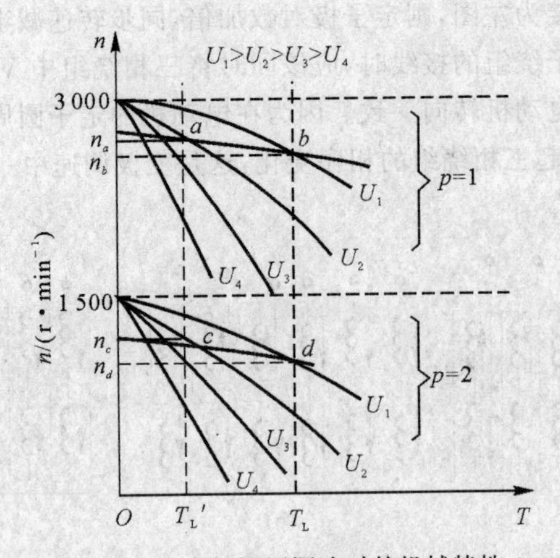

图 3.36　变极调压调速时的机械特性

3.7.4　绕线型异步电机在各工作状态下转子附加电阻的计算

从本章以上内容可知，在绕线型异步电动机起动、制动和调速时，都可以在转子电路中串入一个适当大小的附加电阻 R，以保证获得电动机在相应的工作状态下所需要的特性。下面给出按照已知条件并利用机械特性的实用表达式来计算附加电阻 R 的通用方法。

第一步，根据铭牌数据计算绕线型异步电动机的以下 4 个参数。

(1) 额定转差率

$$s_N = \frac{n_0 - n_N}{n_0}$$

(2) 额定转矩

$$T_N = 9\ 550\ \frac{P_N}{n_N}$$

(3) 固有特性上的临界转差率

$$s_N = s_N(\lambda_T + \sqrt{\lambda_T^2 - 1})$$

(4) 转子绕组每相电阻

$$r_2 = \frac{s_N E_{2N}}{\sqrt{3} I_{2N}}$$

第二步，计算人为机械特性上的临界转差率 s'_m。

转子串附加电阻时，最大转矩与固有特性上的最大转矩相同，但对应的临界转差率将增大为 s'_m。人为机械特性的实用表达式应为

$$T = \frac{2\ T_{max}}{\frac{s'_m}{s} + \frac{s}{s'_m}} \tag{3.73}$$

如果已知人为特性上某点 X 的转差率为 s_X，转矩为 T_X，代入式(3.73)，即可求得 s'_m。

$$T_X = \frac{2T_{max}}{\frac{s'_m}{s_X} + \frac{s_X}{s'_m}} = \frac{2\ \lambda_T\ T_N}{\frac{s'_m}{s_X} + \frac{s_X}{s'_m}}$$

整理后得

$$s'^2_m - \left(\frac{2\ \lambda_T\ T_N}{T_X}\right) s'_m s'_X + s_X^2 = 0$$

解得

$$s'_m = s_X \left[\frac{\lambda_T\ T_N}{T_X} \pm \sqrt{\left(\frac{\lambda_T\ T_N}{T_X}\right)^2 - 1}\right] \tag{3.74}$$

式中，$\lambda_T T_N = T_{max}$，其正负号由机械特性所处的象限决定。

最后一步，计算转子每相附加电阻 R 的值。

由式(3.54) 可知，临界转差率与转子电阻成正比，所以

$$\frac{s'_m}{s_m} = \frac{r'_2 + R'}{r'_2} = \frac{r_2 + R}{r_2}$$

从而得出求附加电阻的公式

$$R = r_2\left(\frac{s'_m}{s_m} - 1\right) \tag{3.75}$$

【思考题】

1. 在绕线型异步电动机转子电路中串接电抗器能否改变转速？这时的机械特性有何不同？

2. 绕线型异步电动机转子串电阻调速时，为什么它的机械特性变软？为什么轻载时其转速变化不大？

3. 怎样实现变极调速？变极调速时为什么同时要改变定子电源的相序？

本章习题

1. 已知某三相绕线型异步电动机数据为：$P_N = 75$ kW，$n_N = 720$ r/min，$I_{1N} = 148$ A，$\eta_N = 90.5\%$，$\cos\varphi_{1N} = 0.85$，$\lambda_T = 2.4$，$E_{2N} = 213$ V，$I_{2N} = 220$ A。要求：

(1) 计算电动机的临界转差率 s_m 和最大转矩 T_{max}；

(2) 用实用表达式计算并绘制固有机械特性。

2. 已知某笼型异步电动机额定数据为：$U_{1N} = 380$ V，$I_{1N} = 20$ A，$n_N = 1\ 450$ r/min，$K_I = 7$，$K_T = 1.4$，$\lambda_T = 2$。试问：

(1) 若要保证满载起动，电网电压不得低于多少伏？

(2) 若用 Y→Δ 换接起动，则起动电流为多大？能否带半载起动？

(3) 若用自耦变压器在半载下起动，起动电流为多大？并确定此时的变比 k_a 为多少？

3. 一台三相六极绕线型异步电动机，$U_{1N} = 380$ V，$n_N = 950$ r/min，$f_1 = 50$ Hz，定子和转子绕组均为 Y 接法，且定子和转子（折算到定子侧）的电阻、电抗值分别为 $r_1 = 2\ \Omega$，$x_1 = 3\ \Omega$，$r'_2 = 1.5\ \Omega$，$x'_2 = 4\ \Omega$。试问：

(1) 转子电路串电阻起动，为使起动转矩等于最大转矩，转子每相串入的电阻值应为多少（折算到定子侧）？

(2) 转子电路串电阻调速，为使额定输出转矩时的转速调到 600 r/min，转子每相串入的电阻值应为多少（折算到定子侧）？

4. 电动机的数据同第 3 题。试问：

(1) 用该电动机带动位能性负载，如下放负载时要求转速 $n = 300$ r/min，负载转矩等于额定转矩，转子每相应串入多大电阻？

(2) 电动机在额定状态下运转，为了停车，采用反接制动，若要求制动转矩在起始时为 $2T_N$，则转子每相串接的电阻值为多少？

5. 一台异步电动机的参数如下：$U_N = 380$ V，定子 Δ 联结，$n_N = 1\ 460$ r/min，$\lambda_T = 2$，拖动额定恒转矩负载。试问：

(1) 是否可以用降低电压的办法使转速 $n = 1\ 100$ r/min？为什么？

(2) 如采用降压调速，转速最低只能调到多少？

(3) 当电压降到多少时，可以使 $n = 1\ 300$ r/min？

6. 某绕线型异步电动额定值 $P_N = 55$ kW，$U_{1N} = 380$ V，$I_{1N} = 121.1$ A，$n_N = 580$ r/min，$E_{2N} = 212$ V，$I_{2N} = 159$ A，$\lambda_T = 2.3$；电动机带一个 $T_L = 0.9T_N$ 的位能性负载，当负载下降时，电动机处于回馈制动状态。试问：

(1) 转子电路中未串电阻时电动机的稳定转速是多少？

(2) 在转子电路中串入 0.4 Ω 的电阻时电动机的稳定转速是多少？

(3) 为快速停车，采用定子两相反接的反接制动，转子中串入 0.4 Ω 电阻，电动机刚进入制动状态时的制动转矩（设制动前电动机工作在 520 r/min 的电动状态）是多少？

7. 一台笼型异步电动机，$P_N = 7.5$ kW，$U_{1N} = 380$ V，$I_{1N} = 15.4$ A，$n_N = 1\ 440$ r/min，$\lambda_T = 2.2$。该电动机拖动一台需要正反转的生产机械。设电网电压为额定值，正转时电动机带额定

负载运行，现采用定子两相反接使电动机制动，然后进入反转，反转时电动机空载，空载转矩为 $0.1T_N$。试利用机械特性的近似公式计算：

(1) 反接瞬间的制动转矩；

(2) 反转后的稳定转速；

(3) 画出正、反转时的机械特性及负载转矩特性。

8. 某四极绕线型异步电动机的额定数据为：$P_N=30$ kW，$U_N=380$ V，$n_N=720$ r/min，$r_1=0.143\ \Omega$，$r'_2=0.134\ \Omega$，定转子绕组接法均为星形接法。现要求在额定负载时，转速降到 500 r/min，试问：

(1) 每相绕组中应串入多大电阻？

(2) 此时转子电流及电磁功率的数值是否发生变化？

第4章 同步电动机及其电力拖动简介

同步电机也和异步电机、直流电机一样，遵循可逆性原理，既可按电动机方式运行，亦可按发电机方式运行，发电厂中的交流发电机，几乎全部是采用同步发电机。同步电机和直流电机一样，同样存在电枢反应，其分析方法比对直流电机作相应分析时更为复杂。作为一种三相交流电机，同步电动机除了用于电力拖动(特别是大容量的电力拖动)外，还用于补偿电网功率因数。根据机电类专业的需要并考虑到学时所限，本章简要介绍同步电动机的结构、基本工作原理及工作特性，并简述其调速方法。

4.1 同步电动机的基本结构和工作原理

同步电动机的结构与异步电动机类似，也分定子和转子两大基本部分。定子由铁芯、定子绕组(又叫电枢绕组)机座以及端盖等主要部件组成。定子绕组通常是三相对称绕组，并通有三相对称交流电流；转子则包括主磁极、装在主磁极上的直流励磁绕组、特别设置的鼠笼型起动绕组、电刷以及集电环等主要部件。

同步电动机按转子主磁极的形状分为隐极式和凸极式两种，它们的结构如图4.1所示。隐极式转子的优点是转子圆周的气隙比较均匀，适用于高速电机；凸极式转子呈圆柱形，转子有可见的磁极，气隙不均匀，但制造较简单，适用于低速运行(转速低于1 000r/min)。由于同步电动机中作为旋转部分的转子只通以较小的直流励磁功率(大约为电动机额定功率的0.3%～2%)，故同步电动机特别适用于大功率高电压的场合。

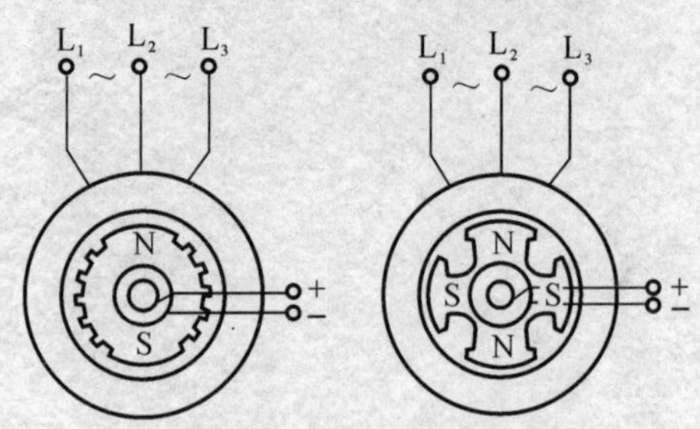

图4.1 同步电动机的结构示意图

(a)隐极式； (b)凸极式

同步电动机的基本工作原理可用图4.2来说明。电枢绕组通以三相对称交流电流后，气隙中便产生一个电枢旋转磁场，其旋转速度为同步转速

$$n_0 = 60f_1/p \tag{4.1}$$

式中 f_1 —— 三相交流电源的频率；

p —— 定子旋转磁场的极对数。

在转子励磁绕组中通以直流电流后，同一空气隙中，又出现一个大小和极性固定、极对数与电枢旋转磁场相同的直流励磁磁场。这两个磁场的相互作用，使转子被电枢旋转磁场拖着以同步转速一起旋转，即 $n=n_0$，“同步”电动机也由此而得名。

在电源频率 f_1 与电动机转子极对数 p 为一定的情况下，转子的转速 $n=n_0$ 为一常数。因此同步电动机具有恒定转速的特性，它的运转速度是不随负载转矩而变化的。同步电动机的机械特性如图 4.3 所示。

图 4.2　同步电动机工作原理示意图

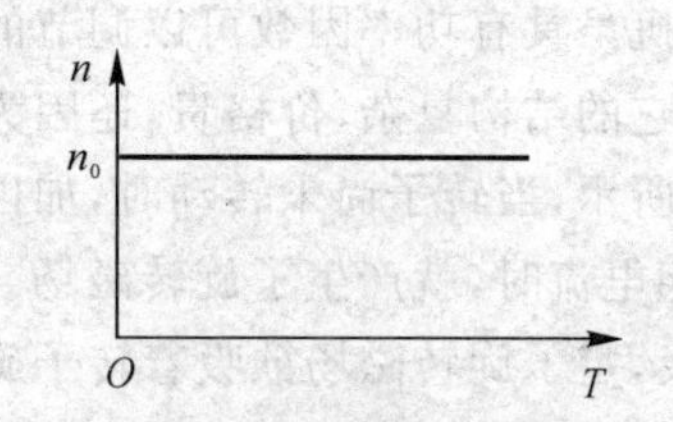

图 4.3　同步电动机的机械特性

因为异步电动机的转子没有直流电流励磁，它所需要的全部磁动势均由定子电流产生，所以异步电动机必须从三相交流电源吸取滞后电流来建立电动机运行时所需要的旋转磁场。因此，异步电动机在电动状态时是作为电源的电感性负载运行的，它的功率因数总是小于 1 的。与异步电动机不同的是，同步电动机所需要的磁动势是由定子与转子共同产生的。同步电动机转子励磁电流 I_f 产生磁通 Φ_f，而定子电流 I 产生磁通 Φ_0，总的磁通为两者的合成。当外加三相交流电源的电压 U 为一确定值时，总的磁通 Φ 也应该是一个确定值，这一点和异步电动机的情况相似。因此，当改变同步电动机转子的直流励磁电流 I_f 使 Φ_f 改变时，如果要保持总磁通 Φ 不变，那么，Φ_0 就要改变，故产生 Φ_0 的定子电流 I 必然随着改变。当负载转矩 T_L 不变时，同步电动机输出的功率 $P_2=Tn/9\,550$ 也是恒定的，若略去电动机的内部损耗，则输入的功率 $P_1=3UI\cos\varphi$ 也是不变的。所以，当改变 I_f 影响 I 改变时，功率因数 $\cos\varphi$ 也是随之而改变的。因此，可以利用调节励磁电流 I_f 使 $\cos\varphi$ 刚好等于 1，这时，电动机的全部磁动势都是由直流产生的，交流电源方面无须供给励磁电流，在这种情况下，定子电流 I 与外加电压 U 同相，这时的励磁状态称为正常励磁。当直流励磁电流 I_f 小于正常励磁电流时，称为欠励，直流励磁的磁动势不足，定子电流将要增加一个励磁分量，即交流电源需要供给电动机一部分励磁电流，以保证总磁通不变。当定子电流出现励磁分量时，定子电路便成为电感性电路了，输入电流滞后于电压，$\cos\varphi$ 小于 1，定子电流比正常励磁时要增大一些。当直流励磁电流 I_f 大于正常励磁电流时，称为过励，直流励磁过剩，在交流方面不仅无须电源供给励磁电流，而且还向电网发出电感性电流与电感性无功功率，正好补偿了电网附近电感性负载的需要，使整个电网的功率因数提高。过励的同步电动机与电容器有类似的作用，这时，同步电动机相当于从电源吸取电容性电流与电容性无功功率，成为电源的电容性负载，输入电流超前于电压，$\cos\varphi$ 也小于 1，定子电流也要加大。

由上面的分析可以看出，调节同步电动机转子的直流励磁电流 I_f 便能控制 $\cos\varphi$ 的大小和性质(容性或感性)，这是同步电动机最突出的优点。

同步电动机有时在过励下空载运行，在这种情况下电动机仅用以补偿电网滞后的功率因数，这种专用的同步电动机称为同步补偿机。

【思考题】

1. 同步电动机的工作原理与异步电动机有何不同？
2. 为什么可以利用同步电动机来提高电网的功率因数？

4.2 同步电动机的起动

同步电动机虽具有功率因数可以调节的优点，但却没有像异步电动机那样得到广泛应用，这不仅是由于它的结构复杂、价格贵，还因为它的起动困难。其原因如下：

如图 4.4 所示，当转子尚未转动时，加以直流励磁，产生固定磁场 N—S；当定子接上三相电源，流过三相电流时，就产生了旋转磁场，并立即以同步转速 n_0 旋转。在图 4.4(a) 所示的情况下，两者相吸，定子旋转磁场欲吸着转子旋转，但由于转子的惯性，它还没有来得及转动时旋转磁场却已转到图 4.4(b) 所示的位置，两者又相斥，这样，转子忽而被吸、忽而被斥，平均转矩为零，不能起动。因此，要把同步电动机起动起来，必须借助于以下 3 种方法。

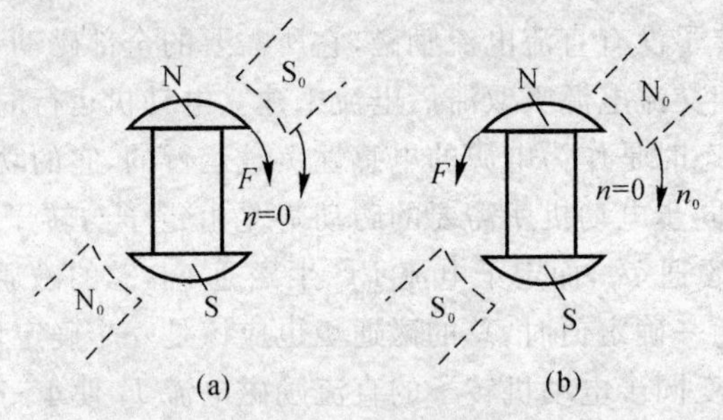

图 4.4　同步电动机的起动转矩为零

(a) 两者相吸；(b) 两者相斥

4.2.1 异步起动法

异步起动法是同步电动机常用的一种起动方法。它是在转子磁极的极掌上装上和鼠笼绕组相似的起动绕组(亦称为阻尼绕组)，如图 4.5 所示。起动时先不加入直流磁场，只在定子上加上三相对称电压以产生旋转磁场，鼠笼绕组内产生了感应电动势和电流，从而使转子转动起来，等转速接近同步转速时，再在励磁绕组中通入直流励磁电流，产生固定极性的磁场，在定子旋转磁场与转子励磁磁场的相互作用下，便可把转子拉入同步。转子达到同步转速后，起动绕组与旋转磁场同步旋转，两者无相对运动，这时，起动绕组中便不产生电动势与电流。

图 4.6 所示接线图是同步电动机异步起动法的原理接线图。起动步骤如下：

(1) 励磁电路的转换开关 QB 投合到 1 的位置，使励磁绕组与直流电源断开，直接通过变阻器 R 构成闭合回路，以免起动时励磁绕组受旋转磁场的作用产生较高的感应电动势，发生危险。

(2) 按起动鼠笼式电动机的方法起动，必要时也可采用降压起动，给同步电动机加上额定电压，使转子转速升高至接近同步转速。

(3) 将励磁电路转换开关迅速投合到 2 的位置，励磁绕组与直流电源接通，转子上形成固定磁极，并很快被旋转磁场拖入同步。

(4) 用变阻器 R_1 调节励磁电流，使同步电动机的功率因数调节到所需的数值。

至此，同步电动机的异步起动即告完成。现在同步电动机多采用自动化的起动设备，只须按一下按钮就能使异步起动过程自动完成。

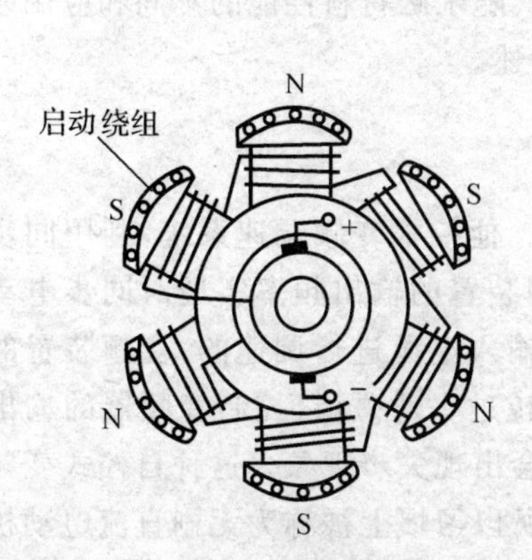

图 4.5　同步电动机的起动绕组

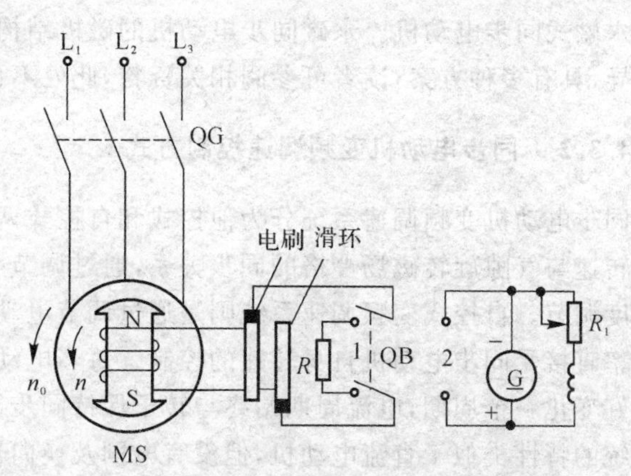

图 4.6　同步电动机异步起动法的接线图

4.2.2　辅助电动机起动

同步电动机也可以用辅助电动机拖动而起动，此时通常选用与同步电动机极数相同的异步电动机（容量约为主机的 10% ～ 15%）作为辅助电动机，当辅助电动机把主机拖动到同步转速时，再用自整步法把主机投入电网。

4.2.3　变频起动

同步电动机也可以采用变频起动。起动时，同步电动机的转子加上励磁，把变频装置的输出频率调得很低，使同步电动机投入电源后定子的旋转磁场转得很慢，这样依靠定转子旋转磁场之间相互作用所产生的同步电磁转矩，即可使同步电动机开始转动，并在很低的转速下运转，然后逐步提高电源的频率，使定子旋转磁场和转子的转速逐步加快，一直到额定转速为止。目前有些容量达数万千瓦的高速同步电动机就专门配上变频装置作为软起动设备。

4.3　同步电动机的调速简介

20 世纪 80 年代以来，电力电子技术的迅速发展，使得采用电力电子变频装置可以实现交流电源的电压与频率的协调控制，从而可以方便地对同步电动机进行速度调节，极大地扩展了同步电动机的应用领域，使其功率覆盖范围从瓦级的无刷直流电动机（自控式同步电动机）到万千瓦级的大型同步电动机。十几年来，永磁同步电动机的迅速发展也使同步电动机变频调速技术的应用越来越广泛。

4.3.1　变频调速系统中的同步电动机结构形式选择

同步电动机的结构形式根据其调速系统容量的不同而有所不同。大中容量的同步电动机调速系统一般采用普通的电励磁结构型式，通过电刷和集电环将励磁电流引入转子。如果希望做成无接触式以利于维修，则可采用无刷励磁方式。这种励磁方式是利用旋转变压器把交流电引入转子，然后经过装在电动机转子上的旋转整流装置变成直流，供给电动机的励磁绕组作为励磁电流。小型同步电动机调速系统，特别是多机传动系统，多采用结构更为简单的磁阻式和永磁式同步电动机。永磁同步电动机的磁极结构形式随永磁材料性能的不同和应用领域的差异，具有多种方案，读者可参阅相关资料，此处不再赘述。

4.3.2 同步电动机变频调速控制方式

同步电动机变频调速系统分为他控式和自控式两类。他控式变频调速系统，利用同步电动机转速与气隙旋转磁场严格的同步关系，通过调节变频装置的输出频率实现对同步电动机的速度调节。自控式变频调速系统则是通过调节电动机输入电压进行调速的，变频装置的输出频率直接受同步电动机自身转速的控制。每当电动机转过一对磁极，控制变频器的输出电流正好变化一个周期，电流周期始终与转子保持同步，不会出现失步现象。这种自控式变频调速系统的特性类似于直流电动机，但没有电刷及换向器，所以习惯上被称为无刷直流电动机或无换向器电动机。这种电动机将在第6章予以介绍。

长期以来，由于普通同步电动机采用双重励磁和异步起动，因此，它的结构复杂，同时需要直流电源，起动和控制设备也较昂贵，它的一次性投资要比异步电动机高很多。然而，它具有运行速度恒定、功率因数可调、运行效率高等特点，因此，在低速和大功率的场合，例如，大流量低水头的泵、面粉厂的主传动轴、搅拌机、破碎机、切片机、造纸工业中的纸浆研磨机、匀浆机、压缩机、直流发电机、轧钢机等都是采用同步电动机来拖动的。十几年来，由于电力电子技术的迅速发展，变频调速装置的容量与性能日益提高，价格不断下降，采用变频装置来解决同步电动机的起动和调速问题已成为切实可行的方案，其性能价格比已经可以与异步电动机变频调速方案相竞争，因此，同步电动机将会得到更加广泛的应用。

【思考题】

1. 为什么要采用异步起动法来起动同步电动机？
2. 同步电动机的励磁方式有哪几种？

第5章　电动机的选择

为电力拖动系统选择合适的电动机时，应该首先满足它所拖动的工作机械的需要，主要是对工作环境、工作方式、起动、制动、加速、减速和调速指标及功率的要求。根据这些要求，正确地选择电动机的类型、工作制、额定转速与额定功率，使电动机在高效率、低损耗的状态下可靠地运行，以达到节能和提高综合经济效益的目的。为此，正确选择电动机的额定功率有很重要的意义。如果额定功率选得过大，不仅增加了设备投资，造成浪费，而且电动机经常欠载运行，其效率与功率因数等性能指标变差，运行费用较高，很不经济；反之，如果额定功率选小了，电动机经常在过载状态下运行，会使它因过热而过早地损坏，还有可能承受不了冲击负载或造成起动困难，或者为了确保电动机不过热，只能让它降低负载使用。

选择电动机额定功率时，主要考虑电动机的发热、允许过载能力与起动能力这3个因素，通常以发热问题最为重要。因此，本章首先分析电动机的发热与冷却的过程，研究影响电动机温度变化的主要因素及电动机温度升高和降低的基本规律；然后介绍电动机拖动不同工况的负载时的3种工作制，再叙述如何依据3种不同的工作制和负载情况选择电动机的功率；最后介绍电动机种类、额定电压与转速及结构型式的选择。

5.1　电动机的温升及其变化规律

由于电动机是由多种材料（铜、铁、绝缘材料等）构成的复杂体（不均匀体），所以其发热过程很复杂，电机各个部分的发热情况不同，热容量也不同，并且各部件的热量传到周围介质中去的方式与路径也各不相同。在研究电动机发热时，如果把这些因素都加以考虑，将使问题变得十分复杂。为了在保证所得到的结论基本符合工程实际的前提下尽量简化分析过程，特作如下假定：

(1) 把电动机看成一个均匀体，各部分的温度相同，并具有恒定的散热系数和热容量。

(2) 电动机向周围介质散发的热量与其自身温度和周围介质温度的差值成正比，不受温度数值大小的影响。

(3) 电动机长期运行，负载不变，总损耗不变。

(4) 周围环境温度不变。

5.1.1　电动机的温升与绝缘等级

电动机的发热，是由于在实现机电能量转换过程中，在电动机内部产生损耗并变成热量使电机的温度升高。电动机温度比环境温度高出的值称为温升。当电动机的温度高于周围环境温度时，电动机就要向周围散热，温升越高，散热越快。当单位时间内产生的热量与单位时间内散发到周围介质中的热量相等时，电动机的温度不再升高，达到了所谓的热稳定状态。此时的温升称为稳定温升，其大小决定于电动机的负载。在稳定温升下，电动机处于发热和散热的动态平衡状态。

在电动机中，耐热最差的是绕组的绝缘材料，不同等级的绝缘材料，其最高允许温度是不同的。电动机中常用的绝缘材料可分为5种等级：

(1)A级绝缘。它包括经过绝缘浸渍处理的棉纱、丝、纸等，普通漆包线的绝缘漆，最高允许温度为105℃。

(2)E级绝缘。它包括高强度漆包线的绝缘漆，环氧树脂，三醋酸纤维薄膜、聚脂薄膜及青壳纸，纤维填料塑料，最高允许温度为120℃。

(3)B级绝缘。它包括由云母、玻璃纤维、石棉等制成的材料，用有机材料黏合或浸渍，矿物填料塑料，最高允许温度为130℃。

(4)F级绝缘。它包括与B级绝缘相同的材料，但黏合剂及浸渍漆不同，最高允许温度为155℃。

(5)H级绝缘。它包括与B级绝缘相同的材料，但用耐温180℃的硅有机树脂黏合或浸渍，硅有机橡胶，无机填料塑料，最高允许温度为180℃。

目前的趋势是日益广泛地使用高允许温度等级的绝缘材料，如F，H级绝缘材料。这样，可以在一定的输出功率下使电动机的质量与体积大为减小。

当电动机温度不超过所用绝缘材料的最高允许温度时，绝缘材料的寿命较长，可达20年以上；反之，如温度超过上述最高允许温度，则绝缘材料老化、变脆，缩短了电动机的寿命，在严重情况下，绝缘材料将碳化、变质、失去绝缘性能，从而使电动机烧坏。

由此可见，绝缘材料的最高允许温度是一台电动机带负载能力的限度，而电动机的额定功率就代表了这一限度。电动机铭牌上所标的额定功率是指若环境温度(或冷却介质温度)为40℃，电动机在额定功率负载下长期连续工作，温度逐渐升高趋于稳定后，最高温度可达到绝缘材料允许的极限。

上述环境温度40℃是我国规定的标准。既然电动机的额定功率是对应于环境温度为标准值40℃时的功率，则当环境温度低于40℃时，电动机可带动高于额定值的负载；反之，当环境温度高于40℃时，所带负载应适当降低，以保证两种情况下电动机最终都达到绝缘材料的最高允许温度。

既然不同绝缘材料所能耐受的最高允许温度不同，那么，使用不同绝缘材料的电动机，其最高允许温升是不同的。电动机铭牌上所标的温升是指所用绝缘材料的最高允许温度与40℃之差，或称为额定温升。例如，国产Z_2—72型直流电动机用的是E级绝缘，其最高允许温度是120℃，所以其铭牌上标的温升是80℃。

5.1.2 电动机的发热过程分析

设单位时间内电动机损耗所产生的热量为Q，则在dt时间内产生的热量为Qdt，Q的单位为cal/s(1 cal ≈ 4.2 J，下同)。Qdt这些热量，一部分被电动机吸收，使电动机温度升高；另一部分是电动机向周围介质散发出的热量。根据能量守恒原理，在任何时间内电动机产生的热量总是等于电动机本身温度升高所吸收的热量与散发到周围环境中去的热量之和。即可得如下热平衡方程式：

$$Q\mathrm{d}t = C\mathrm{d}\tau + A\tau\mathrm{d}t$$

式中　C —— 电动机的热容量，即电动机温度每升高 1℃ 所需的热量，单位为 cal/℃；

A —— 电动机的散热系数，即电动机的温度每高出环境温度 1℃ 时，单位时间内向周围介质散发出去的热量，单位为 cal/(℃·s)；

τ —— 电动机的温升，单位为 ℃。

将上式两边同除以 $A\mathrm{d}t$，整理后得到

$$\tau+\frac{C}{A}\frac{\mathrm{d}\tau}{\mathrm{d}t}=\frac{Q}{A}$$

令 $\frac{C}{A}=T_{\mathrm{H}}$，称为发热时间常数(s)；$\frac{Q}{A}=\tau_{\mathrm{w}}$，称为稳态温升。于是，上式便可写成以温升 τ 为变量的一阶常系数非齐次线性微分方程

$$\tau+T_{\mathrm{H}}\frac{\mathrm{d}\tau}{\mathrm{d}t}=\tau_{\mathrm{w}} \tag{5.1}$$

当初始条件为 $t=0,\tau=\tau_0$ 时，该一阶微分方程的解为

$$\tau=\tau_{\mathrm{w}}+(\tau_0-\tau_{\mathrm{w}})\mathrm{e}^{-t/T_{\mathrm{H}}} \tag{5.2}$$

式中 τ_0 为 $t=0$ 时的温升，即电动机初始温升；若 $\tau_0=0$，则式(5.2)可写为

$$\tau=\tau_{\mathrm{w}}(1-\mathrm{e}^{-t/T_{\mathrm{H}}}) \tag{5.3}$$

式(5.2)与式(5.3)即为电动机的温升曲线方程式。电动机的发热过程如图 5.1 中曲线所示。

由温升曲线可以看出：发热过程开始时，由于温升小，散发出去的热量较少，大部分热量被电动机所吸收，所以温升上升较快。其后随着温升的升高，散发的热量逐渐增加，电动机吸收的热量则逐渐减少，温升曲线趋于平缓。当发热量与散热量相等时，电动机的温升不再升高，达到稳态温升值 τ_{w}。只要电动机的稳态温升值 τ_{w} 不超过其绝缘材料的最高允许温升 $\tau_{\max}$，电动机就能满足长期可靠运行的主要条件。因此 $\tau\leqslant\tau_{\max}$ 是校验电动机发热的主要依据。

电动机的稳态温升值 $\tau_{\mathrm{w}}=Q/A$，由于 Q 与电动机的损耗功率 ΔP 成正比，当电动机的负载增大时，ΔP 随之增大，因而 Q 增加。若散热系数 A 不变，则 τ_{w} 将随负载的增加而升高。如果电动机的负载恒定，那么 ΔP 及 Q 都是常数，这时 τ_{w} 与 A 成反比关系，设法改善散热条件，使 A 增大，即可降低 τ_{w}。

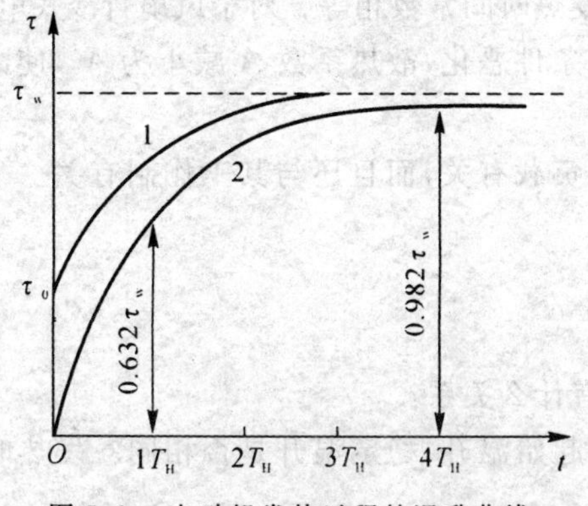

图 5.1　电动机发热过程的温升曲线

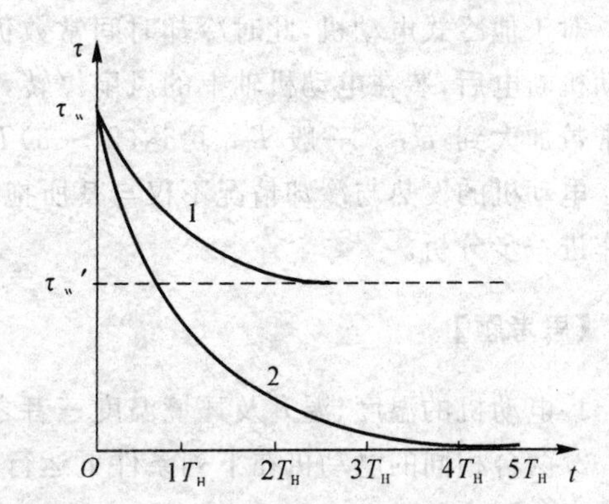

图 5.2　电动机冷却过程的温升曲线

在 1.5 节中，分析了他励直流电动机转速变化的动态过程。分别比较式(1.18)、式(1.19)、图 1.14(a)与式(5.1)、式(5.2)、图 5.1 可知，从数学式子和曲线的形式来看，两者是完全相似的。所以，尽管电动机发热过程和他励直流电动机的转速上升过程的物理本质不同，但

其中对应的物理量的变化规律完全相同。因此,1.5 节中所述的“三要素法”、强制分量、自由分量、时间常数的意义及其与过渡过程长短的关系等概念和求解方法等内容在这里完全适用,此处不再赘述。

5.1.3 电动机的冷却过程分析

式(5.2) 也适用于电动机冷却情况。冷却过程可分成 2 种情况讨论。

5.1.3.1 电动机负载减小时的冷却过程

负载运行的电动机,如果减小它的负载,其内部的损耗减小,产生的热量 Q 也随之减少,原来的热平衡状态被破坏,变成了发热少于散热,电动机的温度就要下降,温升降低,单位时间内散出的热量 $A\tau$ 逐渐减少。直到重新达到 $Q=A\tau$(即发热等于散热)时,温升不再变化,电动机温升达到了一个新的稳定状态,把温升下降的过程称为冷却。

仿照发热过程对温升曲线方程的推导,可得出冷却过程的温升曲线方程

$$\tau=\tau'_{w}+(\tau'_{0}-\tau'_{w})e^{-t/T'_{H}} \tag{5.4}$$

式中 τ'_{0}—— 冷却开始时电动机的初始温升;

τ'_{w}—— 电动机新的稳态温升,$\tau'_{w}=\dfrac{Q'}{A}$;

T'_{H}—— 冷却时间常数,在负载减小时,冷却时间常数与发热时间常数相等。

冷却过程的温升曲线如图 5.2 中曲线 1 所示。

5.1.3.2 电动机脱离电源时的冷却过程

电动机脱离电源后,电动机的损耗为零,不再产生热量,电动机的温升逐渐下降,直到与周围环境温度相同为止。此时,稳定温升 $\tau'_{w}=0$,因此

$$\tau=\tau'_{0}e^{-t/T'_{H}} \tag{5.5}$$

此时冷却过程的温升曲线如图 5.2 中曲线 2 所示。

对于他冷式电动机,此时冷却时间常数仍与发热时间常数相等。对于风扇自冷式电动机,电动机断电后,装在电动机轴上的风扇停转,环境条件恶化,散热系数 A 减小为 A',使冷却时间常数加大到 T'_{H}。一般 T'_{H} 可达$(2\sim3)T_{H}$。

电动机的发热与冷却情况不仅与其所拖动的负载有关,而且还与其工作制有关。下面对此作进一步分析。

【思考题】

1. 电动机的温度、温升及环境温度三者之间有什么关系?

2. 两台相同的电动机在下列条件下运行时的起始温升、稳定温升是否相同? 发热时间常数是否相同?

(1) 相同的负载,但一台环境温度为一般室温,另一台为高温环境;

(2) 相同的负载,相同的环境,一台原来没运行,一台是运行刚停下后又接着运行;

(3) 同一个环境下,一台半载,另一台满载;

(4) 同一个房间内,一台自然冷却,一台用冷风吹,都是满载运行。

3. 同一台电动机，如果不考虑机械强度问题和换向问题，在下列条件下拖动负载运行时，它的输出功率是否一样？哪个大？哪个小？

(1) 自然冷却，环境温度为 40℃；

(2) 强迫通风，环境温度为 40℃；

(3) 自然冷却，高温环境。

4. 为什么说电动机运行时的稳定温升取决于负载的大小？

5.2　电动机工作制的分类

电动机的温升不仅依赖于负载的大小，而且与负载持续的时间有关。同一台电动机，如果运行时间长短不同，电动机能够输出的功率也不同，所产生的温升也就不同。为了便于电动机的系列生产和用户的选择使用，按负载持续时间不同，将电动机分成 3 种工作方式或称 3 种工作制。

5.2.1　连续工作制

连续工作制的电动机，其工作时间 $t_g > (3 \sim 4)T_H$，可达几小时或十几小时，其温升可以达到稳定值，所以也称为长期工作制。其典型负载图 $P = f(t)$ 及温升曲线 $\tau = f(t)$ 如图 5.3 所示。通风机、水泵、纺织机和造纸机等生产机械使用的电动机都属于连续工作制电动机。

5.2.1　短时工作制

短时工作制的电动机，其工作时间较短，$t_g < (3 \sim 4)T_H$，在工作时间内，电动机的温升达不到稳定值 τ_W。而它的停机时间 t_0 很长，$t_0 > (3 \sim 4)T'_H$，电动机的温升可以降到零，短时工作制电动机的负载图和温升曲线如图 5.4 所示。属于这种工作制的电动机，有水闸闸门、车床的夹紧装置、转炉倾动机构的拖动电动机等。我国规定的短时工作制的标准时间为 15 min，30 min，60 min，90 min 共 4 种。

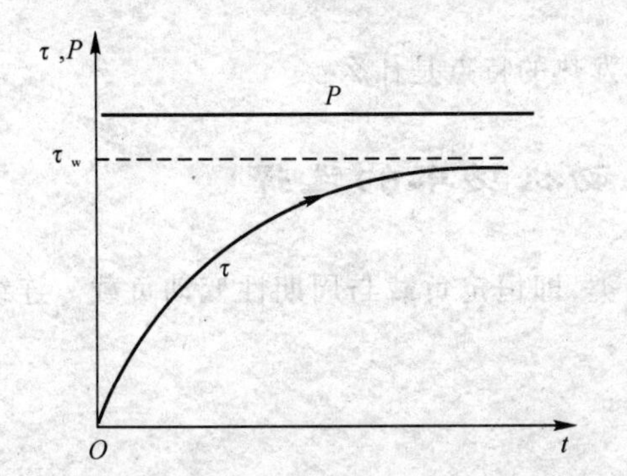

图 5.3　连续工作制电动机的负载图与温升曲线

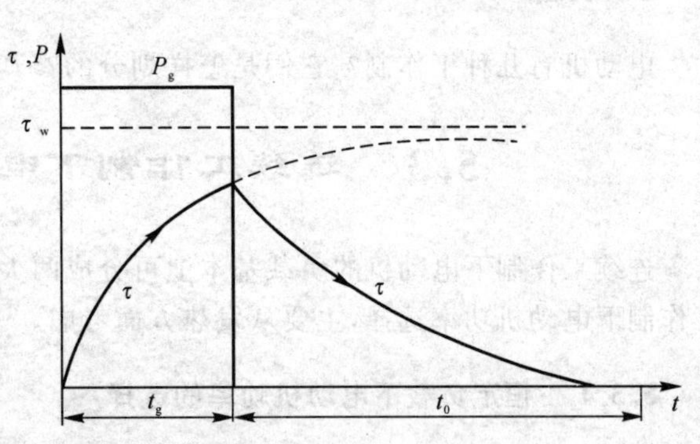

图 5.4　短时工作制电动机的负载图与温升曲线

5.3.3　断续周期工作制

在这种工作制下，电动机按一系列相同的工作周期运行，在一个周期内，工作时间 $t_g <$

$(3\sim4)T_{\rm H}$，停机时间 $t_0<(3\sim4)T'_{\rm H}$，t_g 和 t_0 轮流交替，两段时间都较短。在 t_g 期间，电动机温升达不到稳定值，而在 t_0 期间电动机温升也降不到零。这样经过一个周期时间温升有所上升，经过若干个周期后，温升在最高温升 τ_{max} 和最低温升 τ_{max} 之间波动，达到周期性变化的稳定状态。其负载图和温升曲线如图5.5所示。按国标规定，周期时间 $t_g+t_0\leqslant10$ min，所以这种工作制也称为重复短时工作制。起重机、电梯和轧钢机辅助机械等使用的电动机均属于这种工作制。

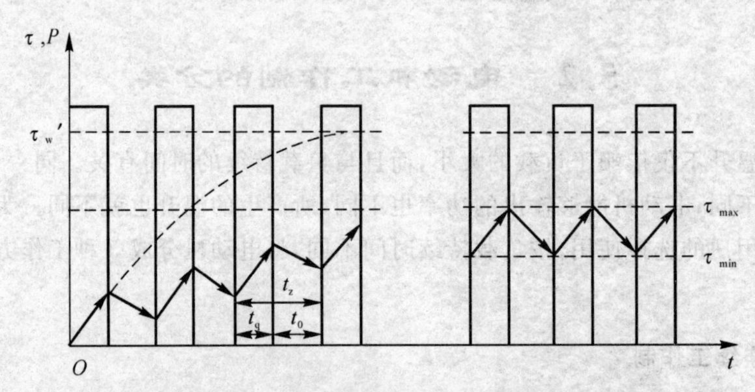

图5.5　断续周期工作制电动机的负载图与温升曲线

在断续周期工作制中，负载工作时间与整个周期之比称为负载持续率，用 $ZC\%$ 表示。

$$ZC\%=\frac{t_g}{t_g+t_0}\times100\% \tag{5.6}$$

对于规定为断续周期工作制的电动机，其额定功率是这样选取的：在规定的负载持续率下，电动机负载运行达到的实际最高温升 τ_{max} 恰好等于允许最高温升时的输出功率，该输出功率即为其额定功率。

电动机的工作制不同，其发热和温升情况就不同，因此，从发热观点选择电动机功率的方法也就不同。

【思考题】

电动机有几种工作制？它们是怎样划分的？其发热的特点是什么？

5.3　连续工作制下电动机功率的选择

连续工作制下电动机的负载基本上可分成两大类，即恒定负载与周期性变动负载。连续工作制下电动机功率选择，主要从发热方面考虑。

5.3.1　恒定负载下电动机功率的选择

这类机械负载下的电动机功率选择非常简单，只要根据负载的功率 P_L，在产品目录中选一台额定功率等于或略大于 P_L 且转速合适的电动机即可。

5.3.2　周期性变动负载下电动机功率选择

电动机在周期性变动负载下运行时，它的输出功率不断地变化，因而电动机内部的损耗及温升也在不断变化，但经过一段时间后，电动机的温升达到一种稳定波动状态。如图 5.6 所示。

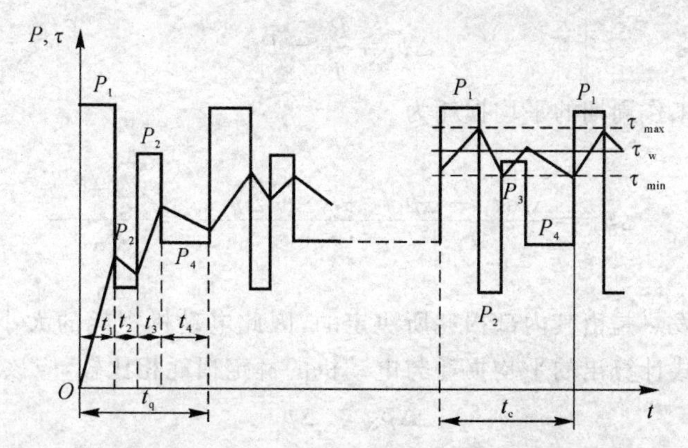

图 5.6　周期性变动负载下连续工作制电动机的负载图与温升曲线

显然，在此情况下，若按最大负载功率选择电动机功率，电动机将不能充分利用；而按最小负载功率选择，电动机要又会过载，引起电动机温升过高。可以推知，电动机功率只能在最大负载和最小负载之间适当选择，因此，变动负载下电动机功率选择比较复杂些，一般步骤如下：

5.3.2.1　初选电动机功率

(1) 根据生产机械负载图求出其平均功率：

$$P_j = \frac{P_1 t_1 + P_2 t_2 + \cdots + P_n t_n}{t_1 + t_2 + \cdots + t_n} = \frac{\sum_{i=1}^{n} P_i t_i}{\sum_{i=1}^{n} t_i} \tag{5.7}$$

式中　$P_1, P_2, \cdots, P_n$ —— 各段负载的功率；

$t_1, t_2, \cdots, t_n$ —— 各段负载的持续时间。

(2) 按下述经验公式预选电动机的额定功率(kW)：

$$P_N = (1.1 \sim 1.6) P_j \tag{5.8}$$

根据负载变动的情况选用式(5.8)中系数，大负载所占的分量较多时，选较大的系数。

5.3.2.2　校验电动机的功率

校验电动机功率时，首先要校验电动机的发热，然后校验过载能力，必要时校验起动能力。

用上面平均功率法初选了电动机功率，虽然在理论上是合理的，但它没有考虑到电动机在过渡过程中可变损耗与电流平方成比例，尤其在负载变化较大时，可变损耗变化大，这要影响到电动机的温升。因此，还要进行电动机的发热校验。下面介绍 3 种常用的校验方法。

1. 平均损耗法

按式(5.8)初选好电动机额定功率以后，根据该电动机的额定数据按下式计算出电动机的额定损耗功率：

$$\Delta p_N = \frac{P_N}{\eta_N} - P_N \tag{5.9}$$

然后，根据生产机械负载图上的各段功率，从预选电动机的效率曲线上查出各段功率所对应的效率，按下式求出每一段负载的损耗：

$$\Delta p_i = \frac{P_i}{\eta_i} - P_i$$

电动机在一个工作周期的平均损耗为

$$\Delta p_{\mathrm{pj}} = \frac{\Delta p_1 t_1 + \Delta p_2 t_2 + \cdots + \Delta p_n t_n}{t_1 + t_2 + \cdots + t_n} = \frac{\sum_{i=1}^{n} \Delta p_i t_i}{\sum_{i=1}^{n} t_i} \tag{5.10}$$

由于电动机的发热是由其内部损耗所决定的，因此电动机损耗的大小直接反映了电动机的温升情况。将上式计算出的平均损耗与电动机的额定损耗相比较，应该满足

$$\Delta p_{\mathrm{N}} \geqslant \Delta p_{\mathrm{pj}} \tag{5.11}$$

若 $\Delta p_{\mathrm{N}} < \Delta p_{\mathrm{pj}}$，则表明实际发热比预选电动机允许的发热大，即电动机功率选小了。应再选额定功率大一点的电动机，重新进行发热校验；如果 $\Delta p_{\mathrm{N}} \gg \Delta p_{\mathrm{pj}}$ 则表明电动机功率选得太大，应重选一台额定功率小一些的电动机再进行发热校验，直到满足式(5.11)为止。

发热校验满足后，应该再校验电动机的过载能力，即校验 $T_{\mathrm{Lm}} \leqslant T_{\max}$ 是否满足。该不等式左端为负载图中的最大转矩，右端是电动机的最大电磁转矩。对于交流异步电动机，考虑到电网电压可能发生最大15%的波动，故应该满足

$$T_{\mathrm{Lm}} \leqslant 0.85^2 \lambda_{\mathrm{T}} T_{\mathrm{N}} = 0.72 \lambda_{\mathrm{T}} T_{\mathrm{N}} \tag{5.12}$$

当过载能力不能满足时，就应该按过载能力来选择功率较大的电动机。另外，若选用笼型异步电动机，则还应该校验其起动能力。

用平均损耗法进行热校验比较准确，并适于任何一种电动机。但有时会因得不到电动机效率曲线而无法采用，且计算过程比较麻烦，因此，一般情况下可采用下列各种等效方法。

2. 等效电流法

等效电流法的基本思想是利用一个不变的等效电流 I_{dx} 来代替实际变化的负载电流，要求在同一个周期内，两者在电动机中产生的损耗相等，即发热相同。假定电动机的铁损耗与绕组电阻不变，则可变损耗即铜损耗只与电流的平方成正比，由此可得等效电流为

$$I_{\mathrm{dx}} = \sqrt{\frac{I_1^2 t_1 + I_2^2 t_2 + I_3^2 t_3 + \cdots + I_n^2 t_n}{t_1 + t_2 + t_3 + \cdots + t_n}} \tag{5.13}$$

求出等效电流以后，将等效电流与初选电动机的额定电流比较，应该满足

$$I_{\mathrm{N}} \geqslant I_{\mathrm{dx}} \tag{5.14}$$

则发热校验通过，所选电动机合适，否则应重选电动机。

应该补充说明的是，深槽式和双笼式异步电动机在起动和制动时，其转子绕组电阻变化很大，不满足上述分析过程假设条件之一——电动机绕组电阻不变，所以不能用等效电流法校验发热。

3. 等效转矩法

在实际应用中，有时已知的不是负载电流图，而是转矩图，此时应使用等效转矩法。等效转矩法是由等效电流法推导出来的。当电动机转矩与电流成正比时，可用等效转矩 T_{dx} 来代替等效电流 I_{dx}，则式(5.13)可改写成等效转矩公式

$$T_{dx}=\sqrt{\frac{T_1^2t_1+T_2^2t_2+T_3^2t_3+\cdots+T_n^2t_n}{t_1+t_2+t_3+\cdots+t_n}} \tag{5.15}$$

如果计算出等效转矩 $T_{dx}\leqslant T_N$，则发热校验通过，否则应重选电动机。

4. 等效功率法

如果已知的是负载功率图，当电动机的转速基本不变时，由式 $P=nT/9\ 550$，P 与 T 成正比，由等效转矩引出等效功率的公式

$$P_{dx}=\sqrt{\frac{P_1^2t_1+P_2^2t_2+P_3^2t_3+\cdots+P_n^2t_n}{t_1+t_2+t_3+\cdots+t_n}} \tag{5.16}$$

如果计算出等效功率 $P_{dx}\leqslant P_N$，则发热校验通过，否则应重选电动机。

在应用上述等效法进行发热校验合适后，还要再校验电动机的过载能力。

【思考题】

1. 在连续工作制周期性变动负载下，选择电动机功率的一般步骤是什么？

2. 用平均损耗法校验电动机发热的依据是什么？请指出等效电流法、等效转矩法、等效功率法及平均损耗法的共同点和不同点，以及它们各自的适用条件。

5.4　短时工作制下电动机功率的选择

对于短时工作制的负载，应首选专用的短时工作制电动机。在没有合适的短时工作制电动机的情况下，也可以选用断续周期工作制电动机或连续工作制电动机。

5.4.1　选用短时工作制电动机

我国生产的专用短时工作制电动机的时间规格分为 15 min，30 min，60 min，90 min 共 4 种。当负载工作时间接近上述标准时间规格时，可以按生产机械的功率、工作时间及转速的要求，由产品目录上直接选取。如果短时工作制负载也是一种变动负载，则应先算出其等效的负载功率，然后初选电动机，最后校验电动机的过载能力与起动能力。

生产机械的工作时间不一定恰好符合上述 4 种标准工作时间，即实际工作时间 t_{sj} 与标准短时工作时间 t_g 不相同，这时，应进行功率折算，即把在实际工作时间 t_{sj} 下算出的功率 P_{sj} 换算为在标准工作时间 t_g 下所需的功率 P_g，再按 P_g 的大小选择合适规格的电动机。换算的原则是在两种情况下发热相同即损耗相等。假设在 t_{sj} 下损耗为 Δp_{sj}，在 t_g 下损耗为 Δp_g，两者均由不变损耗和可变损耗两部分组成，且不变损耗相同。据此可以求出 P_g 与 P_{sj} 的关系为

$$P_g=\frac{P_{sj}}{\sqrt{t_g/t_{sj}+k(t_g/t_{sj}-1)}} \tag{5-17}$$

式中 $k=p_0/p_{Cug}$，为在标准工作时间 t_g 下不变损耗与可变损耗的比值。

当 t_{sj} 与 t_g 相差不大时，可将 $k(t_g/t_{sj}-1)$ 忽略不计，于是，功率换算公式近似为

$$P_g\approx P_{sj}\sqrt{t_{sj}/t_g} \tag{5-18}$$

换算时，应选取与 t_{sj} 最相近的 t_g 值代入上式。

计算出 P_g 后，按 P_g 所对应的 t_g，预选电动机的额定功率 $P_N\geqslant P_g$，则发热校验通过。

5.4.2 选用断续周期工作制电动机

在没有合适的短时工作制电动机时，可采用断续周期工作制的电动机来代替。短时工作制电动机的工作时间 t_g 与断续周期工作制电动机的负载持续率 $ZC\%$ 之间的对应关系见表5-1。

表 5-1 t_g 与 $ZC\%$ 的对应关系

t_g/min	30	60	90
$ZC\%$	15%	25%	40%

5.4.3 选用连续工作制电动机

短时工作制下电动机的功率负载图及温升曲线如图5-7所示。如果按照 $P_N \geqslant P_g$ 选择一台连续工作制电动机，那么，电动机要工作$(3\sim4)T_H$时间后才会达到最高允许温升 τ_{max}，温升曲线如图5-7中曲线1所示。显然，当 $t=t_g$ 时，温升 τ_g' 低于 τ_{max}，电动机在发热上没有被充分利用。

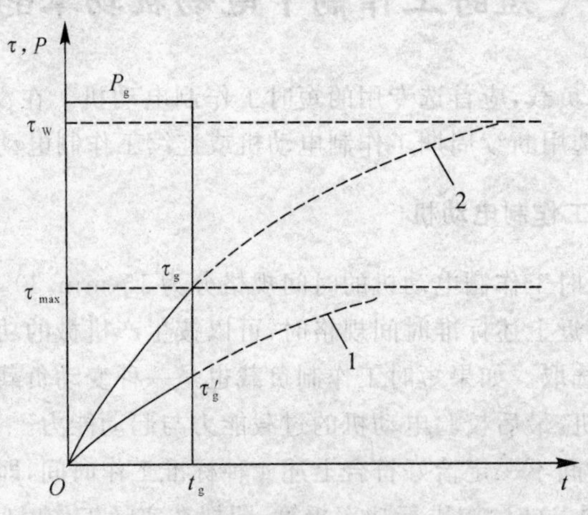

图5-7 短时工作制功率负载图与温升曲线

为此，可选用一台功率较小的电动机，使 $P_N < P_g$，让电动机在工作时间内过载运行(如长期过载运行，则稳定温升 τ_w 会超过 τ_{max}，温升曲线如图5-7中曲线2所示)。这时，如能在 $t=t_g$ 时，使温升 $\tau_g=\tau_{max}$，则电动机在发热上正好得到充分的利用。

可见，选择 P_N 的依据为：在短时工作时间 t_g 内，电动机过载运行所达到的温升恰好等于电动机所允许的最高温升，即 $\tau_g=\tau_{max}$。据此可以求出 P_N 与 P_g 的关系为

$$P_N = P_g\sqrt{\frac{1-e^{-t_g/T_H}}{1+ke^{-t_g/T_H}}} \tag{5-19}$$

式中 $k=p_0/p_{CuN}$，为不变损耗与功率为 P_N 时的可变损耗的比值。式(5-19)就是按发热条件为短时工作负载选择连续工作制电动机时其额定功率的计算公式。

按发热条件选择电动机额定功率后，还须校验电动机过载能力和起动能力。

5.5　断续周期工作制下电动机功率的选择

我国规定的标准负载持续率有 $ZC\%=15\%,25\%,40\%,60\%$ 共 4 种。同一台电动机，在不同 $ZC\%$ 下，其额定输出功率不同，$ZC\%$ 越小，额定功率就越大，即

$$P_{15\%}>P_{25\%}>P_{40\%}>P_{60\%}$$

断续周期工作制电动机功率选择的步骤与连续工作制变动负载下的功率选择是相似的。要经过预选电动机和校验等步骤，一般情况下，应根据生产机械的负载持续率来预选电动机。

当生产机械的实际负载持续率 $ZC_{sj}\%$ 与标准持续率 $ZC\%$ 相等或近似相等时，如果平均负载功率和转速也已知，便可以从产品目录中直接选取，最后校验。

当 $ZC_{sj}\%$ 与 $ZC\%$ 不相等时，就要把 $ZC_{sj}\%$ 下的实际功率 P_{sj} 换算成 $ZC\%$ 下的负载功率 P_g，然后再预选电动机功率和校验发热。换算的原则是在 $ZC_{sj}\%$ 下的损耗与 $ZC\%$ 下的损耗相等，即发热相同。如果 $ZC_{sj}\%$ 与 $ZC\%$ 相近，则功率换算公式可近似为

$$P_g \approx P_{sj}\sqrt{ZC_{sj}\%/ZC\%} \tag{5.20}$$

换算时，应选取与 $ZC_{sj}\%$ 最相近的 $ZC\%$ 值代入上式。计算出 P_g 后，按 P_g 所对应的 $ZC\%$，预选电动机的额定功率 $P_N \geqslant P_g$，则发热校验通过。

当 $ZC_{sj}\%<10\%$ 时，应按短时工作制处理，选用短时工作制电动机；而当 $ZC_{sj}\%>70\%$ 时，则应按连续工作制处理，选用连续工作制电动机。

5.6　电动机类型、额定电压与转速及结构形式的选择

选择电动机时，在确定了其额定功率后，还应根据机械负载的技术要求、工作环境条件、技术经济指标及传动机构的情况，合理地选择电动机的类型、外部结构形式、额定电压和额定转速等。

5.6.1　类型的选择

电动机类型选择的基本原则是在满足负载对过载能力、起动能力、调速性能指标及运行状态等各种要求的前提下，优先选用结构简单、运行可靠、维修方便和价格便宜的电动机。

国内普遍以三相交流电作为动力电源，因此，最简单、经济的办法是选择三相或单相异步电动机来驱动机械负载。

由于笼型异步电动机结构简单、运行可靠、维修方便和价格便宜，因而广泛应用于国民经济和日常生活及工作的各个领域，是生产量最大、应用面最广的电动机。但其本身的起动和调速性能差，功率因数不高。在不要求调速，对起动性能无过高要求的一般机械如机床、水泵、通风机、家用电器和仪器仪表中，都应该优先选用笼型异步电动机。

在要求高起动转矩的机械如空气压缩机、皮带运输机、纺织机中，可选用深槽式或双笼式异步电动机。对于要求有级调速的生产机械，如电梯及某些机床，可采用多速笼型异步电动机。

对于起、制动比较频繁且要求起、制动转矩大，但对调速性能要求不高、调速范围不宽的生

产机械，如起重机、矿井提升机、电梯、锻压机等，可选用绕线型异步电动机。因为可以通过在其转子回路串电阻的方法，限制起动电流，提高起、制动转矩，实现调速。

同步电动机在运行时，可以对电网进行无功补偿，提高功率因数。当负载的功率较大而又无调速要求（如球磨机、破碎机、矿用通风机等）时，可采用同步电动机。

他励或并励直流电动机的调速性能优良，常用于要求调速范围宽、调速平滑、对拖动系统过渡过程有特殊要求的机械，如高精度数控机床、龙门刨床、造纸机、印染机等。

需要强调的是，由于十几年来交流电动机变频调速技术的迅猛发展，高性能交流电动机变频调速系统的性价比已经达到直流电动机调速系统的水平。因此，配以变频调速装置的交流电动机将会广泛应用在调速性能要求高的机械负载上，取代传统的直流电动机。

5.6.2 额定电压的选择

电动机额定电压的选择原则是与供电电网或电源电压保持一致。

一般工厂企业低压电网为 380 V 工频交流电，所以中小型异步电动机都是低压的，额定电压为 380 V/220 V(Y/Δ 接法）或 220 V/380 V(Δ/Y 接法）。当电动机功率较大时，额定电压提高到 3 kV，6 kV 甚至达 10 kV，统称为高压电动机。一般情况下，当电动机额定功率 $P_N <$ 100 kW 时，选用 380 V；当 100 kW $\leqslant P_N <$ 200 kW 时，选用 380 V 或 3 kV；当 200 kW $\leqslant$ $P_N <$1 000 kW 时，选用 6 kV；当 $P_N \geqslant$ 1 000 kW 时，选用 10 kV。

直流电动机的额定电压一般为 110 V，220 V，440 V，大功率电动机可提高到 600 V，800 V，甚至 1 kV。当直流电动机由晶闸管相控整流器供电或脉宽调制变换器供电时，则应根据其可调直流电源的电压选取相应的电压等级。

5.6.3 额定转速的选择

电动机额定转速选择是否合理，关系到电动机的价格和拖动系统的运行效率，甚至关系到生产机械的生产率。因为额定功率相同的电动机，额定转速越高，电动机的体积越小，质量和成本也就越低，所以选用高速电动机比较经济。但由于生产机械对转速有一定的要求，电动机转速越高，传动机构的传动比就越大，导致传动机构复杂，传动效率降低。所以选择电动机的额定转速时，要兼顾传动机构，并从以下几个方面综合考虑。

对于很少起、制动或反转的长期工作制电动机，应从设备的初投资、占地面积和维修费用等方面考虑，就几个不同的额定转速进行比较，最后确定电动机的额定转速。

对于经常处于起、制动及反转状态，过渡过程持续时间对生产率影响较大的电力拖动系统，应主要以过渡过程持续时间最短为条件来选择电动机的额定转速。如果电动机经常工作于起、制动及反转状态，但过渡过程的持续时间对生产率影响不大，此时除应考虑初投资外，还要以过渡过程中能量损耗最小为条件来选择传动比和电动机的额定转速。

5.6.4 外部结构形式的选择

电动机的安装形式有卧式和立式两种。一般情况下用卧式，特殊情况用立式。

电动机的外壳防护形式有开启式、防护式、封闭式及防爆式几种。

开启式电动机的定子两侧与端盖上都有很大的通风口，散热条件很好，价格便宜，但容易进灰尘、水滴、铁屑等，所以只能用于清洁、干燥的环境中。

防护式电动机在机座下面有通风口，散热好，能防止水滴、铁屑等从上方落入电动机内，但不能防止灰尘和潮气侵入。一般在比较干燥、灰尘不多的环境中使用。

封闭式电动机有自扇冷式、他扇冷式和密闭式 3 种。前两种型式的电动机是机座及端盖上均无通风孔，外部空气不能进入电动机内部，可用在潮湿、有腐蚀性气体、灰尘多、易受风雨侵蚀等较恶劣的环境中。密闭式电动机一般用于在液体中工作的机械，如潜水泵电动机等，因为它能阻止外部的气体、液体进入电动机内部，但它价格高，故一般尽量少用。

防爆式电动机适用于有易燃、易爆气体的场所，如油库、煤气站、加油站及矿井等处。

本章习题

1. 一台 35 kW，工作时限为 30 min 的短时工作电动机突然发生故障。现有一台 20 kW 连续工作制电动机，已知其发热时间常数 $T_H = 90$ min，不变损耗与额定可变损耗比 $k = 0.7$，短时过载能力 $\lambda_T = 2$。这台电动机能否临时代用？

2. 需要一台电动机来拖动工作时间 $t_g = 5$ min 的短时工作负载，负载功率 $P_L = 18$ kW，空载起动，现有两台笼型异步电动机可供选用，它们是：

(1) $P_N = 10$ kW，$n_N = 1\ 460$ r/min，$\lambda_T = 2.1$，起动转矩倍数 $K_T = 1.2$；

(2) $P_N = 14$ kW，$n_N = 1\ 460$ r/min，$\lambda_T = 1.8$，起动转矩倍数 $K_T = 1.2$；

如果温升都无问题，试校验起动能力和过载能力，以确定哪一台电动机可以使用(校验时考虑到电网电压可能降低 10%)。

第6章 电力电子技术与现代交直流调速简介

二十几年来，以高性能交直流调速系统为主的现代电力拖动系统在技术上发展很快，应用范围日趋广泛。这在很大程度上得益于现代电力电子技术的迅速发展：其新型元器件、电路和装置不断涌现。实际上，现代电力拖动系统与电力电子技术这两者在技术上已经密不可分，相互促进。因此，本章首先简述现代电力电子技术的若干基本内容(但不包括在"电子技术"课程中已经学过的"可控整流电路" 及其相关内容)，然后介绍它们在现代交直流调速系统中的典型应用，包括异步电动机调压调速、异步电动机变频调速、直流电动机PWM调速等，最后介绍无刷直流电动机及其调速系统。限于学时和篇幅，只介绍这些调速系统中主电路的工作原理。

电子技术包括信息电子技术和电力电子技术两大分支。通常所说的模拟电子技术和数字电子技术都属于信息电子技术。电力电子技术是应用于电力领域的电子技术。具体地说，就是使用电力电子器件对电能尤其是较大的电功率进行变换和控制的技术。目前所用的电力电子器件均用半导体制成，故也称电力半导体器件或功率半导体器件。电力电子技术所变换的"电力"，功率可以大到数百兆瓦甚至吉瓦，也可以小到数瓦甚至1 W以下。信息电子技术主要应用于信息处理，而电力电子技术则主要用于电力变换。由于"电力" 按照其形式一般分为直流和交流两种，所以电力变换通常可分为 4 大类，即交流变直流、直流变交流、直流变直流和交流变交流。交流变直流称为整流，直流变交流称为逆变。直流变直流是指一种电压(或电流)的直流，变为另一种电压(或电流) 的直流，可用直流斩波电路实现。交流变交流可以是电压或电力的变换，称为交流电力控制，也可以是频率或相数的变换。进行上述电力变换的技术称为变流技术。它包括用电力电子器件构成各种电力变换电路和对这些电路进行控制的技术，以及由这些电路构成电力电子装置和电力电子系统的技术。

6.1 电力电子器件简介

电力电子器件具有弱电控制、强电输出(即用小功率输入信号控制大功率电力输出) 的特点。依据其弱电对强电通断的控制能力可分为 3 类：

(1) 不可控器件。这类器件通常是二端器件，除改变加在器件两端间电压极性外，无法控制其开通和关断，如整流二极管等。

(2) 半控型器件。这类器件通常为三端器件，通过控制信号能够控制其开通而不能控制其关断。普通晶闸管 (Sillicon Controlled Rectifer，SCR)及其派生器件属于这一类。

(3)全控型器件。这类器件也是三端器件，通过控制信号既可控制其开通又能控制其关断，所以也称之为自关断器件。这类器件主要有电力晶体管(Giant Transistor，GTR)，可关断晶闸管(Gate Turn-Off Thyristor，GTO)，电力场效应晶体管(Vertical Double-diffused MOSFET，VDMOS)，绝缘栅双极型晶体管(Insulated Gate Bipolar Transistor，IGBT)，MOS控制晶闸管(MOS Controlled Thyristor，MCT)和新型器件集成门极换流晶闸管(Intgegrated

Gate Commutated Thyristor，IGCT）与注入增强栅晶体管（Injection Enhangcement Gate Transistor，IEGT）等。

另外，也可根据控制信号的形式将电力电子器件分为如下 2 类：

（1）电流控制型，SCR，GTR，GTO 和 IGCT 等。

（2）电压控制型，VDMOS，IGBT，MCT 和 IEGT 等。

上述电力电子器件中，电力晶体管与普通晶体管的原理、结构及性能比较相似，在“电子技术”课程中已经学过普通晶体管和普通晶闸管，因此，本节不再介绍电力晶体管与普通晶闸管。

6.1.1　可关断晶闸管(GTO)

可关断晶闸管又称门极（即控制极）关断晶闸管，简称 GTO。它是一种四层三端半导体元件，但与普通晶闸管在结构和工艺上有所不同。图 6.1 是它的图形符号。它的伏安特性与普通晶闸管相同，因而具有普通晶闸管的全部特性，同时又有自己独特的优点，即：用控制极信号既可以控制其导通，又可以控制其关断。当控制极加正脉冲时导通，当控制极加负脉冲时则关断，因而属于全控型器件。与 SCR 相比，GTO 的控制方法简单，控制功率小，而且 GTO 的关断时间比 SCR 短，故工作频率高。小容量 GTO 的工作频率可达 100 kHz 以上。所以，它是一种较理想的直流开关元件，常用在斩波器和各种逆变电路中，简化了它们的主电路，省去了其中复杂的换流电路，减少了故障率，从而提高了电路的可靠性。

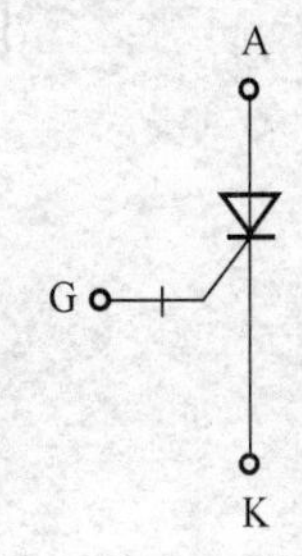

图 6.1　可关断晶闸管的图形符号

6.1.2　双向晶闸管(Triode AC Switch，TRIAC)

双向晶闸管具有 NPNPN 五层结构，其基本结构如图 6.2(a) 所示。它的外形与普通晶闸管相似，也有 3 个电极，分别称为第一阳极 A_1（相当于普通晶闸管的阳极），第二阳极 A_2（相当于普通晶闸管的阴极）与控制极 G。图 6.2(b) 是双向晶闸管的图形符号。无论从结构还是从特性方面看，双向晶闸管都可以看成一对反向并联的普通晶闸管，其等效电路如图 6.2(c) 所示。

从图 6.2(a) 可以看出：双向晶闸管的 3 个电极 A_1，A_2 和 G 都同时跨在硅片的 P 型区和 N 型区上。因此，双向晶闸管具有如下的导电特性：在两个阳极 A_1 与 A_2 之间所加的电压无论是正向电压（A_1 的电位高于 A_2 的电位）还是反向电压（A_1 的电位低于 A_2 的电位），在控制极上所加的触发脉冲无论是正脉冲（G 的电位高于 A_2 的电位）还是负脉冲（G 的电位低于 A_2 的电位），均能够使它正向导通或反向导通。因此不难推知，双向晶闸管共有 4 种触发方式：

（1）A_1 与 A_2 间加正向电压，G 和 A_2 间加正脉冲；

（2）A_1 与 A_2 间加正向电压，G 与 A_2 间加负脉冲；

（3）A_1 与 A_2 间加反向电压，G 与 A_2 间加正脉冲；

（4）A_1 与 A_2 间加反向电压，G 与 A_2 间加负脉冲。

前两种触发方式会使双向晶闸管正向导通，即电流从 A_1 流向 A_2，而后两种触发方式则会使它反向导通，电流从 A_2 流向 A_1。这四种触发方式的灵敏度各不相同，在实际应用时一般只在第(1) 第(4) 或第(2) 与第(4) 种方式中任选一组。

双向晶闸管常用于交流电路，因而其额定电流不用平均值而用有效值来表示。例如，1 个

200 A 的双向晶闸管,其电流最大值为 $200\sqrt{2}$ A ≈ 283 A,平均值为 283/π ≈ 90 A,可见,1 个 200 A(有效值) 的双向晶闸管可以代替 2 个 90 A(平均值) 的普通晶闸管。

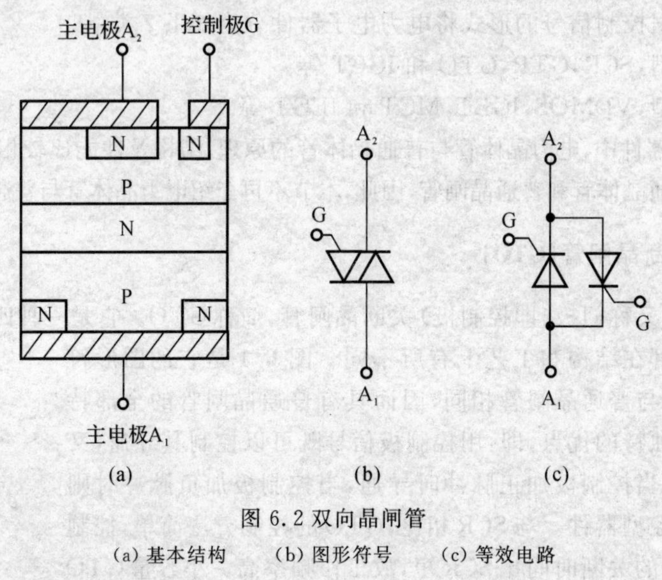

图 6.2 双向晶闸管

(a) 基本结构　(b) 图形符号　(c) 等效电路

6.1.3 电力场效应晶体管(VDMOS,Power MOSFET)

电力场效应晶体管的工作原理与普通的小功率绝缘栅型 MOSFET 相似,只是在早期 MOS 工艺的基础上作了不少重大改进,使之可以通过大电流和承受高电压。在结构上,电力场效应晶体管以 N 沟道增强型为主,它与小功率绝缘栅型 MOS 管的主要区别是:小功率绝缘型 MOS 管是由一次扩散形成的器件,其栅极 G、源极 S 和漏极 D 位于芯片同一侧,导电沟道平行于芯片表面,是横向导电器件,很难制成大功率管。电力场效应晶体管是由两次扩散形成的器件,一般 100 V 以下的器件是横向导电的,称为横向双扩散(Lateral Double Diffused)器件,简称 LDMOS。这种器件的漏极和源极位于芯片的同一个表面上,而电压较高的器件制成垂直导电型的,称为垂直双扩散(Virtical Double Diffused)器件,简称 VDMOS。这种器件把漏极移到芯片的另一个表面上,使从漏极到源极的电流垂直于芯片表面流过,因而可承受较大的电流和较高的电压。

N 沟道增强型 VDMOS 的等效电路与图形符号分别如图 6.3(a)和(b)所示。其中的二极管是由 VDMOS 结构本身形成的寄生二极管。由于它的存在,使得 VDMOS 无反向阻断能力,亦即具有逆导特性,当漏极与源极间加反向电压时器件必定导通。这一点在使用时应加以注意。

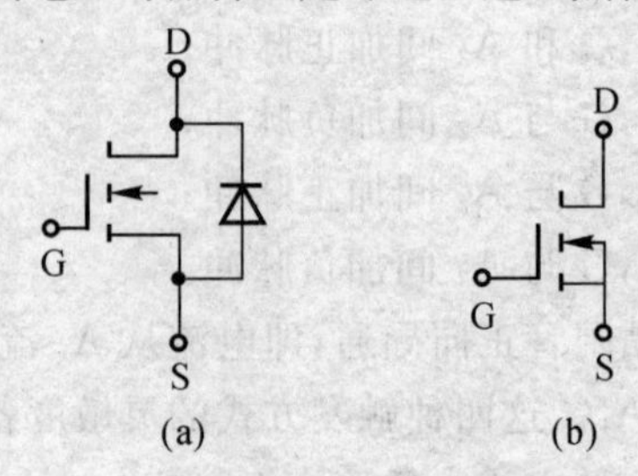

图 6.3　VDMOS 的等效电路与图形符号

(a) 等效电路;　(b) 图形符号

6.1.4　绝缘栅双极型晶体管(IGBT)

绝缘栅双极型晶体管IGBT是由双极型电力晶体管和绝缘栅MOSFET构成的新型复合器件。MOSFET是单极型电压控制器件，具有驱动功率小、开关速度快、输入阻抗高、热稳定性好和控制简单的优点，但却存在导通压降大和载流密度小的缺点。电力晶体管GTR是双极型电流控制器件，其特点是饱和压降低和载流密度大，但存在驱动功率较大、开关速度不高和控制电路复杂等缺点。IGBT在结构上以MOSFET为输入极，以GTR为输出极，于是便综合了这两种器件的优点。

IGBT的符号如图6.4(a)所示。它是由许多元胞集成的。每个元胞的简化等效电路如图6.4(b)所示。IGBT的输入特性和N沟道增强型MOS管的转移特性相似，输出特性和三极管的输出特性相似。不同的是，IGBT的集电极电流I_C是受栅-射间电压U_{GE}控制的。所以，IGBT是一种电压控制器件(也称为场控器件)，它的驱动原理和MOSFET很相似。它的开通和关断由U_{GE}决定，当U_{GE}为正并且$U_{GE}>U_{GE(th)}$(开启电压)时，MOS管形成导电沟道，并为PNP三极管提供基极电流，进而使IGBT导通。当栅、射极间开路或加反向电压时，MOS管内导电沟道消失，三极管的基极电流被切断，IGBT即关断。

IGBT是目前电压控制型器件的主流。由IGBT派生出的器件主要有IEGT和新型的MCT结构。

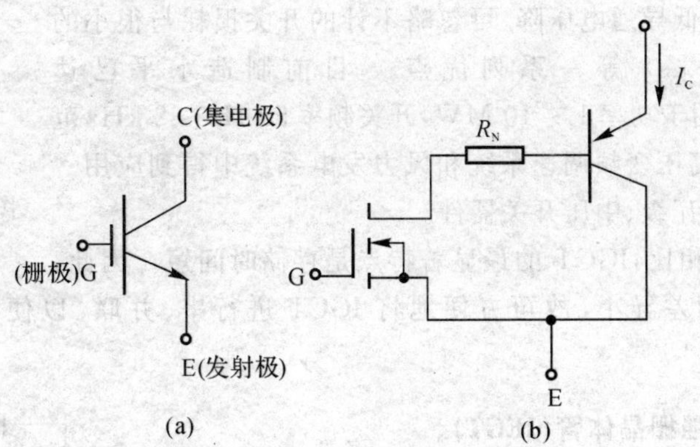

图6.4 绝缘栅双极性晶体管IGBT

(a) 图形符号；(b) 等效电路

6.1.5　MOS控制晶闸管(MCT)

MOS控制晶闸管(MCT)是用SCR与MOSFET复合而成的新型全控型器件，其输入侧是MOSFET结构，输出侧为SCR结构。因此兼有MOSFET的高输入阻抗、低驱动功率和开关速度快以及SCR耐压高、电流容量大的优点。同时，它又克服了SCR不能自关断和MOSFET通态压降大的缺点。MCT分为P—MCT和N—MCT两种。图6.5(a)，(b)分别为P—MCT和N—MCT的符号。对P—MCT而言，当栅极相对于阳极加一负触发脉冲时，它就导通。当栅极与阳极之间加一正触发脉冲时，它便关断。N—MCT与P—MCT相反，是用正脉冲使其导通，用负脉冲使其关断。

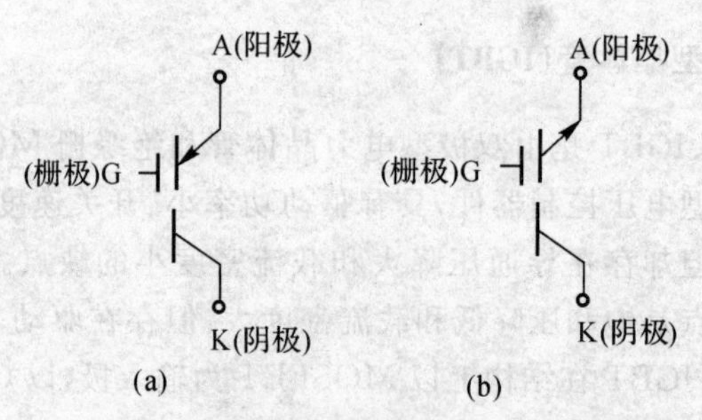

图 6.5　MOS控制晶闸管 MCT 的符号

(a)P－MCT；(b)N－MCT

6.1.6　集成门极换流晶闸管(IGCT)

IGCT是在IGBT和GTO成熟技术的基础上,于20世纪90年代后期才问世的一种新型功率开关器件。它将GTO芯片与反并联二极管和门极驱动电路集成在一起,再与门极驱动器在外围以低感方式连接。IGCT的图形符号如图6.6所示。从图中可以看出,左侧为GTO,右侧为反并联的续流二极管。

IGCT结合了IGBT与GTO的优点,容量与GTO相当,具有高阻断电压、大导通电流、低导通电压降、可忽略不计的开关损耗与很小的关断时间(小于 3 μs)等一系列优点。目前制造水平已达6.5 kV/4.2 kA,适用于功率1～10 MW,开关频率50 Hz～2 kHz范围的应用场合,已在高压变频调速系统和风力发电系统中得到应用。这是一种较理想的兆瓦级、中压开关器件。

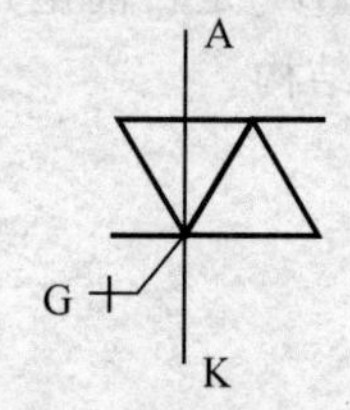

图 6.6　IGCT 的符号

与标准的GTO相比,IGCT的最显著特点是存储时间短。因此,器件之间关断时间的差异小,故可方便地将IGCT进行串、并联,以便应用于更大功率的场合。

6.1.7　注入增强栅晶体管(IEGT)

IEGT是在IGBT结构的基础上开发的一种新型复合器件。其符号如图6.7所示,它对外共引出3个端子,分别称为集电极C、发射极E和栅极G。它兼有IGBT和GTO两者之所长:具有低饱和压降,宽安全工作区,低栅极驱动功率(比GTO低两个数量级)和较高的工作频率,因而更适合在高电压、大功率、高频率的变频装置中应用。

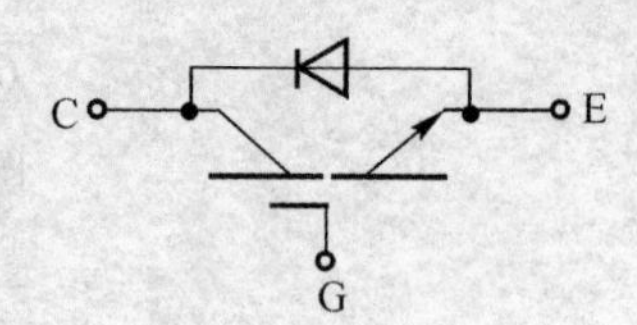

图 6.7　IEGT 的符号

【思考题】

1. 试说明GTO,VDMOS,IGBT,MCT,IGCT和IEGT各自的性能特点。
2. 与普通晶闸管相比,双向晶闸管一般应用在什么场合?

6.2　交流调压器与异步电动机调压调速

6.2.1　交流调压器

用电力电子器件组成的交流调压器，可以方便地调节输出交流电压，在电炉温控、灯光调节、异步电动机的起动和调速等场合应用较广。与常规的调压变压器相比，交流调压器的体积和质量都要小得多。交流调压器的输出仍是交流电压，但不是正弦波形，其谐波分量较大，功率因数也较低。

交流调压器的控制方法是采用电力电子开关器件来控制交流电源和负载的接通与断开，通常有两种方式：

1. 通断控制

即将负载与交流电源接通几个周期，然后再断开若干周期，通过改变通断时间之比来达到调压的目的。这种控制方式电路简单，功率因数高，适用于有较大时间常数的负载，缺点是输出电压或功率调节不平滑。

2. 相位控制

它是使开关器件在电源电压的每个周期内的某个选定时刻将负载与电源接通，改变选定的时刻即可达到调压的目的。

在交流调压器中，相位控制应用较多，下面介绍以普通晶闸管为开关器件，采用相位控制的单相交流调压器的工作原理。

由晶闸管组成的单相交流调压器如图 6.8(a) 所示(图中未画出触发电路)，两个晶闸管反并联后串接于电路中，两组独立的触发脉冲分别作用于晶闸管 T_1 和 T_2 的控制极。在交流电源电压 u 的正半周使 T_2 触发导通，负载中有正半周电流通过。当 u 下降过零时，T_2 自行关断。在 u 的负半周使 T_1 触发导通，负载中有负半周电流通过。因此，在 u 交变时，依次交替触发 T_1 和 T_2，就会有正负交变的电流通过负载 R_L，R_L 上的电压波形如图 6.8(b) 所示。

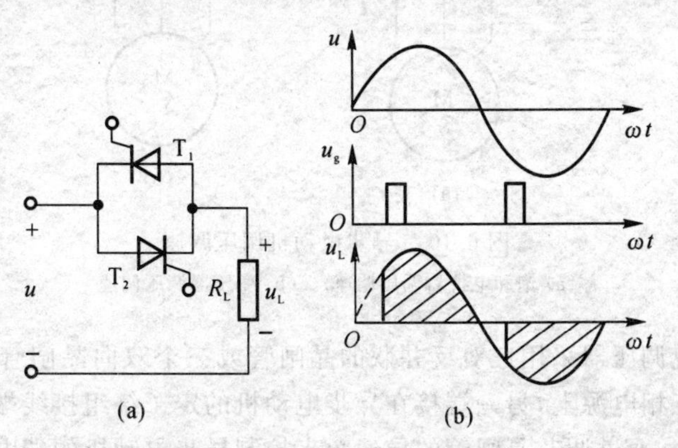

图 6.8　晶闸管单相交流调压器

图 6.9 所示是另一种交流调压器，其中只用一个晶闸管，跨接在由 4 个二极管组成的电桥的对角线上。晶闸管不承受反向电压，在电源电压的正、负半周都应将它触发导通，由于晶闸管在正、负半周都要导通，所以这种交流调压器的负载能力要低一些。双向晶闸管可以代替两

个反向并联的普通晶闸管，所以双向晶闸管常被用在交流调压器、可逆直流调速电路及交流开关电路中，使电路结构得以简化。由于它只有一个控制极(两个普通晶闸管有两个控制极)，而且无论是正脉冲还是负脉冲都能触发导通，所以触发电路的设计也比较灵活。

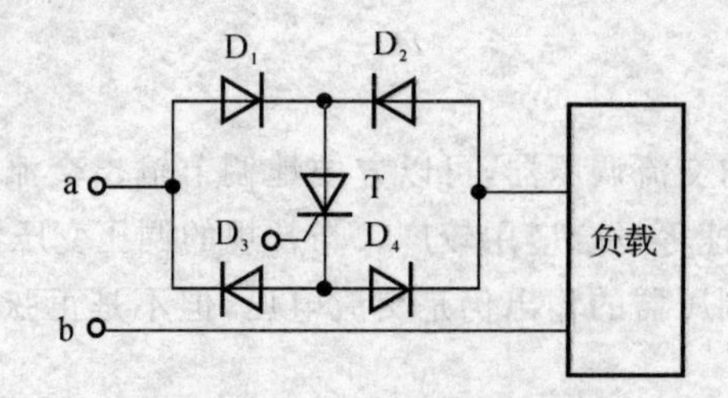

图 6.9　只用一个晶闸管的单相交流调压器

6.2.2　采用交流调压器的异步电动机调压调速系统

交流调压调速是一种比较简单的调速方法。过去通常采用在异步电动机定子绕组中串入饱和电抗器以及在定子侧加调压变压器的方法实现调速(见图 6.10)。饱和电抗器是带有直流励磁绕组的交流电抗器，改变直流励磁电流可以控制铁芯的饱和程度，从而改变交流电抗值。铁芯饱和时，交流电抗很小，因而电动机定子电压较高；铁芯不饱和时，交流电抗较大，因而定子电压降低，实现降压调速。饱和电抗器和调压变压器体积大，非常笨重，且动态特性差，所以现在一般都采用晶闸管调压器。

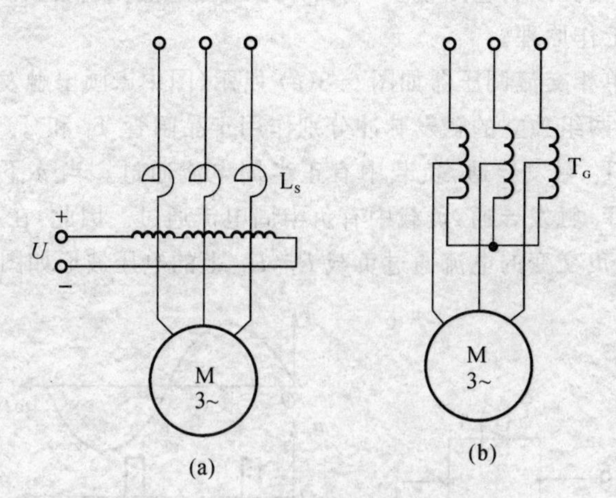

图 6.10　异步电动机调压调速

(a) 饱和电抗器调压调速；(b) 变压器调压调速

晶闸管三相交流调压器采用三对反并联的晶闸管或三个双向晶闸管，它们的阳极和阴极中的一端分别接在三相电源上，另一端接在异步电动机的定子绕组接线端，控制极接到触发电路的触发脉冲输出端，通过调节晶闸管的导通角来控制异步电动机的端电压，从而达到调速的目的。从第 3 章介绍的异步电动机调速的内容可知，笼型异步电动机改变电压调速时调速范围很窄，而绕线型异步电动机虽然调速范围可以大一些，但其机械特性较软，负载变化时静差率又太大，所以一般采用开环调速很难满足要求。为此常采用转速负反馈组成闭环调压调速系统，其基本结构如图 6.11 所示。

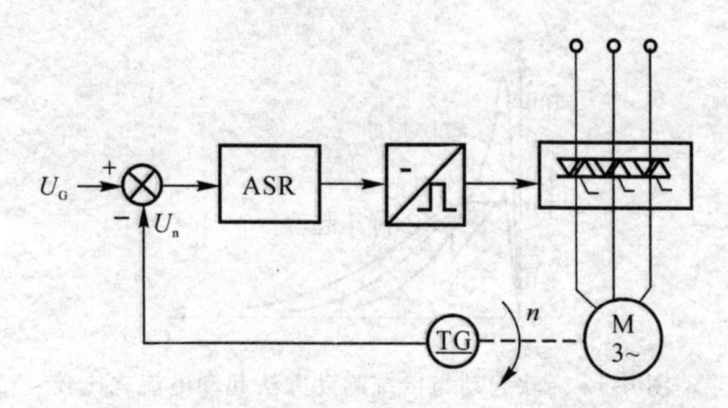

图 6.11　采用转速负反馈的晶闸管闭环调压调速系统

当系统工作时，首先由速度给定器送出给定信号 U_G，其大小和极性决定了电动机的转速和转向。给定信号 U_G 与测速电机反馈信号 U_n 的差值送至速度调节器 ASR，速度调节器的输出送至晶闸管触发装置，使之输出有一定相移（相移大小与 ASR 输出相对应）的触发脉冲，晶闸管调压装置则输出与相移大小相对应的电压，使电动机的转速与速度给定值相适应。

当系统的实际转速由于某种原因低于要求的数值时，测速发电机的输出电压下降，速度调节器的输入和输出增大，迫使晶闸管调压装置的输出电压上升，转速升高并稳定在一定的数值上。反之，如果电动机的转速由于某种原因高于所要求的数值，速度调节器输出减小，晶闸管调压装置的输出电压下降，从而使电动机转速下降。这样，只要速度给定器的给定信号 U_G 保持不变，电动机的转速也就基本上保持不变。

晶闸管调压调速系统具有线路简单、体积小、价格低的优点。其缺点为转差功率消耗在转子电路中，低速运行时电动机发热严重，效率较低。这种调速系统通常用在通风机、纺织机和造纸机等调速装置上。

6.2.3　三相笼型异步电动机的软起动

由第 3 章介绍的普通笼型异步电动机减压起动内容可知，用传统方法减压起动时，虽然减小了异步电动机的起动电流，但由于它们对电动机定子电压的调节是不连续的，故存在着以下问题：

(1) 通常是靠接触器来切换电压以达到减压的目的，所以无法从根本上解决起动瞬时电流尖峰的冲击。

(2) 起动转矩不可调，起动中存在着二次冲击电流，对负载产生冲击转矩，使得起动过程不平滑。

(3) 由于在起动过程中，接触器是带负载切换的，因而易造成接触器触点的拉弧损坏。

在要求电动机频繁起、制动的场合，希望电动机具有比较好的起动性能，如快速起动的同时减小冲击电流、起动的平滑性良好等。此时可采用根据交流调压器原理制成的软起动器。其优越的起动性能很好地解决了传统起动方式中存在的不足，采用软起动器与传统的起动方式，两者起动电流的特性如图 6.12 所示。

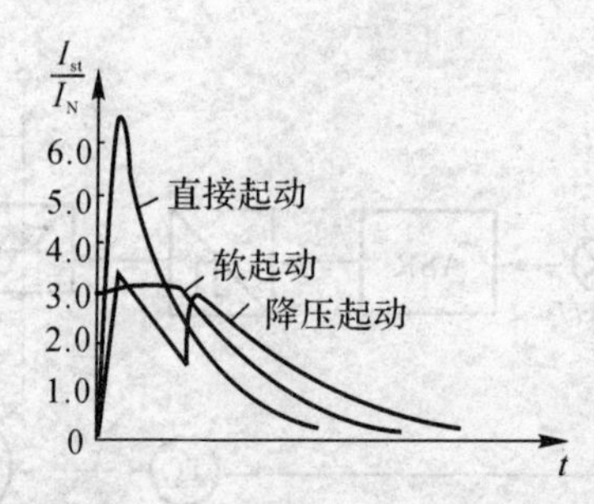

图 6.12　软起动与传统起动方法起动电流之比较

6.2.3.1　软起动器的控制方式

根据软起动器的电压或电流设定，主要有以下几种控制方式。

1. 限流起动

限流起动时，首先使软起动器输出的电压迅速增加，直到输出电流达到限定值，然后保持输出电流不变，电压逐步升高，使电动机转速升高，当达到额定电压和额定转速时，输出电流迅速下降到额定电流，起动过程完成。这种起动方式的特点是起动电流比较小，且可以根据实际负载情况调整起动电流限幅值，对电网的影响小。

2. 斜坡电压起动

斜坡电压起动时，首先使软起动器的电压快速升到软起动器输出的初始电压，该电压对应电动机起动所需要的最小转矩，然后按照设定的速率使电压逐渐上升，转速随着电压的上升而不断升高，达到额定电压和额定转速时，起动过程完毕。加速斜坡时间在一定范围内可调，不同的产品，加速斜坡的时间略有不同。由于在起动过程中没有限流，所以这种起动方式的起动电流相对较大，有可能引起晶闸管损坏，但起动时间相对较短。

3. 斜坡电流起动

斜坡电流起动时，首先使起动电流随时间按预定规律变化，然后保持电流恒定，直至起动结束。在起动过程中，电流变化率按电动机负载的具体情况进行调整，电流变化率越大，则起动转矩越大，起动时间越短。目前，这种起动方式应用最多，尤其是在电动机带风机和泵类负载的场合。

4. 脉冲冲击起动

脉冲冲击起动时，首先使晶闸管在较短的时间内以较大的电流导通一段时间后再回落，按照原设定值线性上升，然后进行恒电流起动。这种方式适用于需要克服较大静摩擦转矩的起动场合。

6.2.3.2　软起动器的系统结构与工作原理

图 6.13 所示为一种电子式软起动器的系统结构框图，主要包括控制单元和功率单元(主电路)两部分。主电路一般用 3 个双向晶闸管或 3 对反并联的晶闸管组成交流调压器，控制单元由控制电路、同步电路、检测电路等部分组成。电路中的微处理器可以是各种单片机、数字信号处理器等。

工作原理：在起动过程中，首先由设定曲线单元设计所希望的电压和电流或转矩的目标参考值(即目标函数),电压、电流检测电路检测其实际值,将实际值与设定的目标参考值比较而得到偏差,利用偏差的大小来调节软起动控制器的输出控制电压,由移相角控制单元将控制电压转换成有一定相移的触发脉冲,去触发主电路中的晶闸管,从而控制电动机定子电压,确保起动过程中电压和电流按照设定的目标函数变化,直至起动过程结束,然后将软起动器切除。电动机在额定电压下稳定运行。为了确保触发脉冲和电网电压同步,需由同步电路提供移相角的参考值。在起动过程中,电动机的保护由微处理器和电压、电流检测单元完成。

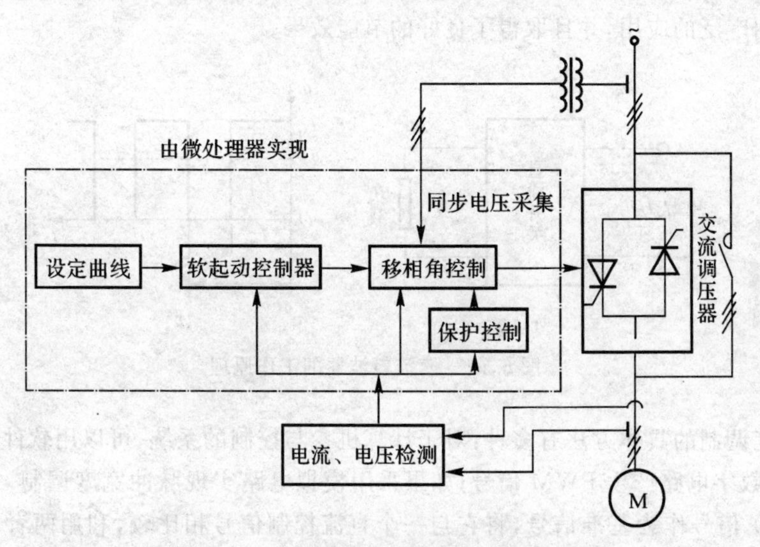

图 6.13　一种电子式软起动器的系统结构框图

【思考题】

1. 在相位控制的交流调压器主电路中采用双向晶闸管有何好处?
2. 试述采用转速负反馈闭环控制的晶闸管交流调压调速系统的工作原理。
3. 试说明软起动的基本思想。

6.3　直流斩波器与直流电动机 PWM 调速

上述交流调压器可以实现交流电压的调节,在“电子技术”课程中学过的可控整流电路可以实现对输出直流电压的调节。但是,采用相位控制的可控整流也存在一些缺点,其中主要是电网侧功率因数低和电流的谐波分量大(当控制角 α 较大时尤甚),构成了所谓的“电力公害”,影响邻近用电设备的正常运行。因此,随着全控型电力电子器件的发展,要获得可调节的直流电压,越来越多地采用不可控整流加直流斩波器的方案来取代相位控制的可控整流电路。

6.3.1　直流斩波器

所谓直流斩波器,就是接在恒定直流电源与负载电路之间,将直流电源电压断续加在负载上,用以改变加到负载电路上的直流电压平均值的一种装置。如图 6.14(a) 所示。其中的直流开关(开关管)可用全控型电力电子器件实现。

它的波形如图 6.14(b) 所示。其中 t_{on} 为直流开关导通的时间,T 为通断周期。从图中可以看出,斩波器将一系列幅度等于电源电压的矩形电压脉冲加到负载电路。负载电压的平均值 U_d 低于电源电压 U_i。为了调节 U_d 的大小,一般采用保持通断周期 T 不变而改变导通时间即矩形电压脉冲宽度 t_{on} 的方法,这种定频调宽的调节方法称为脉冲宽度调制(PWM) 法。在开关电源、直流电动机的调速、交流发电机的励磁、蓄电池的充电以及电火花加工等场合,这种斩波器已得到广泛的应用,并且取得了良好的节能效果。

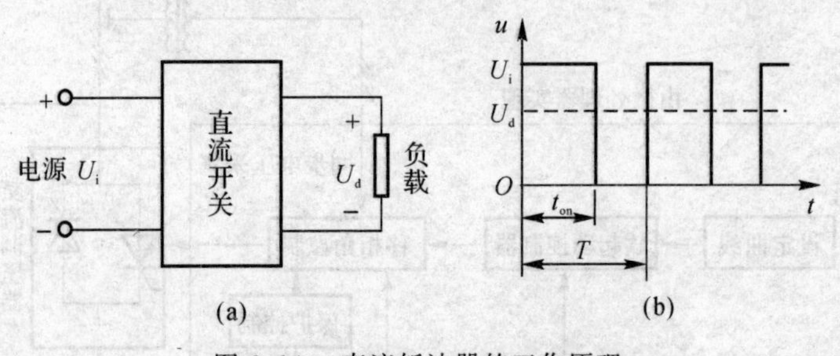

图 6.14　直流斩波器的工作原理

脉冲宽度调制的具体方法有多种:对于计算机参与控制的系统,可以用软件产生 PWM 信号;也可以用数字电路产生 PWM 信号;如果采用模拟电路实现脉冲宽度调制,一般是用锯齿波(或三角波) 信号作为基准信号,将它与一个直流控制信号相比较,利用两者相等的时刻来控制脉冲宽度,采用这种方法,脉冲的周期与锯齿波的周期相同,脉冲宽度则与直流控制信号的幅度成正比。市场上有专用集成 PWM 控制器,如 SG1525,MC34063,TL494 等。这些芯片有的将 PWM 控制器、开关管驱动电路和保护电路集成在一起,具有可靠性高、使用方便等优点。由于 PWM 法应用很广泛,近年来生产的不少通用的数字信号处理器和单片机芯片也增加了产生 PWM 信号的功能。

6.3.2　脉宽调制变换器

直流电动机 PWM 调速系统是一种性能优良的调压调速系统,其主电路采用脉宽调制式变换器,简称 PWM 变换器。它就是采用脉冲宽度调制法的一种直流斩波器。这种调速方法最早是用在直流供电的电动车辆和机车中,取代电枢回路串电阻调速,获得了显著的节能效果。但由于存在某些缺点,未能在工业中得以推广。随着全控型电力电子器件的问世和迅速发展,才使得这种 PWM 调速系统不断发展和完善。在中、小功率的系统中,它已经基本取代了原来占据统治地位的晶闸管相控整流调速系统。随着器件的发展,它的应用领域必将日益扩大。

PWM 变换器有可逆和不可逆两类,可逆变换器又有 H 型、T 型等不同电路。下面仅介绍简单的不可逆 PWM 变换器和双极式 H 型 PWM 变换器。

6.3.2.1　简单不可逆 PWM 变换器

图 6.15 所示是这种变换器的主电路原理图,电源电压 U_s 一般由不可控整流电源提供,采用大电容 C 滤波,二极管 D 在晶体管 T 关断时为直流电动机的电枢回路提供释放电感储能的

续流回路。

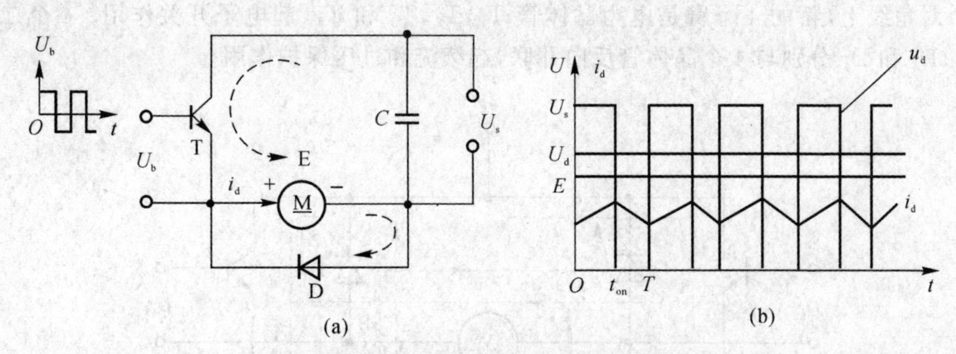

图 6.15　简单不可逆 PWM 变换器

(a) 主电路原理图；(b) 电压和电流波形

电力晶体管 T 的基极由脉宽可调的脉冲电压 U_b 驱动。在一个开关周期内，当 $0 \leqslant t \leqslant t_{on}$ 时，U_b 为正，T 饱和导通，电源电压经 T 加到电动机的电枢两端。当 $t_{on} \leqslant t < T$ 时，U_b 为负，T 截止，电枢失去电源，经二极管 D 续流（释放电枢回路中电感上的储能）。电动机电枢两端得到的平均电压为

$$U_d = \frac{t_{on}}{T} U_s = \rho U_s = \delta U_s \tag{6.1}$$

式中，ρ 称为 PWM 波形的占空比（$0 \leqslant \rho \leqslant 1$）；$\delta = U_d / U_s$，称为 PWM 电压系数，此处 $0 \leqslant \delta \leqslant 1$，改变 δ 即可改变 U_d，实现调压调速。

图 6.15(b) 中绘出了稳态时电枢的脉冲端电压 u_d 与电枢平均电压 U_d 及电枢电流 i_d 的波形。由图可见，稳态电流 i_d 是脉动的。

由于晶体管 T 在一个周期内具有开和关两种状态，电路电压的平衡方程式也分为两个，在 $0 \leqslant t < t_{on}$ 期间

$$U_s = R i_d + L \frac{d i_d}{dt} + E \tag{6.2}$$

在 $t_{on} \leqslant t < T$ 期间

$$0 = R i_d + L \frac{d i_d}{dt} + E \tag{6.3}$$

式中　R—— 电枢电路的电阻；

L—— 电枢电路的电感；

E—— 电动机的反电动势。

当开关频率较高又有足够的电枢电感 L 时，尽管电枢的端电压 u_d 是脉冲电压，但电枢的稳态电流 i_d 脉动的幅度不大，再影响到转速 n 和反电动势 E 的波动就更小了。

6.3.2.2　双极式可逆 PWM 变换器

采用不可逆 PWM 变换器的直流电动机调速系统无法实现电动机的反转。要使电动机能够可逆运行，就必须采用可逆 PWM 变换器。其主电路的结构型式有 H 型、T 型等，下面只介绍常用的 H 型变换器。

H 型变换器的主电路如图 6.16 所示。它接成桥式，直流电源 U_s 和电动机 M 分别接到桥的两个对角线上，桥的 4 个臂是电力晶体管 T_1，T_2，T_3 和 T_4，起电子开关作用。4 个二极管 D_1，D_2，D_3 和 D_4 分别与 4 个晶体管反向并联，起续流和过压保护作用。

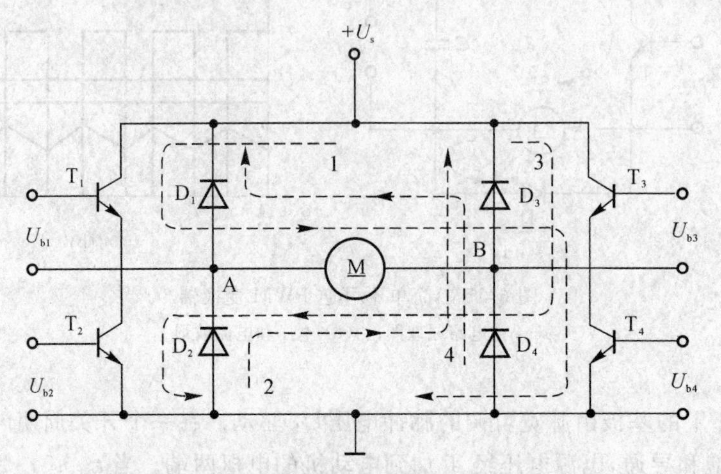

图 6.16　双极式 H 型 PWM 变换器主电路

根据加在 4 个晶体管基-射极间驱动信号的不同，H 型变换器可分为双极式、单极式和受限单极式 3 种工作制。在双极式工作制下，4 个电力晶体管分为两组，T_1 和 T_4 为一组，T_2 和 T_3 为另一组。每组的两个管子同时导通和关断，而两组之间则交替导通和关断。为此，所加驱动电压满足 $U_{b1}=U_{b4}$，而 $U_{b2}=U_{b3}=-U_{b1}$，它们的波形如图 6.17 所示。

在一个开关周期内，当 $0\leqslant t\leqslant t_{on}$ 时，U_{b1} 和 U_{b4} 为正，T_1 与 T_4 饱和导通；而 U_{b2} 和 U_{b3} 为负，T_2 与 T_3 截止，$+U_s$ 加在电枢 AB 两端，$U_{AB}=U_s$，电枢电流 i_d 沿回路 1 流通。当 $t_{on}\leqslant t<T$ 时，U_{b1} 和 U_{b4} 变为负，T_1 和 T_4 截止；U_{b2}，U_{b3} 变为正，但 T_2 和 T_3 并不能立即导通，因为在电枢电感释放储能的作用下，i_d 沿回路 2 经 D_2 和 D_3 续流，在 D_2，D_3 上的压降使 T_2 和 T_3 的集-射极间承受反压，这时，$U_{AB}=-U_s$。U_{AB} 在一个周期内正负相间，这是双极式 PWM 变换器的特征，其电压和电流波形如图 6.17 所示。

由于电压 U_{AB} 的正、负变化，使电流波形存在两种情况，如图 6.17 中的 i_{d1} 和 i_{d2}。i_{d1} 相当于电动机负载较重的情况，这时平均负载电流大，在续流阶段电流仍维持正方向，电机始终工作在机械特性的第 Ⅰ 象限，亦即运行于正向电动状态。图中的 i_{d2} 对应于负载很轻的情况，平均电流很小，在续流阶段电流迅速衰减到零，于是 T_2 和 T_3 的集-射极两端失去反压，在负的电源电压（$-U_s$）和电枢反电动势的合成作用下导通（$E>U_s$），电枢电流反向，沿回路 3 流通，电机运行于正向制动状态，亦即工作于机械特性的第 Ⅱ 象限。与此相仿，在 $0\leqslant t<t_{on}$ 期间，当负载较轻时，电流也有一次倒向。

电枢两端平均电压 U_d 的正负由正、负脉冲电压的宽窄决定。当正脉冲较宽时，$t_{on}>T/2$，则电枢两端的平均电压为正，在电动运行时电动机正转。当正脉冲较窄时，$t_{on}<T/2$，平均电压为负，电动机反转。如果正、负脉冲宽度相等，$t_{on}=T/2$，平均电压为零，则电动机停止。图 6.17 所示的电压与电流波形都是电动机正转时的情况。对于电动机反转时的波形，请读者自行画出。

双极式可逆 PWM 变换器电枢平均端电压用公式表示为

$$U_d = \frac{t_{on}}{T}U_s - \frac{T - t_{on}}{T}U_s = \left(\frac{2t_{on}}{T} - 1\right)U_s = \delta U_s \tag{6.4}$$

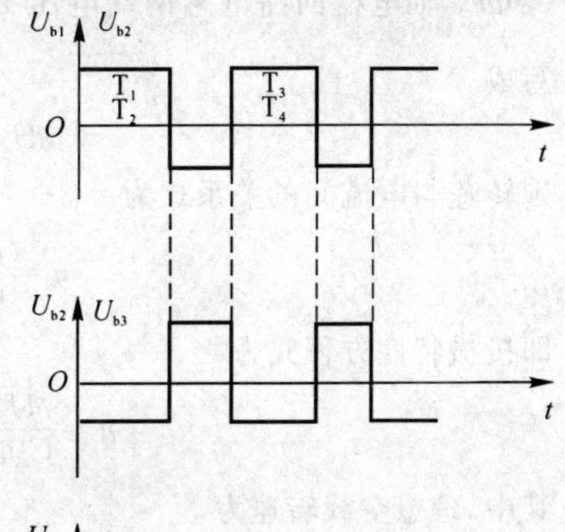

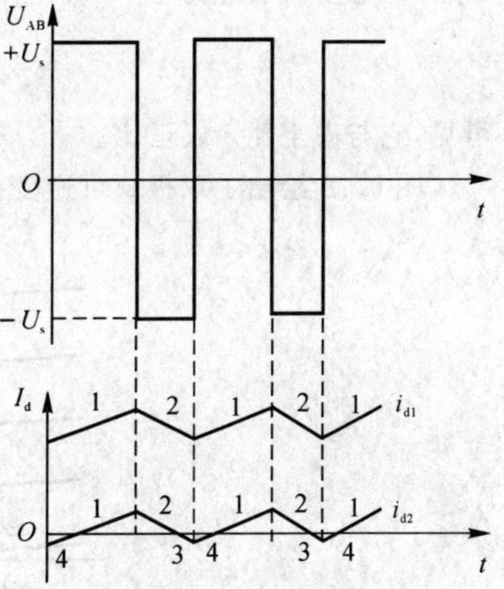

图 6.17　PWM 变换器电压和电流波形

仍以 $\delta = U_d/U_s$ 来定义 PWM 电压系数，则 δ 与占空比 ρ 的关系与前面不可逆变换器不同了，现在成为

$$\delta = 2\rho - 1 \tag{6.5}$$

调速时，δ 的变化范围变成了 $-1 \leqslant \delta \leqslant 1$。当 δ 为正时，电动机正转；当 δ 为负时，电动机反转；当 $\delta = 0$ 时，电动机停止。当 $\delta = 0$ 时，虽然电动机不动，电枢两端的瞬时电压和瞬时电流却都不是零，而是交变的。这个交变电流平均值为零，不产生平均转矩，徒然增大电机的损耗。但它的好处是使电机带有高频的微振，起着所谓"动力润滑"的作用，清除正、反转时的静摩擦死区。

双极式 PWM 变换器的优点如下：

(1) 电流不会断续；

(2) 可使电动机在机械特性的四象限中运行，也就是既可实现正转的电动与制动，又可实现反转的电动与制动；

(3) 电动机停止时有微振电流，能消除静摩擦死区；

(4) 低速时，每个晶体管的驱动脉冲仍较宽，有利于晶体管可靠导通；

(5) 低速平稳性好，调速范围可达 20 000 左右。

双极式 PWM 变换器的缺点是：在工作过程中，4 个电力晶体管都处于开关状态，开关损耗大，而且容易发生上、下两管直通（即同时导通）的事故，降低了装置的可靠性。为了防止上、下两管直通，在一管关断和另一管导通的驱动脉冲之间，应设计逻辑延迟。

6.3.3　脉宽调速系统的机械特性

在稳态情况下，脉宽调速系统中电动机电枢绕组所承受的仍为脉冲电压，因此，尽管有高频电感的平波作用，电枢电流和转速仍然是脉动的。所谓稳态，只是指电机的平均电磁转矩与负载转矩相平衡的状态，电枢电流实际上是周期性变化的，只能算成是准稳态。脉宽调速系统在准稳态下的机械特性是其平均转矩（电流）与平均转速之间的关系。

从前面的分析可知，对于双极式可逆 PWM 电路来讲，由于电路中具有反向电流通路，在同一转向下电流可正可负，无论是轻载还是重载，电流波形都是连续的，因而机械特性呈简单的线性关系式。

双极式可逆电路的电压方程为

$$U_s = Ri_d + L\frac{di_d}{dt} + E \qquad (0 \leqslant t < t_{on}) \tag{6.6}$$

$$-U_s = Ri_d + L\frac{di_d}{dt} + E \qquad (t_{on} \leqslant t < T) \tag{6.7}$$

由于一个周期内电枢两端的平均电压是$U_d=\delta U_s$，平均电流用I_d表示，平均电磁转矩$T_d=C_T\Phi I_d$，而电枢回路电感两端电压$L\dfrac{di_d}{dt}$的平均值为零。于是，用平均值表示的电压方程可写成

$$\delta U_s=RI_d+E=RI_d+C_e\Phi n$$

则转速与电流间的关系式为

$$n=\frac{\delta U_s}{C_e\Phi}-\frac{R}{C_e\Phi}I_d=n_0-\frac{R}{C_e\Phi}I_d \tag{6.8}$$

即机械特性方程式为

$$n=\frac{\delta U_s}{C_e\Phi}-\frac{RT_d}{C_eC_T\Phi^2}=n_0-\frac{R}{C_eC_T\Phi^2}T_d \tag{6.9}$$

其中，理想空载转速为

$$n_0=\frac{\delta U_s}{C_e\Phi}$$

可见，它与占空比δ成正比。

图 6.18 绘出了双极式可逆变换器的机械特性。

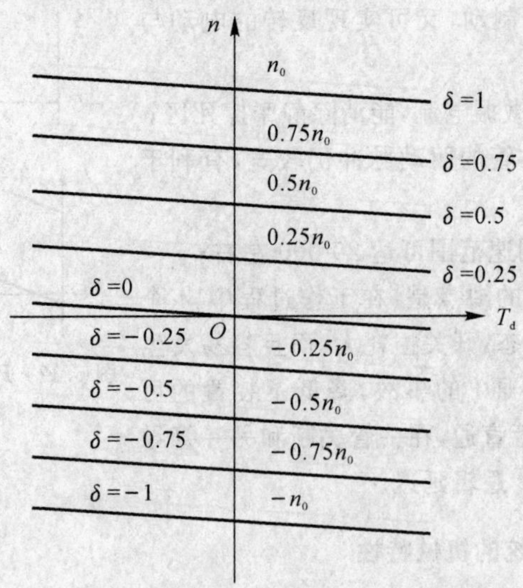

图 6.18　双极式可逆 PWM 变换器的机械特性

6.4　变频和逆变电路

6.4.1　概述

在生产实际中经常需要不同频率的交流电源。感应加热、金属冶炼、淬火等需要中频和高频电源；交流电动机用改变频率来调速需要变频电源；搅拌、振动等设备需要低于 50 Hz 的交流电源，这些都需要一个改变频率的电路——变频电路。在不少应用场合，还需要在变频的同时能调节交流电源的电压，实现“变压变频”(Variable Voltage Variable Frequency, VVVF)。

变频有两种方法:一种称为直接变频,就是将频率为 50 Hz 的工频交流电经过变频装置直接变成另一种频率的交流电,也称为交-交变频。另一种是间接变频,就是先将工频交流电经过整流变成直流电,然后再将直流电变成某一频率的交流电,这就是所谓的交-直-交变频。整流电路完成变交流为直流的任务。实现变直流为交流的电路称为逆变电路。逆变是整流的逆过程。如果把直流电变成交流电后反送到交流电源上去,称为有源逆变。有源逆变应用于直流电动机的可逆调速系统、交流绕线式异步电动机的串级调速系统和高压直流输电等。如果把直流电变成某一频率或频率可调的交流电供给负载,称为无源逆变。还可按逆变电路的不同功能来分类:按逆变电路的输出电压相数可分为单相和三相逆变器;按逆变电路电源输入型式可分为电压型和电流型;按其输出交流电的波形可分为矩形波、阶梯波和正弦波逆变器。

6.4.2　变频装置

如前所述,变频的方法有直接变频和间接变频两种,下面就分别简介这两种变频装置的结构和原理。

6.4.2.1　间接变频装置

间接变频装置的结构如图 6.19 所示。按照控制方式的不同,它又可以分成 3 种,如图 6.20 中(a)(b)(c) 所示。

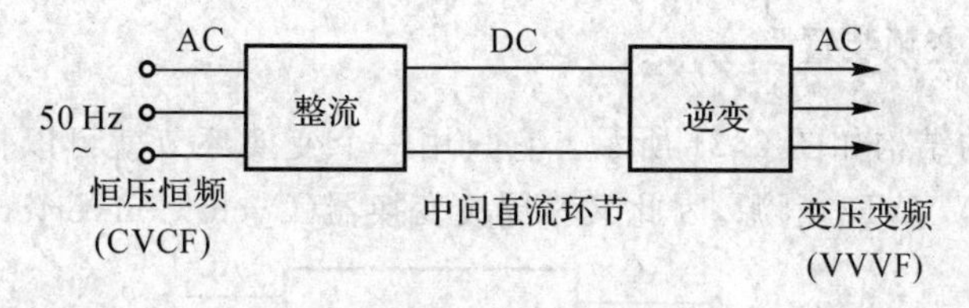

图 6.19　间接变频装置的结构

(1) 用可控整流器变压、逆变器变频的交-直-交变频装置(见图 6.20(a)),这种结构的调压和调频分别在 2 个环节上进行,两者要在控制电路上协调配合。这种装置结构简单、控制方便。但是,由于输入环节采用可控整流器,当电压和频率调得较低时,电网端的功率因数较小;输出环节多用由晶闸管组成的三相六拍逆变器(每周换流 6 次),输出的谐波较大。这是这类变频装置的主要缺点。

(2) 用不控整流器整流、斩波器变压、逆变器变频的交-直-交变频装置(见图6.20(b))。这种结构的整流环节采用二极管不控整流器,再增设斩波器,用脉宽调压。这样虽然多了一个环节,但输入功率因数高,克服了图 6.20(a) 装置的第一个缺点。输出逆变环节不变,仍有谐波较大的问题。

(3) 用不控整流器整流、PWM 逆变器同时变压变频的交-直-交变频装置(见图 6.20(c))。这种结构采用不控整流器,则功率因数高;用 PWM 逆变,则谐波可以减少。这样,图6.20(a) 装置的两个缺点都解决了。谐波能够减少的程度取决于开关频率,而开关频率则受器件开关时间的限制。如果仍采用普通晶闸管,开关频率不高,谐波减少不了多少,只有采用全控型器件以后,开关频率才得以大大提高,输出波形几乎可以得到非常逼真的正弦波,因而又称为正弦波脉宽调制(SPWM) 逆变器。对此,将在下一节作专门讨论。

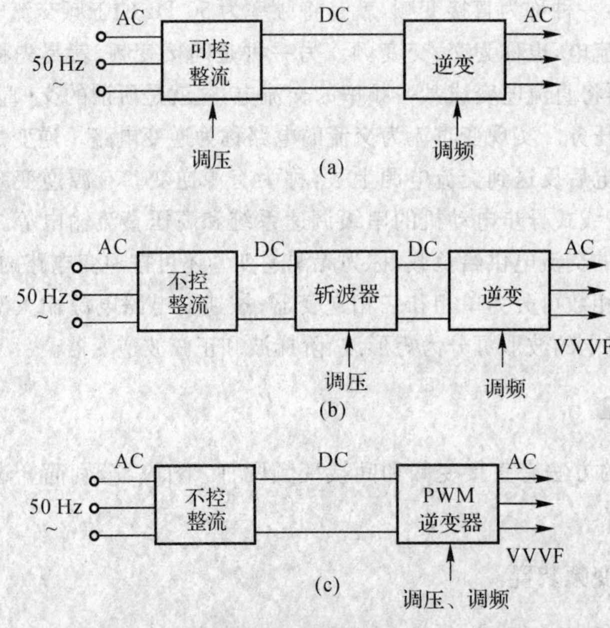

图 6.20　间接变频装置的 3 种结构形式

6.4.2.2　直接变频装置

直接变频装置的结构如图 6.21 所示。它只用一个变换环节就可以把恒压恒频的交流电源变换成变压变频(VVVF) 电源,因此又称周波变换器(Cycle Con verter)。

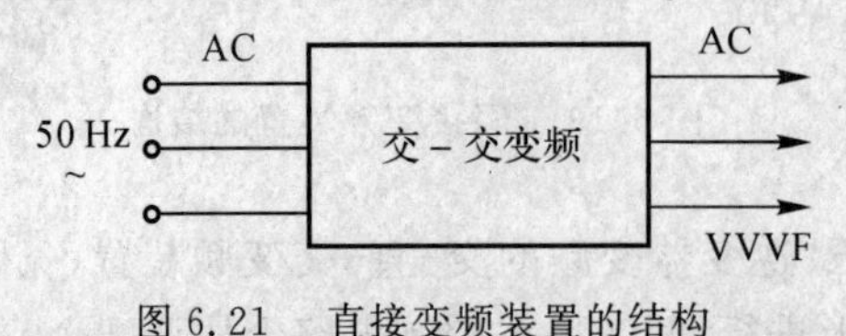

图 6.21　直接变频装置的结构

直接变频装置输出的每一相,都是一个两组晶闸管整流装置反并联的可逆线路,如图 6.22(a) 所示。正、反两组按一定周期相互切换,在负载上获得交变的输出电压 u_0。u_0 的幅值决定于各组整流装置的控制角 α,u_0 的频率决定于两组整流装置切换频率。

直接变频装置根据其输出电压波形,可以分为方波型和正弦波型两种。

1. 方波型

如果控制角 α 一直不变,则输出平均电压是方波,如图 6.22(b) 所示。

2. 正弦波型

如果在每一组整流器导通期间适当改变其控制角 α,则可使整流的平均输出电压 u 先由零变到最大值,再变到零,呈正弦规律变化。

例如,在正组导通的半个周期中,使控制角 α 由 $\pi/2$(对应于平均电压 $u_0=0$) 逐渐减小到 0(对应于平均电压 u_0 最大),然后再逐渐增到 $\pi/2$,也就是使 α 角在 $\pi/2\sim0\sim\pi/2$ 之间变化,则整流的平均输出电压 u_0,就由零变到最大值再变到零,呈正弦规律变化,如图 6.23 所示。图中,在 A 点 $\alpha=0$,平均整流电压最大,然后在 B,C,D,E 点 α 逐渐增大,平均电压减小,直到 F 点

$\alpha=\pi/2$,平均电压为零。半周中,平均输出电压为图中虚线所示的正弦波。对反组负半周的控制也是一样的。

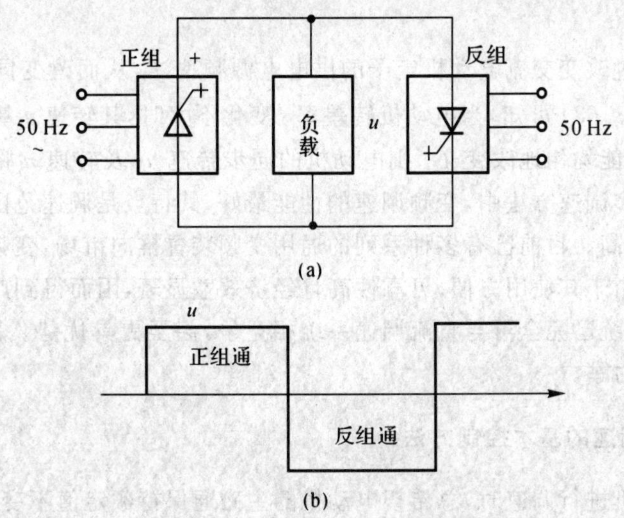

图 6.22　直接变频装置一相电路及波形

(a) 原理电路图；(b) 输出电压波形(方波型)

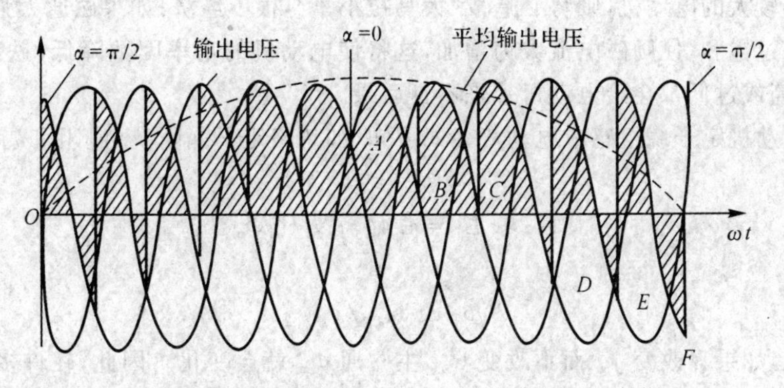

图 6.23　正弦波型交-交变频装置的输出电压波形

上面只介绍了交-交变频的单相输出,对于三相负载,其他两相也各有一套反并联可逆电路,输出平均电压相位依次相差 120°。在图 6.23 中,如果正组和反组整流器都采用三相半波整流,则三相交-交变频共需要 18 个晶闸管;如果整流器都采用三相桥式整流,则一套三相交-交变频装置就需要 36 个晶闸管。可见,这种变频方法所需元件数量较多。

由图 6.23 可知,电压反向时最快也只能沿着电源电压的正弦波形变化,所以最高输出频率不超过电网频率的 1/3 ～ 1/2(由整流相数而定),否则输出波形畸变太大,将影响变频调速系统的正常工作。鉴于上述元件数量多、输出频率低等原因,交-交变频一般只用于低转速、大容量的调速系统,如轧钢机、球磨机、水泥回转窑等。这类机械用交-交变频装置供电的低速电机直接传动,可以省去庞大的齿轮减速箱。

【思考题】

改变工频交流电源的频率有哪几种方法?

6.5 异步电动机的变频调速

变频调速是通过改变交流电动机定子的供电电源频率 f_1 从而改变同步转速来实现调速的。从第3章的式(3.68)可知,当电动机转差率 s 变化不大时,其转速 n 基本上与电源频率 f_1 成正比。因此,如果能均匀地改变 f_1,则电动机的同步转速 n_0 及转速 n 将可以平滑地改变。在异步电动机的诸多调速方法中,变频调速的性能最好,其特点是调速范围大,属于无级调速,稳定性好,运行效率高。目前已有多种系列的通用变频装置推向市场,变频装置的容量已可高达几十兆瓦以上。由于其使用方便,可靠性高且经济效益显著,因而得到广泛应用。在价格和性能上,变频调速系统已完全可与直流调速系统相竞争,甚至更具优势。因此,它已成为取代直流调速系统的主力军。

6.5.1 变频调速的基本控制方法

在对异步电动机进行调速时,总希望电动机的主磁通保持额定值不变。这是因为:如果磁通太弱,铁芯利用率不充分,在同样的转子电流下,电磁转矩减小,电动机的带负载能力下降,其最大转矩也将降低,严重时会使电动机堵转,而如果为了保护电动机,对既定负载改用额定功率和转矩都较大的电动机,则势必造成"大马拉小车",很不经济;如果磁通太强,则可能造成电动机的磁路过饱和,使励磁电流大为增加,这将使电动机的功率因数降低,铁芯损耗剧增。因此,磁通过高或过低都会给电动机带来不良后果。

由异步电动机定子绕组感应电动势公式可知,如忽略定子漏阻抗(电阻和漏电抗)压降的影响,则有

$$U_1 \approx E_1 = 4.44 f_1 N_1 k_{w1} \Phi_m$$

可见

$$\Phi_m \propto (U_1/f_1)$$

也就是说,如果只改变 f_1 而不改变 U_1,主磁通 Φ_m 就会变化。因此,在许多场合,要求在调频的同时,改变定子电压,以维持 Φ_m 近似不变。所以,对给电动机供电的变频器,一般都要求兼有变压和变频(VVVF)这两种功能。考虑到变频装置半导体元器件及电动机绝缘的耐压限制,在额定频率以上和额定频率以下,电压和频率之间采用不同的控制方式。

1. 额定频率以上

当运行频率超过额定频率时,维持 $U_1=U_N$ 不变。随着运行频率的升高,U_1/f_1 比值下降,气隙磁通随之减小,进入弱磁控制方式。此时电动机转矩大体上反比于频率变化,故电动机近似恒功率运行。

2. 额定频率以下

当运行频率低于额定频率时,电压和频率之间协调控制的常用方式有以下3种:

(1) 恒电压频率比($U_1/f_1=C$,此处 C 代表常量,下同)控制,此时 Φ_m 近似不变。

(2) 恒气隙电动势频率比($E_1/f_1=C$)控制,此时 Φ_m 保持恒定。

(3) 恒转子电动势频率比($E_r/f_1=C$)控制,此时转子绕组总磁通保持不变。

6.5.2　变频调速时电动机的机械特性

6.5.2.1　恒电压/频率比控制

在这种控制方式下的机械特性如图 6.24 所示,它具有以下特点:

(1) 同步转速 n_0 随运行角频率 ω_1 成正比变化。

(2) 不同频率下机械特性为一组硬度基本相同的平行直线,即不同运行频率下的转速降落 Δn 基本不变。

(3) 最大转矩 T_{max} 随频率降低而减小。所以恒压频比控制方式只适合于调速范围不大,最低转速不太低,或负载转矩随转速降低而减少的负载,如负载转矩随转速平方变化的通风机负载,如图 6.24 中虚线所示。如果在低频时适当提高电压 U_1 以补偿定子电阻降压,则可增大最大转矩,增强带负载能力。

6.5.2.2　恒气隙电动势/频率比控制

在电压频率控制中,如果能随时恰当地提高电压 U_1,以克服定子压降,维持恒定的气隙电动势频率比值 E_1/f_1,则电动机每极磁通 Φ_m 能真正保持恒定,电动机工作特性将有很大改善。在此种控制方式下电机的机械特性如图 6.25 所示,它具有以下特点:

(1) 整条特性曲线与恒压频比控制时性质相同,但恒 E_1/f_1 控制的机械特性线性段的范围比恒压频比控制更宽,即调速范围更广。

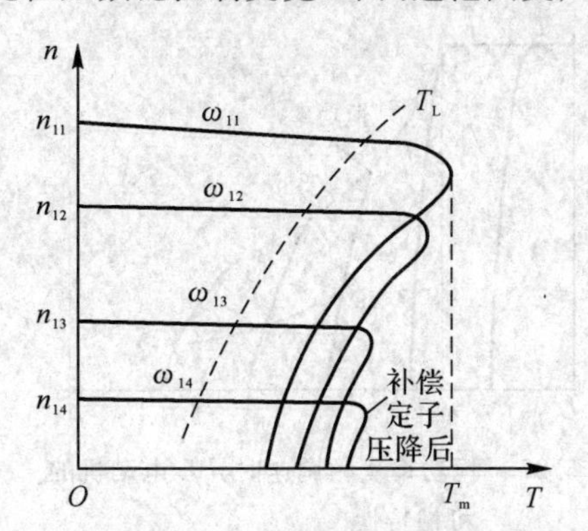

图 6.24　恒 U_1/f_1 控制变频调速的机械特性

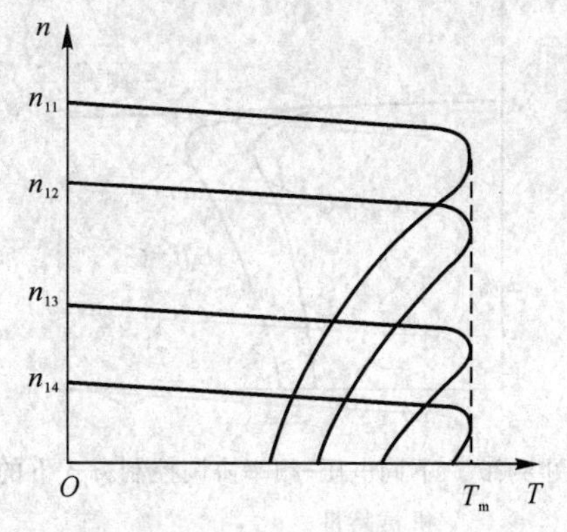

图 6.25　恒 E_1/f_1 控制变频调速的机械特性

(2) 低频下起动时起动转矩比额定频率下的起动转矩大,而起动电流并不大。这是因为低频起动时转子回路中感应电动势频率较低,电抗作用小,转子功率因数较高,从而使较小转子电流就能产生较大转矩,有效地改善了异步电动机起动性能,这是变频调速的重要优点。

(3) 当恒 E_1/f_1 控制时,任何运行频率下的最大转矩恒定不变,稳定工作特性明显优于恒压频比控制,这正是采用低频定子压降补偿后恒压频比控制所期望的结果。

要实现恒最大转矩运行.必须确保电动机内部气隙磁通在变频运行中大小恒定。由于电动势是电动机内部的物理量,无法直接控制,而能控制的只是外部物理量 —— 电动机端电压,两者之间差了一个定子漏阻抗压降。为此必须随着频率的降低适当提高定子电压,以补偿定子漏阻抗压降对气隙电动势的影响。

在低频定子阻抗压降补偿中有两点值得注意：一点是由于定子阻抗上的压降随负载大小而变化，若单纯从保持最大转矩恒定的角度出发来考虑定子压降的补偿时，则在正常负载下电动机可能会处于过补偿状态。随着频率的降低，气隙磁通将增大，空载电流会明显增加，甚至出现电动机负载愈轻电流愈大的反常现象。为避免这种不希望的情况出现，一般应采取电流反馈控制使轻载时电压降低。另一点是在大多数的实际应用场合(特别是拖动风机、水泵类负载时)并不要求低速下也有满载转矩。相反，为减少轻载时的电动机损耗，提高运行效率，反而常常采用减小电压/频率比的运行方式。

6.5.2.3 恒转子电动势/频率比控制

如果将电压-频率协调控制中低频段 U_1 值再提高一些，且随时补偿转子漏阻抗上的压降，保持转子电动势 E_r 随频率作线性变化，即可实现恒 E_r/f_1 控制。此时异步电动机的机械特性 $T=f(s)$ 为准确的直线，如图 6.26 所示。与 $U_1/f_1=C$ 及 $E_1/f_1=C$ 控制方式相比，$E_r/f_1=C$ 控制下的稳态工作特性最好，可以获得类似并励直流电动机一样的直线形式的机械特性，这正是高性能交流电动机变频调速所最终追求的目标。由于气隙磁通 Φ_m 对应气隙电动势 E_1，即 $E_1=4.44f_1N_1k_{w1}\Phi_m$，那么转子全磁通中 Φ_2 应对应转子电动势 E_r，即 $E_r=4.44f_1N_1k_{w1}\Phi_2$，由此可见，若能按保持转子全磁通幅值中 Φ_2 为常值来控制，就能获得 $E_r/f_1=C$ 的控制效果，这正是高性能变频调速中的矢量变换控制方法所要实现的目标之一(关于矢量变换控制的内容可参见参考文献[5])。

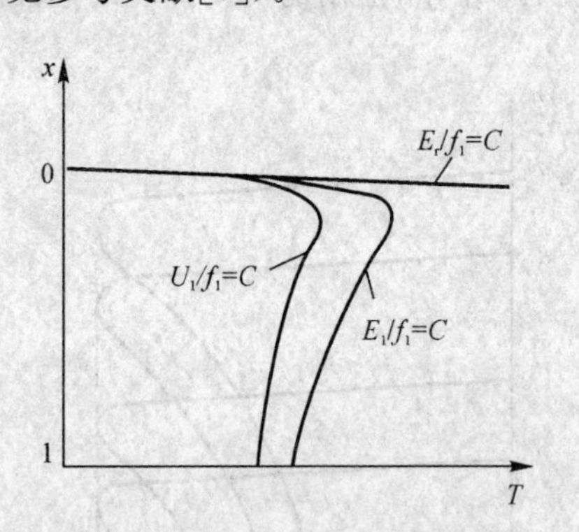

图 6.26　不同电压-频率协调控制方式下的机械特性

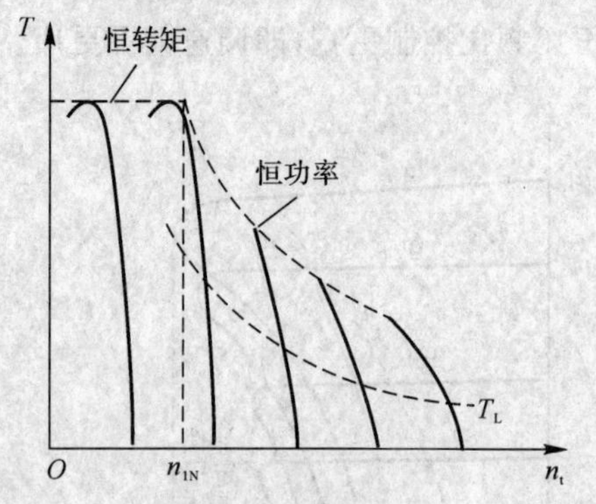

图 6.27　恒功率变频调速时异步电动机的机械特性

6.5.2.4 恒功率运行

以上运行主要是在保持气隙磁通不变条件下进行的，适合于恒转矩负载的情况。在实际应用中还有一种按恒功率进行调速运行的方式，即低速时要求输出大转矩，高速时要求输出小转矩，其转矩特性如图 6.27 所示。电气车辆牵引中就有这种运行要求。此外在交流电动机变频调速控制中基频以上的弱磁运行也是近似恒功率运行，其转矩与频率大体上呈反比关系。

在实际应用中，可根据不同负载的需要，采用不同的调速方式。例如，在车床控制中，车刀的进给运动可看成是恒转矩运动，应采用恒转矩调速，而车床的主轴则希望采用恒功率调速(低速时负载转矩大，高速时负载转矩小)。

6.5.3　正弦波脉宽调制(SPWM)逆变器

图6.28示出了SPWM变频器的原理图。输入的三相交流电源经不可控整流器UR变成单方向脉动电压,再经电容滤波(附加小电感限流)后形成恒定幅值的直流电压,加在逆变器UI上。控制逆变器中的功率开关器件的通断,即可在UI的输出端获得一系列宽度不等的矩形脉冲波形,而决定开关器件动作顺序和时间分配规律的控制方法即称为脉宽调制方法。通过改变矩形脉冲的宽度,可以控制逆变器输出交流基波电压的幅值,而改变调制周期,又可以控制其输出频率,从而在逆变器上可同时进行输出电压幅值与频率的控制,满足变频调速对电压与频率协调控制的要求。

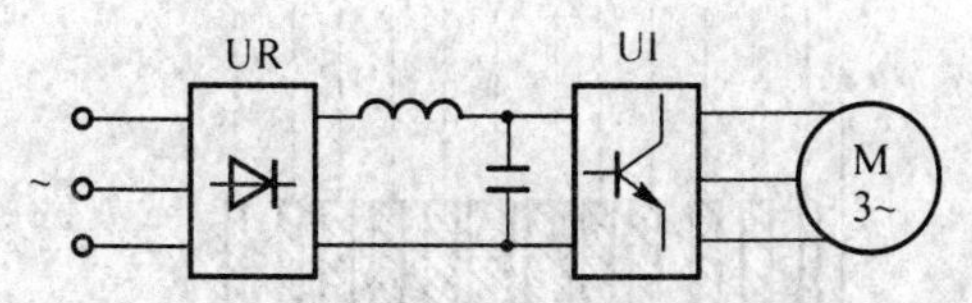

图6.28　SPWM间接变频器原理图

图6.28的电路主要有下列特点:

(1) 主电路只有一个可控的功率环节,简化了结构。

(2) 使用了不可控整流器,使电网功率因数与逆变器输出电压的大小无关而接近1。

(3) 逆变器在调频的同时实现调压,而与中间直流环节的元件参数无关,加快了系统的动态响应。

(4) 输出波形好,能抑制或消除低次谐波,使负载电机可在近似正弦波的交变电压下运行;转矩脉动小,大大扩展了系统的调速范围,并提高了系统的性能。

6.5.3.1　SPWM逆变器的工作原理

所谓SPWM逆变器,就是希望其输出电压是纯粹的正弦波形。为此,可以把一个正弦半波分作N等分,如图6.29(a)所示,图中$N=12$;然后把每一等分的正弦曲线与横轴所包围的面积都用一个与此面积相等的等高矩形脉冲代替,矩形脉冲的中点与正弦波每一等分的中点重合,如图6.29(b)所示。这样,由N个等幅而不等宽的矩形脉冲所组成的波形就与正弦波的半周近似等效。同样,正弦波的负半周也可用相同的方法来等效。由图6.29(b)可以看到,等效的SPWM各脉冲的幅值相等,所以逆变器可由恒定的直流电源供电。采用不可控的二极管整流器就可达到此目的。根据上述原理,在给出了正弦波频率、幅值和半个周期内的脉冲数后,SPWM波形各脉冲的宽度和间隔就可以准确计算出来。依据计算结果控制电路中各开关器件的通断,就可以得到所需的SPWM波形。但是,这种计算是很烦琐的,正弦波的频率或幅值任一个量变化时,结果都会变化。较为实用的方法是采用调制的方法,即把所希望的波形作为调制信号,把接受调制的信号作为载波,通过对载波的调制得到所期望的SPWM波形。通常采用等腰三角波作为载波,因为等腰三角波上下宽度与高度成线性关系且左右对称,当它与任何一个平缓变化的调制信号波相交时,如在交点时刻控制电路中开关器件的通断,就可以得到宽度正比于信号波幅值的脉冲,这正好符合PWM控制的要求。当调制信号波为正弦波时,所得到的就是SPWM波形。

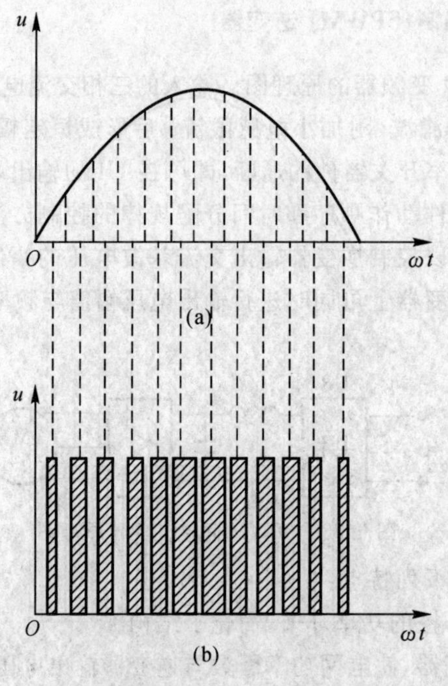

图 6.29　等效于正弦波的等幅矩形脉冲序列波

(a) 正弦波；(b) 等效的 SPWM 波形

6.5.3.2　单相 SPWM 逆变电路分析

图 6.30 是采用电力晶体管作为功率开关器件的电压型单相桥式逆变电路，设负载为电感性，对各晶体管的控制按下面的规律进行：

在正半周，让晶体管 T_1 一直保持导通，而让晶体管 T_4 交替通断。当 T_1 和 T_4 导通时，负载上所加的电压为直流电源电压 U_d。在 T_1 导通而使 T_4 关断后，由于电感性负载中的电流不能突变，负载电流将通过二极管 D_3 续流，负载上所加电压为零。如负载电流较大，那么直到使 T_4 再一次导通前，D_3 一直持续导通。如负载电流较快地衰减到零，在 T_4 再一次导通之前，负载电压也一直为零。这样，负载上的输出电压 u_0 就可得到零和 U_d 交替的两种电平。同样，在负半周，让晶体管 T_2 保持导通，而让晶体管 T_3 交替通断。当 T_3 导通时，负载被加上负电压 $-U_d$，当 T_3 关断时，D_4 续流，负载电压为零，负载电压 u_0 可得到 $-U_d$ 和零两种电平。这样，在一个周期内，逆变器输出的 PWM 波形就由 $\pm U_d$ 和零三种电平组成。

控制 T_4 或 T_3 通断的方法如图 6.31 所示。载波 u_c 在信号波 u_r 的正半周为正极性的三角波，在负半周为负极性的三角波。调制信号 u_r 为正弦波。在 u_r 和 u_c 的交点时刻控制晶体管 T_4 或 T_3 的通断。在 u_r 的正半周，T_1 保持导通，当 $u_r > u_c$ 时使 T_4 导通，负载电压 $u_0 = U_d$，当 $u_r < u_c$ 时使 T_4 关断，$u_0 = 0$；在 u_r 的负半周，T_1 关断，T_2 保持导通，当 $u_r < u_c$ 时使 T_3 导通，$u_0 = -U_d$，当 $u_r > u_c$ 时使 T_3 关断，$u_0 = 0$。这样就得到了 SPWM 波形 u_0。图中的虚线 u_{0f} 表示 u_0 中的基波分量。像这种在 u_r 的半个周期内三角波载波只在一个方向变化，所得到的 SPWM 波形也只在一个方向变化的控制方式称为单极式 SPWM 控制方式。

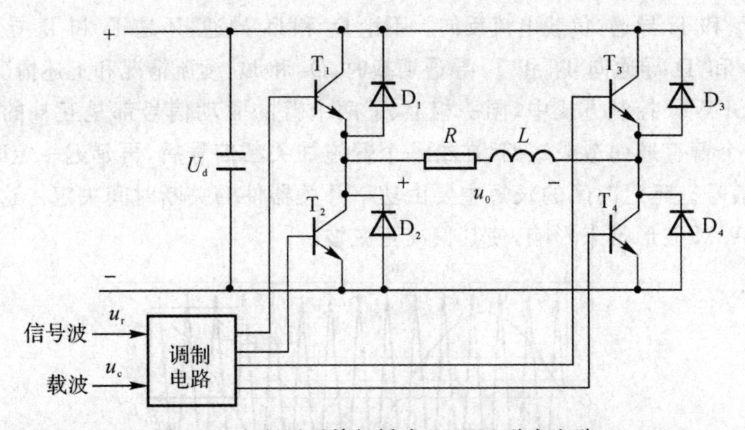

图 6.30　电压型单相桥式 SPWM 逆变电路

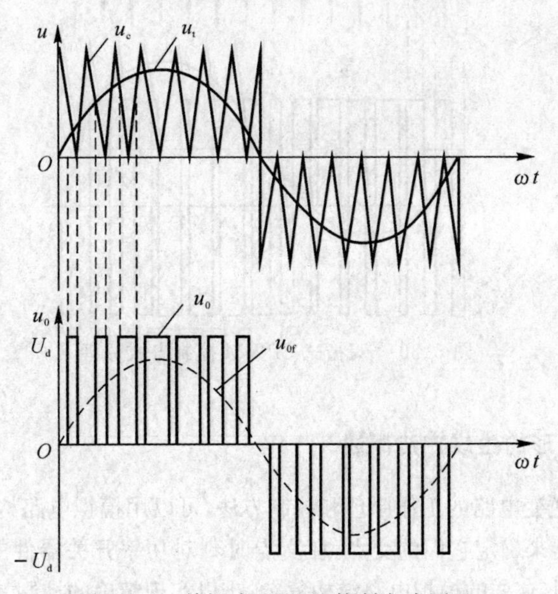

图 6.31　单极式 SPWM 控制方式原理

双极式SPWM控制方式和单极式SPWM控制方式不同。图6.31所示单相桥式逆变电路在采用双极式控制方式时的波形如图6.32所示。在双极式控制方式中，在信号波 u_r 的半个周期内，三角波载波是在正、负两个方向变化的，所得到的 SPWM 波形也是在两个方向变化的。在 u_r 的一个周期内，输出的PWM波形只有 $\pm U_d$ 两种电平。仍然在调制信号 u_r 和载波信号 u_c 的交点时刻控制各开关器件的通断。在 u_r 的正、负半周，对各开关器件的控制规律相同。当 $u_r > u_c$ 时，给晶体管 T_1，T_4 以导通信号，给 T_2，T_3 以关断信号，输出电压 $u_0 = U_d$。当 $u_r < u_c$ 时，给 T_2，T_3 以导通信号，给 T_1，T_4 以关断信号，输出电压 $u_0 = -U_d$。

可以看出，同一半桥上、下两个桥臂晶体管的驱动信号极性相反，处于互补工作方式。在电感性负载的情况下，当 T_1 和 T_4 处于导通状态时，给 T_1 和 T_4 以关断信号，而给 T_2 和 T_3 以导通信号后，则 T_1 和 T_4 立即关断，因感性负载电流不能突变，T_2 和 T_3 并不能立即导通，二极管 D_2 和 D_3 导通续流。当感性负载电流较大时，直到下一次 T_1 和 T_4 重新导通前，负载电流方向始终未变，D_2 和 D_3 持续导通，而 T_2 和 T_3 始终未导通。当负载电流较小时，在负载电流下降到零之前，D_2 和

D_3 续流，之后 T_2 和 T_3 导通，负载电流反向。不论 D_2 和 D_3 导通，还是 T_2 和 T_3 导通，负载电压都是 $-U_d$。从 T_2 和 T_3 导通向 T_1 和 T_4 导通切换时，D_1 和 D_4 续流情况和上述情况类似。

在双极式 SPWM 控制方式中，同一相上、下两个臂的驱动信号都是互补的。但实际上为了防止上、下两个臂直通而造成短路，在给一个臂施加关断信号后，再延迟一定时间，才给另一个臂施加导通信号。延迟时间的长短主要由功率开关器件的关断时间决定。这个延迟时间将会给输出的 SPWM 波形带来影响，使其偏离正弦波。

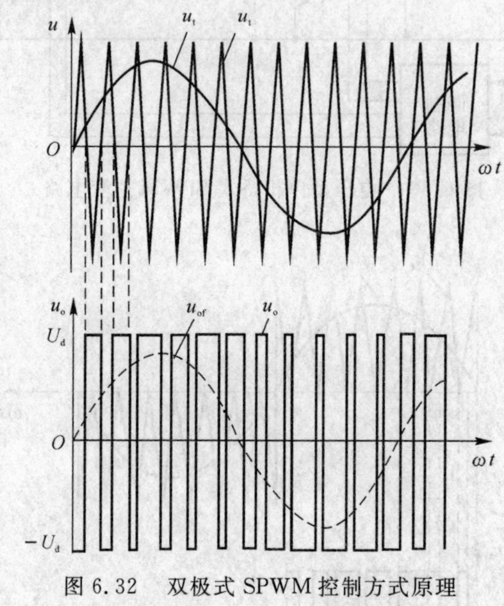

图 6.32　双极式 SPWM 控制方式原理

6.5.4　SPWM 波形的生成方法概述

依据前述 SPWM 逆变电路的工作原理和控制方法，可以用模拟电路构成三角波载波和正弦调制波发生电路，用比较器来确定它们的交点，在交点时刻对功率开关器件的通断进行控制，就可以生成 SPWM 波形。然而，这样的模拟电路结构复杂，难以实现精确的控制。而迅速发展的微处理机技术和大规模集成电路技术使得用软件生成 SPWM 波形或者用专用大规模集成电路产生 SPWM 控制信号变得比较容易。因此，目前 SPWM 波形的生成和控制方法主要有以下 3 种：

(1) 采用微处理机，按一定的算法编写程序来实现。

(2) 采用专用大规模集成电路。

(3) 采用微处理机和专用大规模集成电路相结合。

在上述第(1) 种方法中，编写程序所用的基本算法有自然采样法、规则采样法和低次谐波消去法。自然采样法是最基本的 SPWM 波形生成法，它以 SPWM 控制的基本原理为依据，可以准确地计算出各功率开关器件的通断时刻，所得到的波形很接近正弦波。但是这种方法计算量很大，难以在实时控制中在线计算，因而在工程实际中使用得不多。工程实际中应用较多的是所谓的规则采样法。它是在自然采样法的基础上作了某种近似后得出的，计算量明显减少，但由它得到的 SPWM 波形却很近似自然采样法的结果。

以消去 SPWM 波形中某些主要的低次谐波为目的，通过计算来确定各脉冲的开关时刻，这种方法称为低次谐波消去法。在这种方法中，已经不用载波和正弦调制波的比较，因此实际上已脱离了脉宽调制的概念，但它的目的仍是使输出波形尽可能接近正弦波，所以也是生成 SPWM 波形的一种算法。

当采用微处理机控制生成 SPWM 波形时，通常有查表法和实时计算法两种方法，查表法是根据所给参数先离线计算出各开关器件的通断时刻，把计算结果存于 EPROM 中，运行时再读出所需要的数据进行实时控制。这种方法适用于计算量较大、在线计算困难的场合（如自然采样法或者变频范围较宽的场合），但所需内存容量往往较大。实时计算法不进行离线计算，而是运行时进行在线计算求得所需的数据。这种方法适用于计算量不大的场合。实际所用的方法往往是上述两种方法的结合。即先离线计算出必要的数据存入内存，运行时再进行较为简单的在线计算，这样既保证快速性，又不会占用大量的内存。

随着 PWM 变频器的广泛应用，已制成多种专用集成电路芯片作为 SPWM 信号的发生器，许多用于电机控制的微机芯片还集成了带有死区的 PWM 控制功能，经过功率放大后，即可驱动电力电子器件，使用相当简便。采用专用芯片可简化控制电路和软件设计，降低成本，提高可靠性。目前应用较多的全数字化三相 SPWM 芯片有 HEF4752，SLE4520，MA818，89XC196MC 等。这类芯片的输入控制信号全为数字量，适于微处理机控制，输出频率连续可调。

采用微处理机生成 SPWM 的优点是灵活、易于保密，缺点是开发周期长、通用性差。采用专用大规模集成电路的好处是使用简单，无须编写程序，开发周期很短，不足之处是“死板”，难以完成较多的功能。因此，在要求较高的场合，应该把上述两者相结合，以便取长补短，综合两者的优势。

【思考题】

1. 变频调速时，为什么要让定子电压随频率按一定规律变化？
2. 试分析以下几种异步电动机变频调速控制方式的机械特性及其优点。
(1) 恒电压频率比(U_1/f_1) 控制；
(2) 恒气隙电动势频率比($E_1/f_1=C$) 控制；
(3) 恒转子电动势频率比($E_r/f_1=C$) 控制。
3. 在保持恒气隙电动势频率比控制中，低频空载时可能会发生什么问题？如何解决？

6.6　无刷直流电动机调速系统

由变频器给同步电动机提供变频变压电源的调速系统为同步电动机变频调速系统。控制频率的方法又可分为两种：一种与异步电动机变频调速一样，由独立的变频装置给同步电动机提供变压变频电源，称为他控变频调速系统；另一种是用电动机轴上所带的转子位置检测器来控制变频装置的供电频率，调速时是在外部控制逆变器的直流端输入电压或电流，称为自控变频调速系统。其中，中小功率同步电动机大多采用由电力晶体管 GTR（或可关断晶闸管 GTO、绝缘栅双极性晶体管 IGBT 等）交-直-交变频器构成的自控变频同步电动机，而转子采用永磁体励磁。如果输入给同步电动机的定子电流为三相正弦电流，则通常称为三相永磁同步电动机(Permanent Magnet Synchronous Motor，PMSM)；如果输入的定子电流为方波电流，由于其特性及调速方式与直流电动机很相似，通常称为无刷直流电动机(Brushless DC

Motor,BLDM 或 BDCM)。因此无刷直流电动机调速系统实质上是一种用于伺服系统的小容量永磁式自控变频同步电动机调速系统。

普通直流电动机都有换向器和电刷装置,所以存在换向的问题,使电动机的寿命、运行的可靠性、维护等问题较为突出。无刷直流电动机利用由全控型电力电子器件组成的交-直-交变频器和位置检测器,取代了电刷和换向器,使得无刷直流电动机既具有普通(有刷)直流电动机的良好的机械特性和调节特性,又具有交流电动机的运行可靠性、维护方便等优点,现已得到越来越广泛的应用,如用于军事工业、家用电器、精密机床、载人飞船等高精度伺服控制系统中。

6.6.1 无刷直流电动机(系统)的基本结构

采用全控桥式逆变电路的三相无刷直流电动机系统的构成如图 6.33 所示,它由永磁方波电动机 BLDM、位置检测器 BQ、控制电路 CT、驱动电路 GD 和逆变器 UI 等组成。

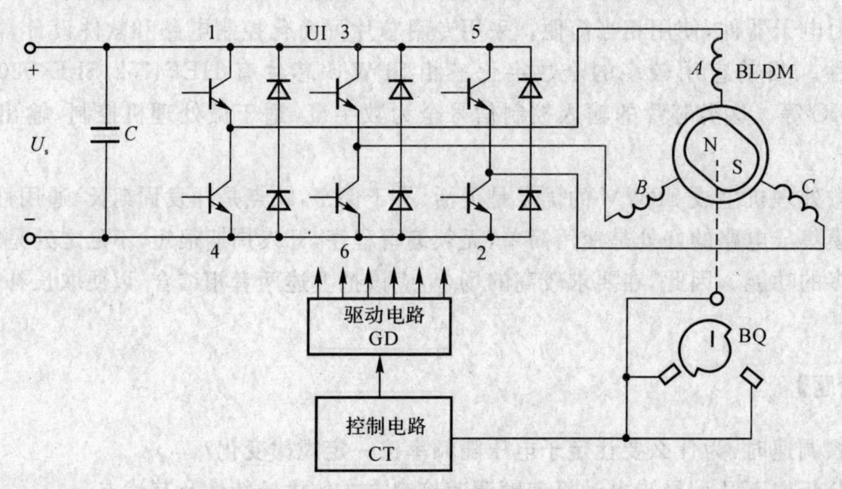

图 6.33 无刷直流电动机系统的基本结构

6.6.2 无刷直流电动机的工作原理

三相无刷直流电动机与图 6.34 所示带有 3 个换向片的普通直流电动机的运行原理基本相同,区别仅在于无刷直流电动机由功率开关器件 GTR(或 GTO,IGBT 等)组成的逆变器和位置检测器代替了直流电动机的机械换向器和电刷来进行换向。

为便于理解无刷直流电动机的工作原理,不妨先简单回顾一下普通有刷直流电动机的工作原理。在普通直流电动机中,磁极一般装在定子上,电枢绕组位于转子上。由于电源向电枢绕组提供的电流为直流,而为了使电动机能产生大小与方向均保持不变的电磁转矩,应保持每一主磁极下电枢绕组中的电流方向不变,但因每一元件边均随转子的旋转而轮流经过 N,S 极,故每一元件边中的电流方向必须相应交替变化,因此,必须通过电刷和机械换向器使转子绕组中的电流方向随其所经过的主磁极极性而交替变化,即实现所谓"换向"。

图 6.35 所示为普通直流电动机工作原理图。由于电刷位于几何中性线处,使主磁极磁动势 F_f 和 F_a 始终相互垂直,从而保证电动机在最大电磁转矩下运行。

如前面的图 6.33 所示,无刷直流电动机的定、转子位置与普通直流电动机正好相反,它将作为主磁极的永磁体磁极放在转子上,而电枢绕组成为静止的定子绕组。为了使定子绕组中的电流方向能随其线圈边所在处的磁场极性交替变化，需将定子绕组与功率开关器件构成的逆变器连接，并安装转子位置检测器，以检测转子磁极的空间位置，并根据转子磁极的空间位置控制逆变器中功率开关器件的通断，从而控制电枢绕组的导通情况及绕组电流的方向，使电枢绕组产生的磁动势 F_a 与主磁极磁动势 F_f 保持一定角度，从而产生电磁转矩，完成普通直流电动机电刷与换向器的换向功能。

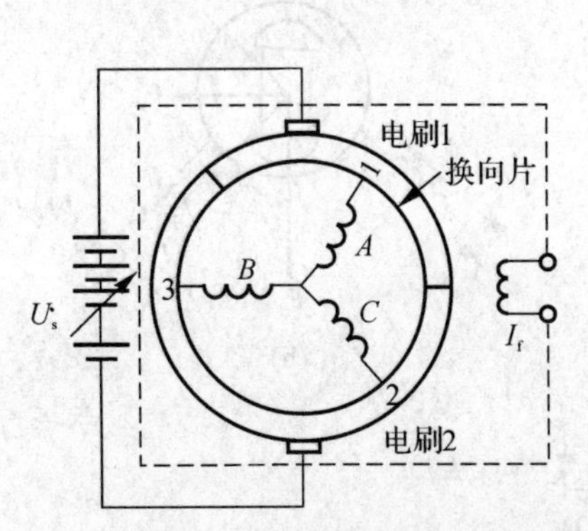

图 6.34　带有 3 个换向片的直流电动机模型

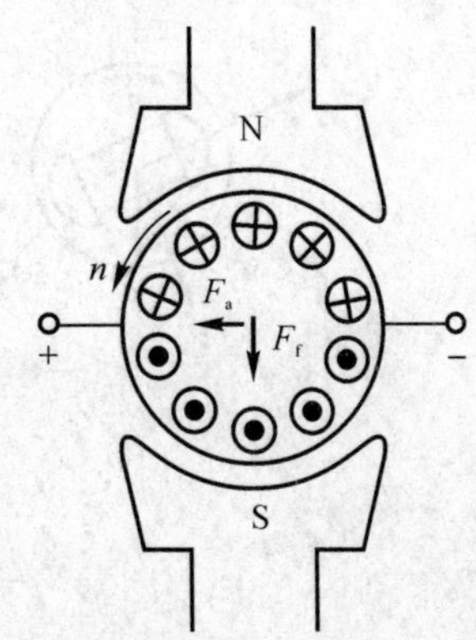

图 6.35　普通直流电动机工作原理图

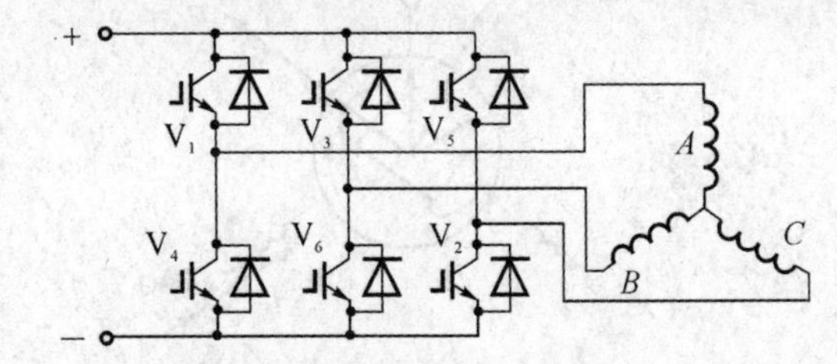

图 6.36　三相无刷直流电动机的三相星形全控桥式逆变电路

图 6.33 中逆变器 UI 的作用是根据转子位置的变化适时地给相应的定子绕组通电。目前最常见的无刷直流电动机定子绕组为三相绕组。定子绕组可以采用星形联结，也可以采用三角形联结。三相无刷直流电动机目前应用最多的是图 6.36 所示的三相星形全控桥式逆变电路。下面以采用这种电路的三相无刷直流电动机系统为例来分析无刷直流电动机的工作原理。为分析方便起见，忽略无刷直流电动机电枢绕组本身的电感，假设逆变器中各功率开关器件的导通和关断在瞬间完成。

图 6.37 表示电动机转子在几个不同位置时，定子绕组的通电情况。图中用普通晶闸管符号来表示功率开关器件的通断，其中用涂黑表示器件导通，未涂黑表示器件关断。

现在根据三相绕组共同产生的电枢磁动势 F_a 与转子磁动势 F_f 的相互作用，来分析电动机所产生的转矩。当晶闸管 V_6，V_1 导通时转子处于图 6.37(a) 所示位置，主磁极磁动势 F_f 与电枢绕组产生的磁动势 F_a 在空间上互差 90° 电角度，电动机处于产生最大电磁转矩状态，在电磁转矩作用下转子将逆时针旋转；当转子转过 120° 时，转子位置检测器检测出转子所处位置并触发晶闸管 V_2，V_3 使其导通，如图 6.37(b) 所示，此时主磁极磁动势 F_f 与电枢绕组磁动势 F_a 在空间上仍然保持互差 90° 电角度，电动机仍处于产生最大电磁转矩状态，该转矩使转子继续逆时针旋转；当转子再转过 120° 时，转子位置检测器检测出转子所处位置并触发晶闸管 V_4，V_5 使其导通，如图 6.37(c) 所示，此时电动机仍处于产生最大电磁转矩状态，转子继续旋转。由此可见，只要根据磁极的不同位置，以适当顺序触发导通和关断定子各相绕组所连接的晶闸管，以保持主磁极磁动势与电枢磁动势之间有一定角度，便可使电动机产生一定转矩而稳定运行。这就是无刷直流电动机的工作原理。

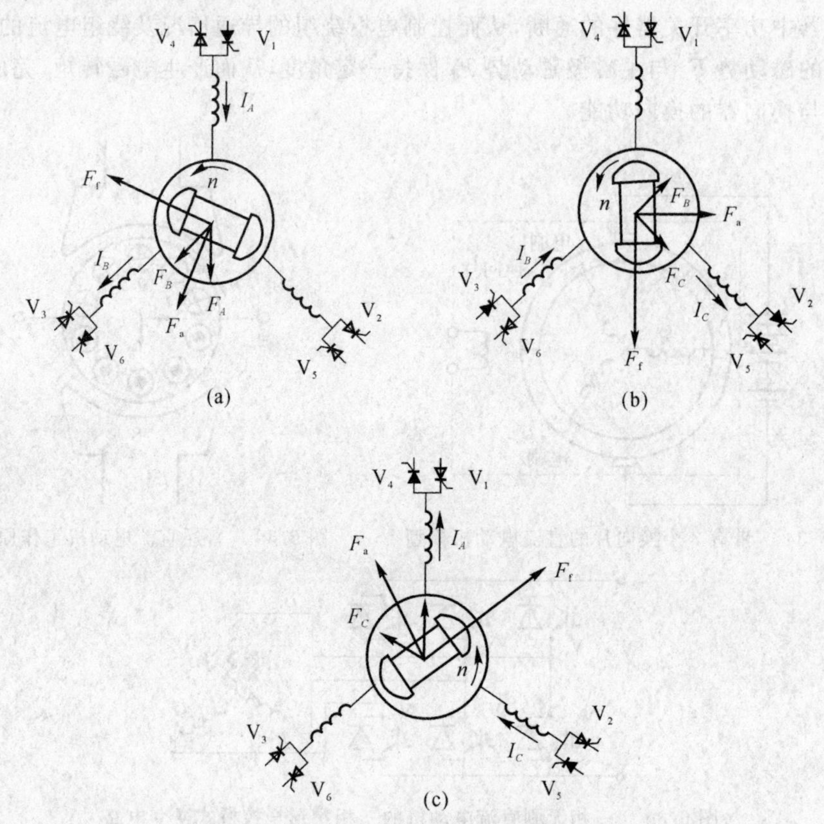

图 6.37　电枢磁动势与转子磁动势的相互关系

(a) V_6，V_1 导通；(b) V_2，V_3 导通；(c) V_4，V_5 导通

为了方便起见，上述分析只是给出了几个瞬间的情况，实际导通顺序为 $V_6V_1 \to V_1V_2 \to V_2V_3 \to V_3V_4 \to V_4V_5 \to V_5V_6 \to V_6V_1 \to \cdots$，即转子每转过 60° 电角度就进行一次换相，任意瞬间都有两只晶闸管同时导通，两相绕组同时通电，且每只管子导通时间相当于 120° 电角度。一个循环通电状态完成后转子转过一对磁极，对应于 360° 电角度。即一个循环需进行 6 次换相，相应地定子绕组有 6 种导通状态，这种工作方式称为两两通电六状态方式。除了这种工作方式外，还有另外两种。一种是三三通电六状态方式，此种方式下逆变器中晶闸管导通的顺序是 $V_1 \to V_2 \to V_3 \to V_4 \to V_5 \to V_6 \to V_1 \to \cdots$，与两两通电六状态方式一样，也是转子每转过 60° 电角度就进行一次换相，但任意瞬间有 3 只晶闸管同时导通，三相绕组同时通电，每只管子导通时间为 180° 电角度，一个循环进行 6 次换相，定子绕组共有 6 种导通状态。另一种是二三轮换通电十二状态方式，这种方式下晶闸管导通的顺序仍是 $V_1 \to V_2 \to V_3 \to V_4 \to V_5 \to V_6 \to V_1 \to \cdots$，某个状态若是二相同时通电，则下个状态变成三相同时通电，再然后变成二相同时通电，……。也就是依次轮换，每隔 30° 电角度各晶闸管之间就进行一次换流，每只晶闸管导通持续时间为 150° 电角度。一个循环进行 12 次换相，定子绕组共有 12 种导通状态。

从以上分析中可以看出，无刷直流电动机系统中的位置检测器用来检测转子磁极的空间位置，并发出相应的信号控制功率开关器件的通断，使定子绕组中的电流进行换向，使定子绕组产生的磁动势与转子主磁极磁动势之间成一定角度，产生电磁转矩使转子连续转动。所以位置检测器是无刷直流电动机的重要组成部分，其常见的结构形式有电磁式、光电式和霍尔元件式、接近开关式等，关于它们的工作原理读者可参阅有关文献，此处不再赘述。

6.6.3　无刷直流电动机的电磁转矩与运行特性

6.6.3.1　电磁转矩

无刷直流电动机的电磁转矩可以认为是定、转子磁动势相互作用所产生的，其电磁转矩 T 可根据电磁功率 P_{em} 求出

$$T=\frac{P_{em}}{\Omega} \tag{6.10}$$

式中，Ω 为转子机械角速度，亦是同步角转速。

而三相无刷直流电动机的电磁功率瞬时值为

$$P_{em}=e_A i_A+e_B i_B+e_C i_C \tag{6.11}$$

在两两通电六状态方式的理想情况下，任意时刻三相绕组中均有两相导通，设其中一相电动势为 E_p，电流为 I_d，则另一相电动势为 $-E_p$，电流为 $-I_d$。所以任意时刻均有

$$P_{em}=e_A i_A+e_B i_B+e_C i_C=2E_p I_d \tag{6.12}$$

则电动机的瞬时电磁转矩为

$$T=\frac{2E_p I_d}{\Omega} \tag{6.13}$$

由式(6.13)可知，在理想情况下无刷直流电动机的电磁转矩是恒定的。考虑到绕组感应电动势幅值 E_p 与转速成正比，则应有

$$E_p=K_E n \tag{6.14}$$

式中，K_E 为与电动机结构有关的常数。

则可得

$$T=\frac{2K_E n I_d}{\Omega}=\frac{60}{\pi}K_E I_d=K_T I_d \tag{6.15}$$

式中，$K_T=60/\pi$ 为电动机的转矩系数。

式(6.15)表明，无刷直流电动机的电磁转矩公式与普通有刷直流电动机相同，若不计电枢反应对气隙磁场的影响，则转矩系数 K_T 为常数，电磁转矩与定子电流成正比，通过控制定子电流大小就可以控制电磁转矩，因此无刷直流电动机具有与有刷直流电动机同样优良的调速性能。

6.6.3.2　运行特性

由图 6.36 可见，在两两通电六状态方式情况下，任意时刻电路连接情况均为同时导通的两相绕组串联后跨接在直流电源电压 U_s 两端，若不考虑电枢绕组电感的影响，且忽略功率开关的管压降，根据基尔霍夫电压定律得直流回路的电压平衡方程式应为

$$U_s=2R_s I_d+2E_p \tag{6.16}$$

式中，R_s 为定子绕组每相电阻。

将 $E_p = K_E n$ 代入式(6.16),可得无刷直流电动机的转速公式

$$n = \frac{U_s - 2R_s I_d}{2K_E} = \frac{U_s}{2K_E} - \frac{R_s}{K_E} I_d \tag{6.17}$$

再将 $T = K_T I_d$ 代入式(6.17),便可得出机械特性方程式

$$n = \frac{U_s}{2K_E} - \frac{R_s}{K_E K_T} T \tag{6.18}$$

可见,无刷直流电动机的机械特性方程式同他励直流电动机在形式上完全一致。图 6.38 为不同 U_d 下的机械特性曲线。根据式(6.18),对应不同负载转矩时,可得到无刷直流电动机采用调压调速时的调节特性曲线如图 6.39 所示。需要说明的是,这一结论尽管是在两两通电六状态工作方式下得出的,但对其他工作方式仍然适用。

可见,无刷直流电动机的机械特性和调节特性均为线性,可通过调节电源电压 U_d 实现无级调速,因此无刷直流电动机与普通直流电动机一样,具有优良的伺服控制性能。

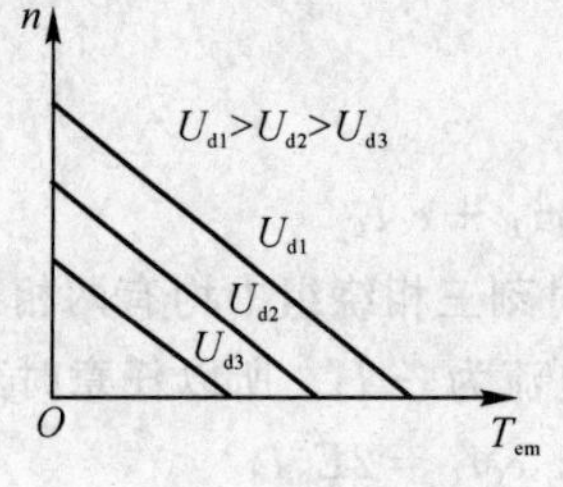

图 6.38 机械特性曲线

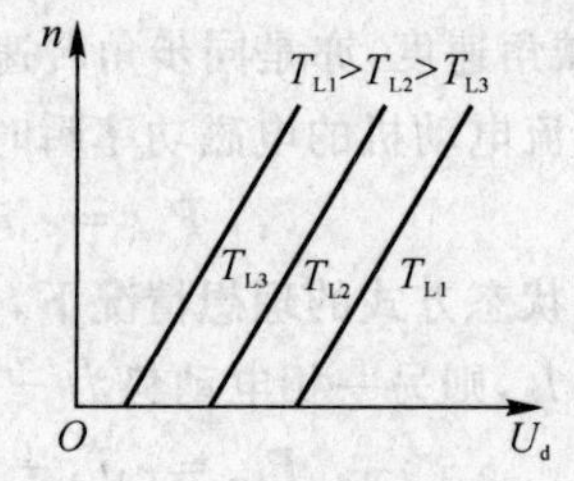

图 6.39 调节特性曲线

6.6.4 无刷直流电动机的 PWM 调速方法

要调节无刷直流电动机的转速,可以像普通直流电动机 PWM 调压调速那样,在直流电源电压 U_s 一定的情况下,通过对逆变器的功率开关器件进行 PWM 控制,连续地调节施加到电动机绕组两端的平均电压和电流,从而实现其转速的调节。无刷直流电动机一般都采用这种调速方法,此时逆变器同时承担换相控制和 PWM 电压或电流调节两项任务。

由前述无刷直流电动机工作原理的分析可知,对工作在两两通电六状态方式下的三相无刷直流电动机,在每个 60° 区间均有两相绕组同时导通,其中一相绕组通过上桥臂功率开关与直流电源正极相接,另一相绕组通过下桥臂功率开关与电源负极相接。进行 PWM 控制时,可以对上、下桥臂两只功率开关同时进行 PWM 通、断控制,也可以只对其中之一进行通断控制,而另一只功率开关保持连续导通状态(仅进行换相控制,而不进行 PWM 控制),前者称为反馈斩波方式,后者称为续流斩波方式。下面说明这两种斩波方式的具体工作情况。

根据换相逻辑,在 0° ~ 60° 区间 V_1,V_6 处于工作状态,其他功率开关始终关断。当采用反馈斩波方式时,在 PWM 导通期间,V_1,V_6 均导通,电流通路如图 6.40(a) 所示,施加到 A,B 两相绕组的总电压为 U_s,绕组电流为 $i_A = I_d$,$i_B = -I_d$;在 PWM 关断期间,V_1,V_6 同时关断。由于电感的存在,绕组电流不能突变,V_1,V_6 关断后,电流将经 VD_4,VD_3 续流,如图 6.40(b) 所示,施加在 A,B 两相绕组的总电压为 $-U_s$,在此阶段实际上是电动机向直流电源回馈能量。反馈斩波方式时的绕组电压波形如图 6.41(a) 所示。若 PWM 周期为 T,每个开关周期中导通时间为 t_{on},则施加到 A,B 两相绕组的总电压平均值为

$$U_d = \frac{1}{T}(t_{on} U_s + (T - t_{on})(-U_s)) = (2\rho - 1) U_s = \delta U_s \tag{6.19}$$

式中　ρ——PWM 波形的占空比，$\rho = t_{\mathrm{on}}/T$；

δ——PWM 电压系数。

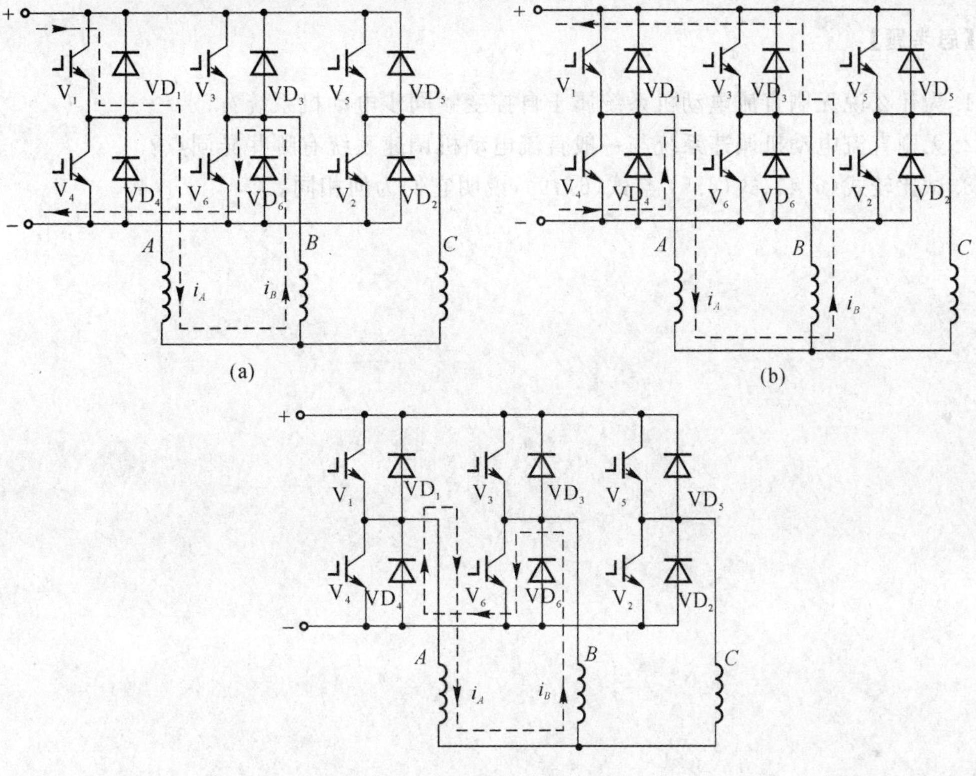

图 6.40　PWM 控制时的电流路径

当采用续流斩波方式时，只对 V_1 或 V_6 进行 PWM 控制，另一只功率开关始终导通(只受换相信号控制)。以对 V_1 进行斩波控制为例，在 PWM 导通期间 V_1 导通，则 V_1，V_6 同时导通，电流路径与图 6.40(a) 所示的反馈斩波方式下完全相同，绕组电压为 U_s；在 PWM 关断期 V_1 关断，而 V_6 持续导通，电流路径如图 6.40(c) 所示，电流经 VD_4，V_6 续流，A，B 两相绕组短路。电压为零，施加到定子绕组的电压波形如图 6.41(b) 所示，因此，续流斩波方式下定子绕组电压平均值为

$$U_{\mathrm{d}} = \frac{t_{\mathrm{on}}}{T} U_{\mathrm{s}} = \rho U_{\mathrm{s}} \tag{6.20}$$

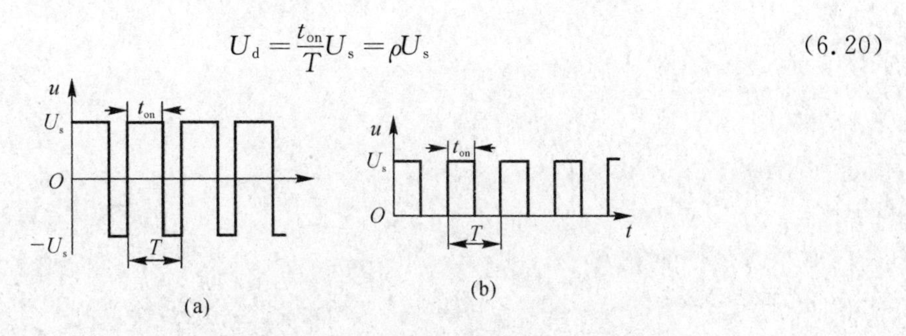

图 6.41　不同斩波方式下的绕组电压波形

(a) 反馈斩波方式下的绕组电压波形；(b) 续流斩波方式下的绕组电压波形

可见,采用PWM方式时,在直流电源电压U_s一定的条件下,通过改变PWM信号的占空比,即可改变加到无刷直流电动机定子绕组的电压平均值,从而调节电动机的转速。

【思考题】

1. 为什么说无刷直流电动机系统属于自控变频同步电动机系统?
2. 无刷直流电动机调速系统与一般直流电动机调速系统有哪些异同点?
3. 试比较式(6.4)、式(6.5)与式(6.19),说明它们为何相同。

第 7 章　常用控制电机

控制电机是一类具有特殊性能的小功率电机，主要用于执行、检测和计算装置等，例如，飞机的自动驾驶仪、火炮和雷达的自动定位、舰船方向舵的自动操作以及机床和加工过程的自动控制、炉温的自动调节等。控制电机的基本原理与一般电机并无本质区别，但是在用途、结构和性能等方面却有很大的不同。一般电机的主要功能是完成机械能和电能之间的能量转换，因此它们的功率、体积和质量都比较大。而控制电机的主要任务是转换和传递信号，因此其功率小（通常为数百毫瓦到数百瓦），体积小（外径一般为 10 ～ 30 mm），质量轻（数十克到数千克），制造精度高，所以控制电机也称为微电机。

控制电机的类型很多，随着自动控制系统的不断发展和新原理、新技术与新材料的不断涌现，也出现了不少新型的控制电机。限于篇幅，本章仅介绍几种常用的控制电机。

7.1　伺服电动机

在自动控制系统中，伺服电动机作为执行元件，用来驱动控制对象，所以也称之为执行电动机。它的功能是将输入的电压信号转换为电动机轴上的转速或转角，驱动控制对象。伺服电动机可控性好、响应速度快，是自动控制系统和计算机外围设备中常用的执行元件。伺服电动机按其使用的电源性质可以分为交流和直流两大类。

7.1.1　交流伺服电动机

交流伺服电动机实际上是两相异步电动机。它的定子上装有两个绕组，一个是励磁绕组，另一个是控制绕组，两个绕组在空间相隔 90°。

交流伺服电动机的转子有笼型和空心杯式两种。前者和三相笼型电动机的转子结构相似，只是为了增大转子电阻，采用电阻率高的导电材料（如青铜）制成。为了使伺服电动机反应迅速灵敏，必须设法减小转子的转动惯量，所以其笼型转子做得比较细长。空心杯式转子伺服电动机的结构，如图 7.1 所示。图中外定子的结构和普通异步电动机的定子结构相同，在定子槽中嵌放着两相绕组。空心杯式转子是用铝合金制成的空心薄壁圆筒，壁厚通常仅有 0.2 ～0.3 mm，所以其转动惯量非常小。空心杯式转子通过内、外定子间的气隙装在转轴上，动作快速灵敏。为了减小磁路的磁阻，空心杯形式转子内放置着固定的内定子，它也是用硅钢片叠成的。

交流伺服电动机的接线原理如图 7.2 所示。励磁绕组与电容 C 串联后接到交流电源上（电源电压 $\dot{U}$ 为定值），控制绕组接于交流放大器的输出端，控制电压（信号电压）即为放大器的输出电压 $\dot{U}_2$。励磁绕组串联电容的目的，是为了分相而产生两相旋转磁场。适当选择电容 C 的数值，可以使励磁电压 $\dot{U}_1$ 与电源电压 $\dot{U}$ 之间有 90° 或近于 90° 的相位差。而控制电压 $\dot{U}_2$

与电源电压 $\dot{U}$ 也有关，二者频率相同，相位相同或者相反。

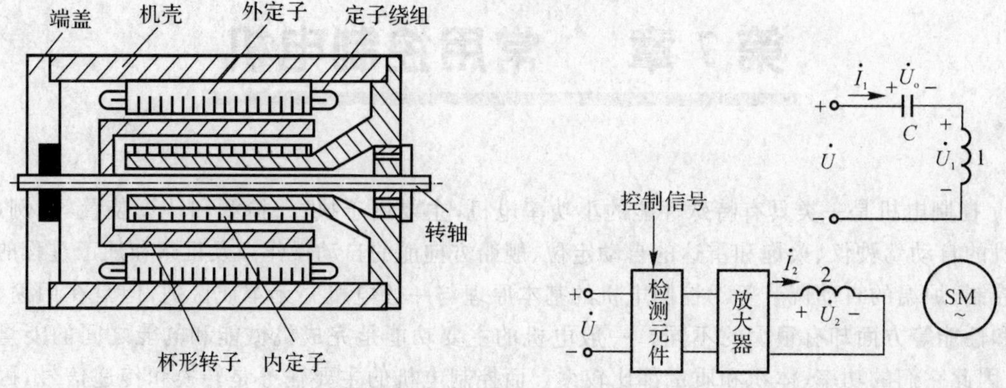

图 7.1　空心杯式转子伺服电动机结构图　　　图 7.2　交流伺服电动机的接线原理图

当控制绕组上所加电压为零、励磁绕组上加额定电压时，由于定子内仅有励磁绕组产生的脉动磁场，电动机处于单相状态，所以转子静止不动。若在控制绕组上施加与励磁电压 $\dot{U}_1$ 相位差为 90° 的控制电压 $\dot{U}_2$，则控制绕组的电流 $\dot{I}_2$ 与励磁绕组中的电流 $\dot{I}_1$ 的相位差也是 90°，于是定子内便会产生两相旋转磁场，转子便会沿着该旋转磁场的转向转动。在负载恒定不变的情况下，电动机的转速将随着控制电压 $\dot{U}_2$ 的大小而变化。当控制电压的相位反相时，旋转磁场的转向将改变，使电动机反转。

交流伺服电动机的转速可由控制电压 $\dot{U}_2$ 控制，在负载转矩不变的情况下，控制电压 $\dot{U}_2$ 为额定电压 U_{2N} 时，电动机转速最高，随着 $\dot{U}_2$ 的减小，转速下降。交流伺服电动机的机械特性如图 7.3 所示。当控制电压 $\dot{U}_2=0$ 时，交流伺服电动机处于单相运行状态。

由于交流伺服电动机的转子电阻 R_2 设计得较大，使临界转差率 $s''>1$，故交流伺服电动机的 T-s 曲线如图 7.4(此图的横坐标是两个方向相反的单向横坐标重叠在一起，因而左右都有箭头）所示。其中曲线 T'，T'' 分别为等效的正、反向旋转磁场所产生的正、反转矩，曲线 T 为 T'，T'' 的合成转矩。可见，当交流伺服电动机在单相运行时，合成转矩 T 与转子转向相反，起制动作用，一旦失去控制电压，将立即停转。

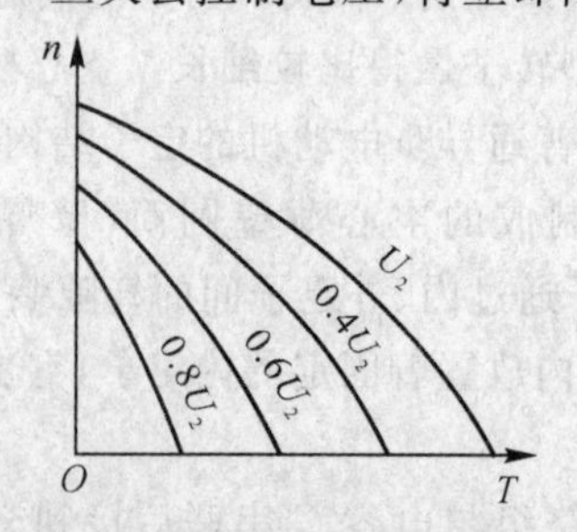

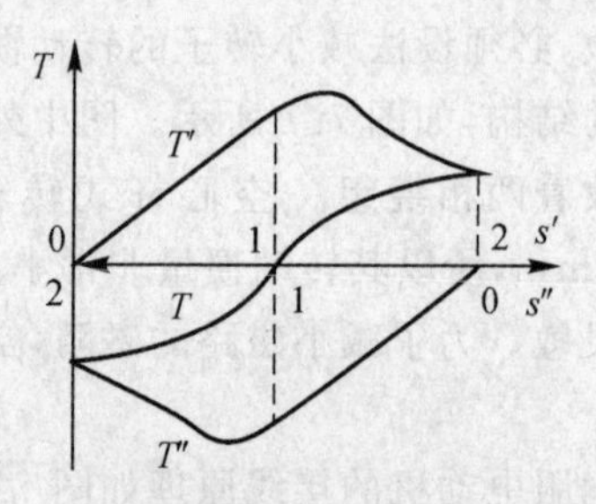

图 7.3　交流伺服电动机在不同控制电压下的机械特性　　图 7.4　单相运行时的 $T=f(s)$ 曲线

交流伺服电动机的机械特性很软，运行平稳，噪声小。但交流伺服电动机的控制电压与转速变化间是非线性关系，并且由于转子电阻 R_2 较大，故损耗大、效率较低；与同容量的直流伺服电动机相比，它的体积和质量大。因此，交流伺服电动机仅适用于小功率控制系统。

7.1.2　直流伺服电动机

直流伺服电动机的结构和原理与直流电动机大致相同。只是直流伺服电动机均为他励式或永磁式，体积较小，气隙也较小，磁路不饱和，因而磁通和励磁电流与励磁电压成正比；另外，直流伺服电动机的电枢电阻较大，机械特性为软特性，电枢比较细长，故转动惯量小。

直流伺服电动机的转速由控制电压来控制，如图 7.5 所示。工作时将控制电压 U_2 加在电枢上，励磁绕组上加恒定的励磁电压 U_1（若为永磁式，则无须加 U_1），此种控制方式称为电枢控制。也可以将控制电压加在励磁绕组上，而将电枢接在恒定励磁电压 U_1 上，这种控制方式称为励磁控制。由于电枢控制的机械特性线性度好，控制电压消失后，只有励磁绕组通电，损耗较小，另外，电枢回路电感小，响应迅速（与励磁控制相比）。因此，大多数直流伺服电动机采用电枢控制。

直流伺服电动机的机械特性方程式与他励电动机一样，即

$$n=\frac{U_2}{C_e\Phi}-\frac{R_a}{C_eC_T\Phi^2}T \tag{7.1}$$

由于直流伺服电动机的磁路不饱和，磁通 Φ 与励磁电压 U_1 成正比，即 $\Phi=C_\Phi U_1$。将此式代入上述机械特性方程式，得

$$n=\frac{U_2}{C_eC_\Phi U_1}-\frac{R_aT}{C_eC_TC_\Phi^2U_1^2} \tag{7.2}$$

由式(7.2)可知，当 U_1 不变，而负载转矩一定时，直流伺服电动机的转速 n 与控制电压 U_2 成线性关系。图 7.6 是直流伺服电动机在不同控制电压（图中 U_2 为额定控制电压）下的机械特性曲线。

与交流伺服电动机相比较，直流伺服电动机的优点是具有线性的机械特性，起动转矩大，可在很大的范围内平滑地调节转速，单位容量的体积小、质量轻，输出功率较大（一般为 1～600 W）。其缺点是由于有换向器，工作可靠性较差，寿命短，换向器产生的火花对电子设备干扰大。另外，它的转动惯量较交流伺服电动机大，灵敏度差，转速波动大，低速运转不够平稳。

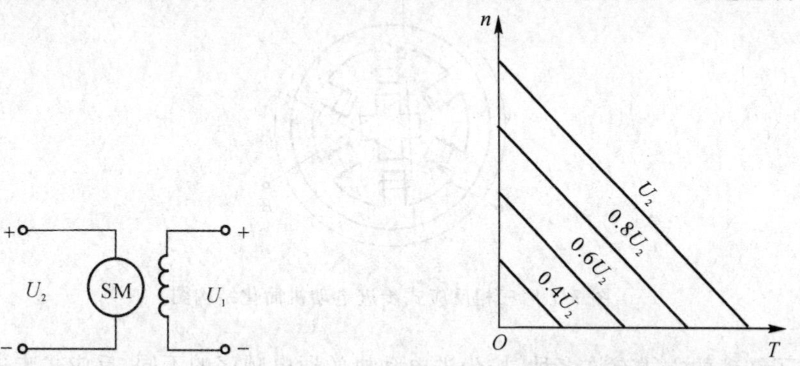

图 7.5　直流伺服电动机的接线原理图　　图 7.6　直流伺服电动机在不同控制电压下的机械特性

近年来，由于自动控制系统对伺服电动机快速响应的要求越来越高，上述直流伺服电动机在使用上受到一定限制。目前，已在传统的直流伺服电动机的基础上，发展了低转动惯量的空心非磁性电枢和盘式电枢直流伺服电动机。它们的电枢表面制作有印制绕组。随着电力电子技术的发展，还出现了不用换向器和电刷的晶体管整流子微型无刷伺服电动机。这些新型直

流伺服电动机主要用在高精度的自动控制系统及测量设备中，如数控机床、$X-Y$函数记录仪、摄像机、录音机等。它们代表了直流伺服电动机的发展方向，应用也日趋广泛。

【思考题】

1. 为什么交流伺服电动机的转子电阻要比普通两相异步电动机的转子电阻大？

2. 在直流伺服电动机的控制电压U_2与励磁电压U_1都不变的条件下，当负载转矩减小时，电枢电流I_2、转速n及电磁转矩T将如何变化？

7.2 步进电动机

步进电动机是一种将电脉冲信号转换成输出轴的角位移或直线位移的特殊电动机。步进电动机在数控机床、自动记录仪表、绘图机等数字控制装置中作为驱动元件或控制元件。每输入一个电脉冲信号，步进电动机就转动一定的角度或前进一步，故又称之为脉冲电动机。

步进电动机按运动形式可分为旋转型和直线型两大类。按转矩产生的原理可分为反应式、永磁式和混合式(又称为永磁感应式或永磁反应式)。按输出转矩大小还可分为伺服式和功率式两类，伺服式步进电动机的输出转矩通常在1 N·m以下，只能驱动较小负载，而功率式步进电动机的输出转矩一般都在5 N·m以上。目前应用较多的旋转型步进电动机是反应式(又称为磁阻式)和永磁式。永磁式步进电动机的转子是一个永久磁铁；反应式的转子用高导磁率的软磁材料制成。反应式步进电动机具有反应快、惯性小、结构简单等特点，应用较为普遍。本节只介绍反应式步进电动机。

图7.7是三相反应式步进电动机的简化结构图。其定子与转子都由硅钢片叠成，定子上装有沿圆周均匀分布的6个磁极，磁极上绕有控制(励磁)绕组。两个相对的磁极组成一相，绕组的接法如图7.7所示。步进电动机转子上没有绕组，为了分析方便，假定转子上具有4个均匀分布的齿。

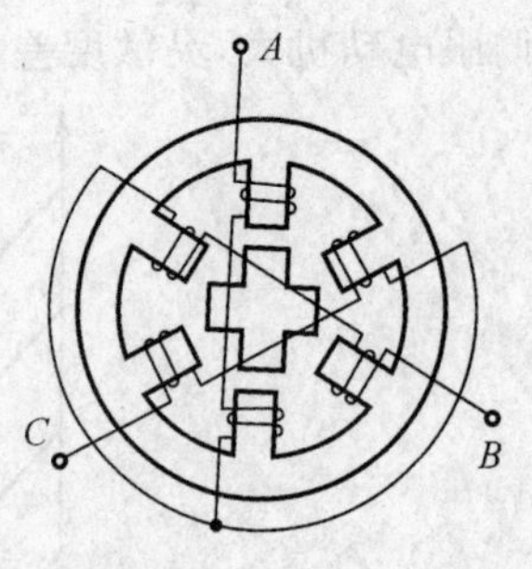

图7.7 三相反应式步进电动机简化结构图

控制转子转动的方式有许多种，按步进电动机的通电顺序的不同，反应式步进电动机有单三拍、双三拍和六拍方式的区别。所谓一拍，是指步进电动机从一相通电换接到另一相通电。每一拍使转子在空间转过一个角度，前进一步，这个角度称为步距角。

7.2.1 单三拍

三相单三拍控制方式是每次只给三相励磁绕组中的一相绕组通电。图7.8是三相反应式步进电动机单三拍方式时的原理图。当只给 A 相绕组通电时，产生 $A-A'$ 轴线方向的磁通。如图 7.8 所示，由于磁通具有力图通过磁阻最小路径的特点，从而产生磁拉力，形成一反应转矩，使转子的 1,3 两齿与定子的 $A-A'$ 轴线磁极对齐，如图 7.8(a) 所示。A 相绕组通电持续一定的时间后再断开它，接着给 B 相绕组通电（A,C 两相不通电），产生 $B-B'$ 轴线方向的磁通，转子顺时针方向转过 30°，使转子的 2,4 两齿与定子的 $B-B'$ 对齐，如图 7.8(b) 所示。随后 C 相绕组通电（A,B 两相不通电），产生 $C-C'$ 轴线方向的磁通，转子又顺时针方向转过 30°，使转子的 1,3 两齿与定子的 $C-C'$ 磁极对齐，如图 7.8(c) 所示。若电脉冲信号依次按顺序输入，三相定子绕组按 $A\rightarrow B\rightarrow C\rightarrow A\rightarrow\cdots\cdots$ 的顺序轮流通电，则步进电动机按顺时针方向一步一步地转动，步距角为 30°。通电换接 3 次，使定子磁场旋转一周，而转子只转过一个齿距角（转子有 4 个齿时，齿距角为 90°）。若将通电顺序改为 $A\rightarrow C\rightarrow B\rightarrow A\rightarrow\cdots\cdots$，则步进电动机转子便逆时针方向转动。步进电动机转子转动的快慢取决于输入电脉冲的频率。

上述方式称为三相单三拍。所谓“单三拍”是指每次只有一相绕组通电，经过 3 次换接，绕组的通电状态完成一个循环。这种控制方式在一相绕组断电、另一相绕组刚刚开始通电的转换瞬间容易引起失步（即电动机未能按输入脉冲信号一步一步地转动）。另外，单用一相绕组吸引转子，也容易使转子在平衡位置附近产生振荡，故运行平稳性较差。

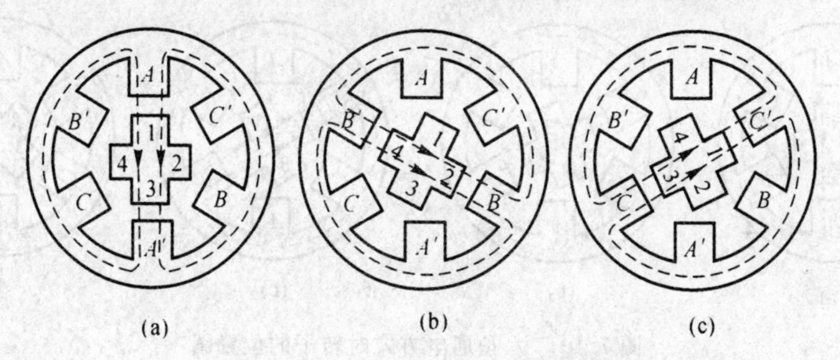

图 7.8　单三拍通电方式时转子的位置

(a)A 相通电；　(b)B 相通电；　(c)C 相通电

7.2.2　双三拍

如果每次同时有两相绕组通电，即按照 $A,B\rightarrow B,C\rightarrow C,A\rightarrow A,B\rightarrow\cdots\cdots$ 顺序通电，这种通电方式称为三相双三拍，如图 7.9 所示。

当 A,B 两相绕组同时通电时，定子磁极 $A-A'$ 对转子齿 1,3 产生了反应转矩，而定子磁极 $B-B'$ 对转子齿 2,4 也产生了反应转矩。因此，转子就转到这两个反应转矩的平衡位置，如图 7.9(a) 所示。接着 B,C 两相绕组通电，定子磁极 $B-B'$ 对转子齿 2,4 有反应转矩作用，而定子磁极 $C-C'$ 有转子齿 1,3 也有反应转矩作用。因此，转子顺时针方向转动 30°，步距角为 30°，如图 7.9(b) 所示。随后，C,A 两相绕组同时通电，转子顺时针方向转动 30°。

若通电顺序改为 $A,C\rightarrow C,B\rightarrow B,A\rightarrow A,C\rightarrow\cdots\cdots$ 则步进电动机便逆时针方向转动。

由于双三拍每次都是两相绕组通电，在转换过程中始终有一相绕组保持通电，因此工作比较平稳。

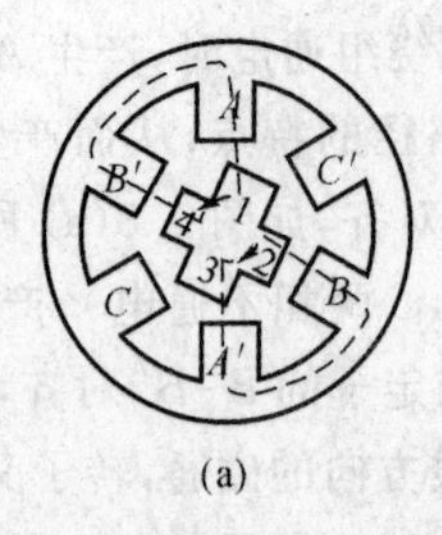

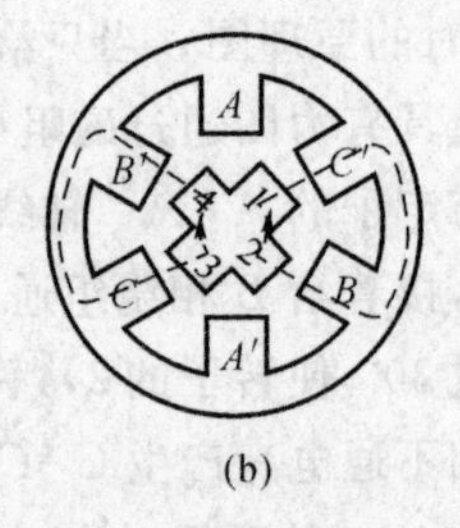

图 7.9　双三拍通电方式时转子的位置

(a)A,B 相通电；(b)B,C 相通电

7.2.3　三相六拍

三相六拍方式是上述两种的混合方式，如图 7.10 所示。在图 7.10 中若按 $A\rightarrow A,B\rightarrow B\rightarrow B,C\rightarrow C\rightarrow C,A\rightarrow A\rightarrow\cdots\cdots$ 顺序通电，则转子顺时针方向一步一步地转动，步距角为 15°。通电换接 6 次完成磁场旋转 360°，使转子前进一个齿距角。定子三相绕组需经 6 次换接才能完成一个循环，故称为六拍。

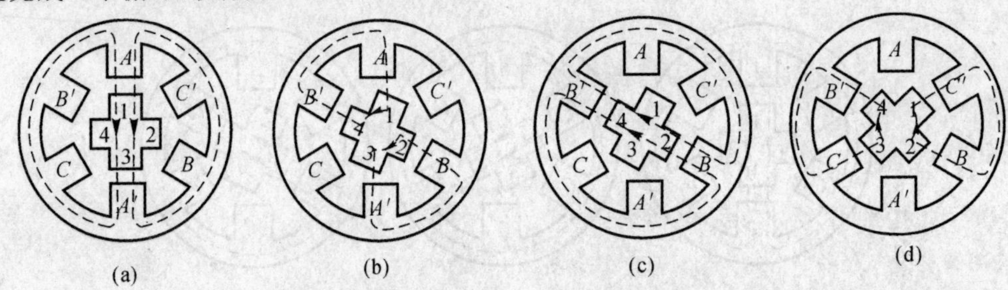

图 7.10　六拍通电方式时转子的位置图

(a)A 相通电；(b)A,B 相通电；(c)B 相通电；(d)B,C 相通电

若按 $A\rightarrow A,C\rightarrow C\rightarrow C,B\rightarrow B\rightarrow B,A\rightarrow A\rightarrow\cdots\cdots$ 顺序通电，则步进电动机的转子逆时针方向转动。

在这种控制方式下，始终有一相绕组通电，故工作也比较平稳。

由上述可知，采用单三拍和双三拍方式时，转子走 3 步前进了 1 个齿距角，每走 1 步前进了 $\frac{1}{3}$ 齿距角；采用六拍方式时，转子走 6 步前进了 1 个齿距角，每走 1 步前进了 $\frac{1}{6}$ 齿距角。故步距角 θ 为

$$\theta=\frac{360^\circ}{Z_r m} \tag{7.3}$$

式中　Z_r —— 转子齿数；

m —— 运行拍数。

如三相六拍方式时，$Z_r=4, m=6$，则步距角为

$$\theta=\frac{360^\circ}{4\times 6}=15^\circ$$

如果步距角 θ 的单位是(°)，脉冲频率 f 的单位是 Hz，则步进电动机每分钟的转速为

$$n=\frac{\theta f}{360^{\circ}}\times 60=\frac{60f}{Z_{r}m} \tag{7.4}$$

可见,步进电动机的转速与脉冲频率成正比。

由于步进电动机的转子以及负载存在惯性,当起动和停止以及正常运行时,输入电脉冲的频率不能过高,频率的变化率也不能太大。使用时,实际的脉冲频率不能超过技术数据中规定的允许值,否则将会产生失步,影响其精度。

在实际应用中,为了保证自动控制系统所需要的精度,要求步进电动机的步距角很小,通常为3°或1.5°。为此将转子做成许多齿(共有40个,齿距角为360°/40=9°),并在定子每个磁极上也做几个小齿(有5个)。为了让转子齿与定子齿对齐,两者的齿宽和齿距必须相等。因此,三相反应式步进电动机的结构图如图7.11所示。

综上所述,步进电动机具有结构简单,维护方便,在不失步的情况下无积累误差,精确度高,停车准确等性能。因此,步进电动机被广泛应用于数字控制系统中,如数控机床、自动记录仪表、检测仪表和数模变换装置等。

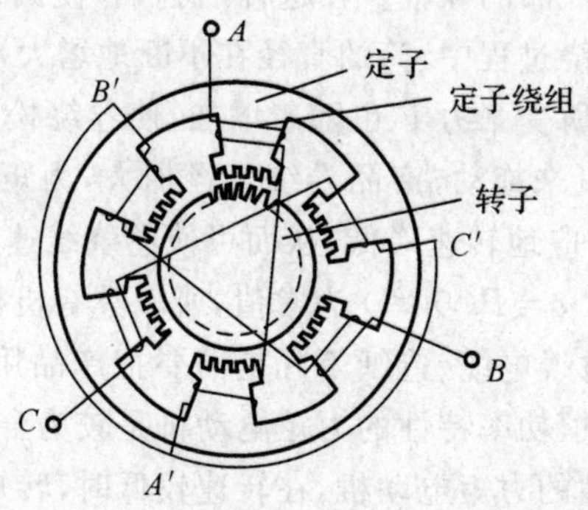

图7.11 三相反应式步进电动机的结构图

【思考题】

1. 与普通的交流或直流电动机相比,步进电动机的转子运行有什么特点?试解释三相单三拍、双三拍和六拍这三个术语。

2. 什么是步距角?一台步进电动机可以有两个步距角,例如3°/1.5°,这是什么意思?

7.3 力矩电动机

用一般电动机驱动低速机械负载时,通常要经过齿轮减速机构与负载联结。其原因是一般电动机的转矩较小而转速较高,需要经过减速传动机构降低转速并且增大转矩,这样才能满足负载的要求。但这种传动机构往往结构庞大,且由于齿轮系统的误差,使传动精度和稳定性降低。力矩电动机正是为解决上述问题而研制的一种特殊电动机。它具有转速低和转矩大的特点,因而可以直接带动低速机械负载,而且在任意低速甚至堵转情况下都能运行。它也分为交流力矩电动机和直流力矩电动机两类,下面分别予以介绍。

7.3.1 交流力矩电动机

交流力矩电动机以三相笼型异步力矩电动机为主。它的结构与普通笼型异步电动机相似，区别在于它用电阻较高的导电材料（如黄铜）作为鼠笼转子的导条及端环，转子径向尺寸较大，一般都做成扁平状；定子磁极对数较多，同步转速 n_0 较低。另外，由于力矩电动机允许长期低速甚至堵转运行，所以电动机的散热问题较普通电动机突出。为了解决这一问题，经常采用开启式结构，在转子上还开有不少轴向通风道，以便用外加鼓风机吹风来散热，小容量的交流力矩电动机也有采用封闭式结构的。三相笼型异步力矩电动机与一般笼型异步电动机的工作原理完全相同，但由于前者转子电阻较大，因此二者的机械特性不同。图 7.12 中的曲线 1 是一般异步电动机的机械特性曲线，曲线 2 和曲线 3 是两种力矩电动机的机械特性曲线，其差别是由于采用不同的导体材料和不同的转子设计造成的。

由曲线 2 和曲线 3 可知，力矩电动机在 $n=0\sim n_0$ 的范围内都能稳定运行，而且转速越低，转矩越大（曲线 2），或转速较低时，转矩恒定不变（曲线 3）。

在自动控制系统中，常用交流力矩电动机作低转速控制对象的执行元件。此外，也可将它用于纺织、冶金、橡胶、造纸等行业中对转矩特性有特殊要求的各种机械设备中。如卷绕纸张、布匹等的辊筒，以及传送这些产品的导辊。在这种场合，若使用普通异步电动机来驱动，由于其机械特性为硬特性，则在卷绕过程中，筒的直径在不断地增大，辊筒的转速 n 变化不大，因此卷绕线速度 v 越来越大，产品所受张力 F 也随着增加，使卷绕松紧不一，甚至因张力过大而将产品拉断。若使用力矩电动机来拖动，产品卷绕直径加大，力矩电动机的负载转矩 T 相应增加，由机械特性曲线2可知，相应地转速降低，从而可使卷绕线速度 v 与张力 F 保持不变。由于张力 F 与线速度 v 之乘积 $F\times v=P$（功率）为常值，所以具有机械特性曲线 2 的力矩电动机为恒功率特性。在纺织、印染、电线电缆、造纸等凡是需要把产品用恒定的张力与恒定的线速度卷绕在轴上或筒上的场合，用恒功率特性的力矩电动机是较为合适的，经济性也好。

具有曲线 3 所示机械特性的力矩电动机，在转速较低时，转矩基本恒定。这种电动机常用在转速变化时仍要求恒定转矩的场合。例如在印染厂里就是利用多台力矩电动机来驱动传送织物的若干辊轴，由于辊轴直径不变，根据张力 F 与半径 r 之乘积 $F\times r=T$（转矩）为常值，则可知在一定的低速范围内传送织物的张力始终保持不变。

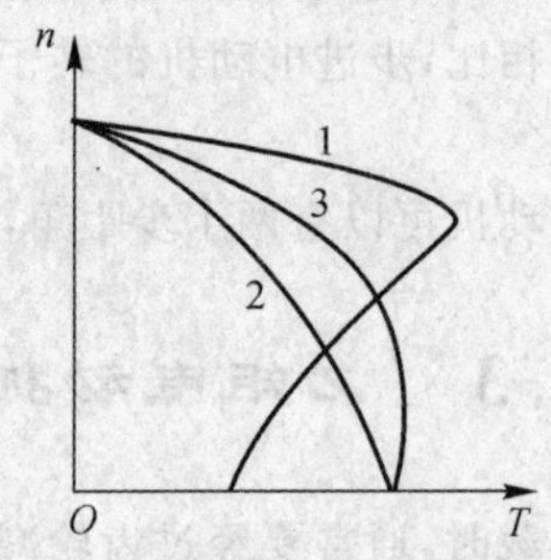

图 7.12　力矩电动机的机械特性

7.3.2　直流力矩电动机

直流力矩电动机也是可以长期处于堵转状态下工作的低转速、高转矩的直流电动机。直流力矩电动机的工作原理与普通直流电动机完全相同，只是在结构、外形尺寸和机械特性上有所不同。直流电动机为了减小电动机的转动惯量，电枢大多做成较为细长的圆柱体，即直径较小，轴向长度较长。直流力矩电动机能在相同体积和电枢电压下产生较大的转矩、较低的转速，一般都做成扁平状，直径较大，轴向长度较小。其结构如图7.13所示。定子是用软磁材料做成的带槽的圆环，槽中嵌入永久磁铁。转子铁芯和绕组与普通直流电动机相同。

直流力矩电动机的主要技术数据是连续堵转转矩（$n=0$时对应的转矩T_{st}，单位为N・m）值及空载转速，目前转矩可做到几百牛米，空载转速10 r/min左右。

使用直流力矩电动机时应注意：连续堵转转矩是在电动机长时间堵转的情况下，稳定温升不超过允许值时输出的最大堵转转矩，此时的电枢电流为连续堵转电流；连续堵转转矩主要受电动机发热的限制，在较短时间内电枢电流超过连续堵转电流，虽然不会损坏电动机，但有可能使永久磁钢退磁，减弱磁性，故需要重新充磁才能使用。

如前所述，直流力矩电动机可以不经过减速机构而直接驱动负载。此外，它还具有反应速度快、机械特性的线性度好、能在极低的转速下稳定运行等优点，速度和转矩的波动也很小。因此，直流力矩电动机较适用于位置和速度的控制精度要求较高的系统中，在数控机床进给系统、雷达天线控制系统中应用较多。

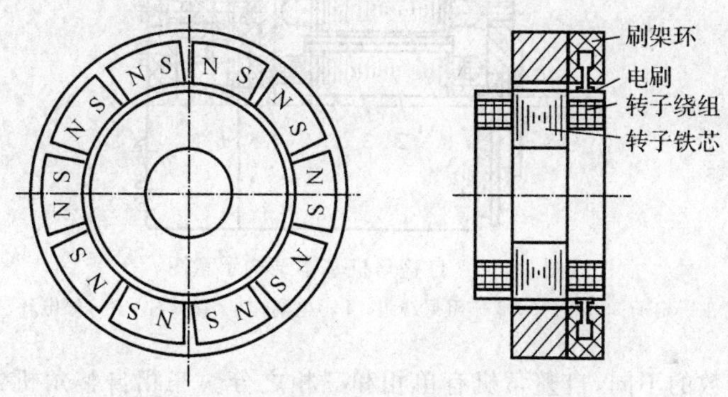

图7.13　直流力矩电动机的结构示意图

【思考题】

力矩电动机的转速、转矩和外形有何特点（与电源类型相同的普通电动机相比较）？适用于哪些场合？

7.4　自整角机

两台或多台电机通过电路的联系，使机械上互不相连的两根或多根转轴自动地保持相同的转角变化或同步的旋转变化，电机的这种性能称为自整步特性。自整角机就是利用自整步特性将转角变为交流电压或由转角变为转角的感应式微型电机。它在伺服系统中被用做测量角度的位移传感器，还可用来实现角度信号的远距离传输、变换、接收和指示。因此，它广泛应用于冶金、航海等位置和方位同步指示系统和火炮、雷达等自控系统中。

非数字式自整角机必须至少2台才能正常工作，其中，装在主令轴上，用于发送角度指令的称为发送机，另一个（或多个）装在从动轴上的称为接收机。即发送机仅一个，而接收机可以有多个。例如，在舰船自动操舵系统中，发出偏舵指令的发送机安装在驾驶台上，而指示舵偏转角的舵角指示器既安装在驾驶台上，也安装于舵机舱等地方。发送机转角与接收机转角之差称为失调角，自整角机就是靠失调角工作的。发送机不能自行转动，只要存在失调角，接收机就转动，直至失调角为零才停止转动。

自整角机按用途分为力矩式和控制式(变压器式)两种。力矩式自整角机因其输出力矩较小，通常只用于角度指示系统中带动仪表的指针旋转以指示角度，例如舵角指示器等。控制式自整角机用来测角元件，其接收机输出一个与失调角成一定关系的电压，该电压经放大器放大后，作为伺服电动机控制绕组的控制信号电压，使伺服电动机转动。因自整角接收机与伺服电动机同轴旋转，当其转到与发送机转角相等位置时，失调角为0°，伺服电动机停止转动，生产机械就转到所要求的位置或角度。

自整角机的基本结构如图7.14所示。定子铁芯内嵌放着空间互差120°电角度的三相绕组，转子铁芯为凸极式或隐极式，转子绕组可以是分布绕组，也可以是集中绕组。为增大输出转矩，力矩式自整角机的转子铁芯多为凸极式结构，控制式自整角机的转子多为隐极式结构以提高控制精度。

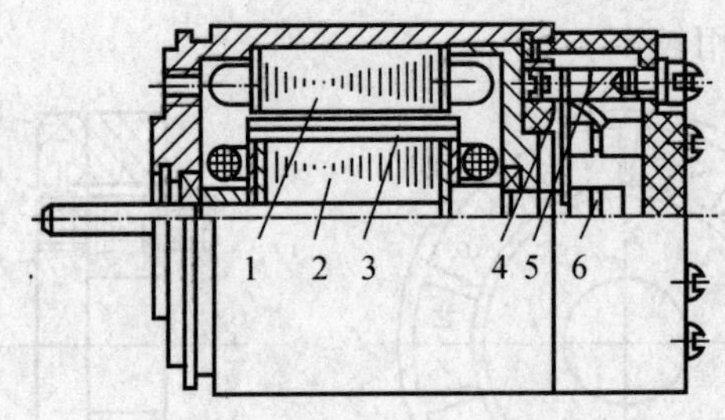

图7.14　自整角机基本结构示意图

1— 定子；2— 转子；3— 阻尼绕组；4— 电刷；5— 接线柱；6— 集电环

按供电电源相数的不同，自整角机有单相和三相之分。三相自整角机常用于功率较大的传动系统中，单相自整角机则主要用于控制系统中。下面以单相自整角机为例对其工作原理予以简单说明。

7.4.1　力矩式自整角机

如图7.15所示，力矩式自整角机的接收机和发送机的转子绕组接于同一交流电源，两者均作为励磁绕组，定子三相对称同步绕组的对应端相连接。力矩式自整角机的工作原理是其内部存在两种磁场相互作用，从而产生力矩。

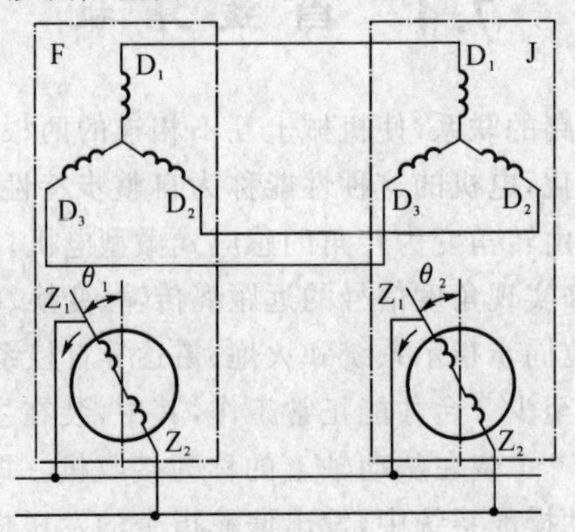

图7.15　力矩式自整角机接线图

1. 初始状态

由于发送机 F 和接收机 J 的转子绕组都接于单相交流电源，故产生的转子电流在各自的气隙中产生脉振磁场。该磁场在各自的定子三相绕组中感应出变压器电动势 E_{f1}，E_{f2}，E_{f3}（发送机）和 E_{j1}，E_{j2}，E_{j3}（接收机）。当发送机和接收机对应相的轴线（如 D_1 相）与脉振磁场的轴线的夹角相等时，发送机和接收机对应相绕组的感应电动势分别相等，即各对应端为等电位点，定子绕组间没有电流流过，发送机和接收机的转子不转，此时失调角 $\theta=0°$。

2. 发送机转子逆时针转过一个角度 θ_1

发送机与接收机同时励磁，而且发送机转子逆时针转过一个 θ_1 角瞬间，接收机转子不会立即跟着转动。两机转子绕组产生的脉振磁场在各自的定子绕组中产生的变压器电动势不再相等。而它们的定子绕组对应连接，在各对应相绕组中便产生电流，该电流流过接收机各相绕组，使接收机转子跟随发送机转子同方向旋转。其原因是，如果发送机转子在外力作用下逆时针转过角 θ_1，它所产生的转矩力图使转子顺时针旋转，但转子与主令轴相接，无法自行转动。此时接收机所产生的转矩使其转子逆时针转动，使失调角 $\theta=\theta_1-\theta_2$ 逐渐减小至 0°，系统进入新的协调位置，从而实现了转角的传输。

7.4.2　控制式自整角机

如果将图 7.15 所示的力矩式自整角机的接收机转子绕组不接电源，并将它预先转过 90° 电角度，使发送机与接收机转子绕组相互垂直作为协调位置，如图 7.16 所示，就组成了控制式自整角机。

当发送机转子跟随主令轴转过 θ_1 角时，接收机转子绕组即输出一个与失调角 θ 具有一定函数关系的电压信号 U_2，经放大后作为伺服电动机的控制信号，使伺服电动机转动，伺服电动机又带动接收机转子旋转，当接收机转子转过的角度与发送机转子转过的角度相等时，转子输出电压为零，伺服电动机停转。在这种情况下，接收机是在变压器状态下运行，故亦称其为自整角变压器。

可以推导出接收机转子单相绕组的输出电压 U_2 的大小与失调角 $\theta=\theta_1-\theta_2$ 之间的关系（推导过程从略）如下：

$$U_2=U_m\sin\theta$$

式中，U_m 为输出电压最大值。

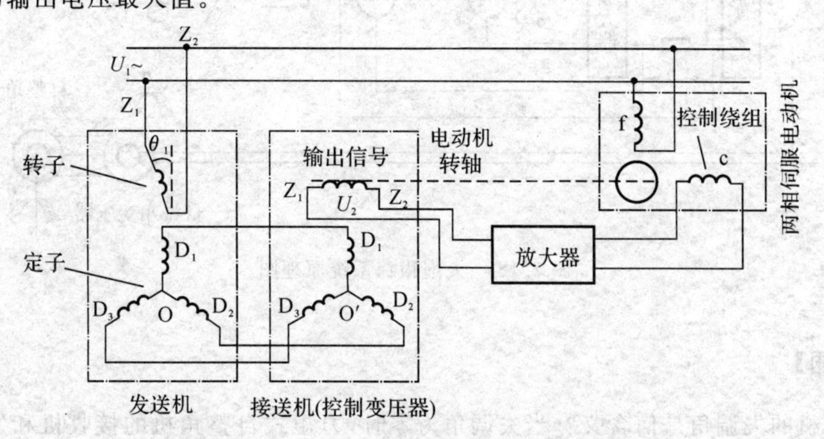

图 7.16　控制式自整角机工作原理示意图

7.4.3 应用实例

图 7.17 所示的液面位置指示器是力矩式自整角机的一个应用实例。当液面高度改变时，带动浮子随之上升或下降，通过滑索带动自整角发送机转轴转动，将液面位置的直线变化转换成发送机转子的角度变化，自整角发送机和接收机之间再通过导线远距离连接起来。

因为自整角发送机和自整角接收机的转角相对位置发生了改变，产生了失调角，两机便会产生转矩，力图使自整角发送机和自整角接收机的转角对齐。自整角发送机产生的力矩和滑索的外力矩平衡，保持静止；自整角接收机产生的力矩带动表盘指针转过一个失调角，正好指示出角度的改变，实现了远距离的位置指示。这种系统还可以用于电梯和矿井提升机位置的指示及核反应堆中的控制棒指示器等装置中。

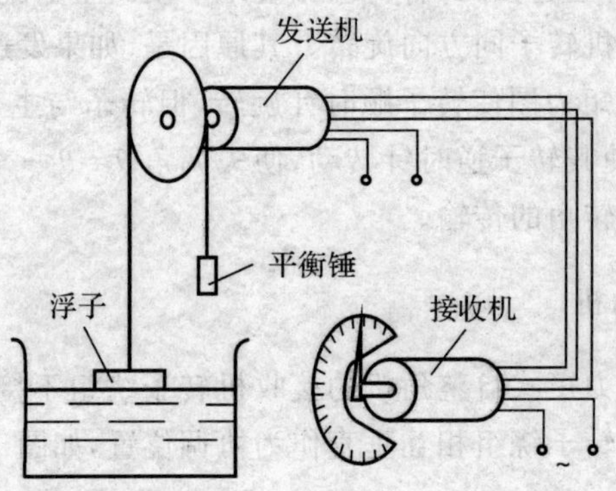

图 7.17 液面位置指示器

控制式自整角机的一个典型应用是图 7.18 所示的火炮跟踪系统。该系统的任务是使火炮的转角 θ_2 与由指挥系统给出的指令 θ_1 相等。当 $\theta_2 \neq \theta_1$ 时，测角装置（自整角机系统）就输出一个与失调角（$\theta = \theta_1 - \theta_2$）成一定运算关系的信号 U_1，此电压经放大器放大后，驱动直流伺服电动机，带动炮身向着减小失调角的方向移动，直到 $\theta_1 = \theta_2$，$U_1 = 0$ 时，电动机停止转动，火炮对准射击目标。

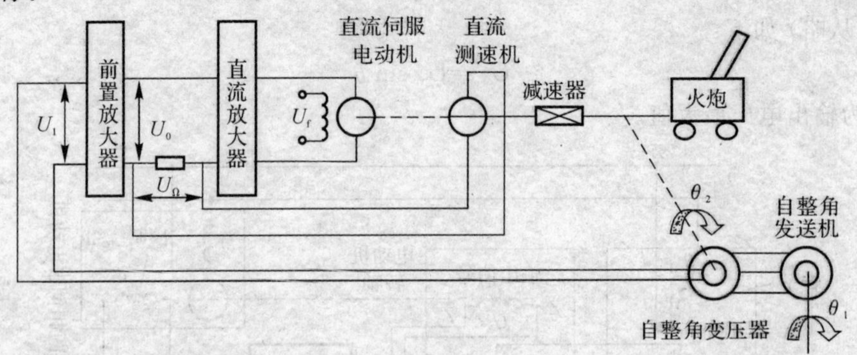

图 7.18 火炮跟踪系统原理图

【思考题】

自整角机的失调角是何含义？当失调角为零时，力矩式自整角机的接收机和发送机处于怎样的位置关系？而控制式自整角机的接收机和发送机又处于怎样的位置关系？

本章习题

1. 将 400 Hz 的两相对称交流电流接入两极交流伺服电动机的两组绕组。试问：

(1) 旋转磁场的转速 n_0 是多少？

(2) 若转子转速 $n=18\ 000$ r/min，则转子导条切割磁场的速度是多少？

(3) 若负载减小使转速升高至 $n=20\ 000$ r/min，s 和 f_2 是多少？

(4) 若转子的旋转方向与旋转磁场的方向相反，转速的大小仍为 $n=18\ 000$ r/min，s 和 f_2 又是多少？此时电磁转矩 T 的大小和方向是否与(2) 中 $n=18\ 000$ r/min 时一样？

2. 保持直流伺服电动机的励磁电压 U_1 不变。试求：

(1) 当控制电压 $U_2=50$ V 时，理想空载转速 $n_0=3\ 000$ r/min；那么当 $U_2=100$ V 时，n_0 等于多少？

(2) 已知电动机的阻转矩 $T_C=T_0+T_2=1.47\times10^{-2}$ N·m，且不随转速大小而变。当控制电压 $U_2=50$ V 时，转速 $n=1\ 500$ r/min；那么当 $U_2=100$ V 时，n 等于多少？

3. 图 7.11 所示的三相反应式步进电动机的转子齿数 $Z_r=40$，若采用六拍控制方式，试问步距角是多少度？若输入电脉冲信号的频率为 2 000 Hz，试求电动机的转速 n 等于多少？

第 8 章　几种新型特种电动机

8.1　开关磁阻电动机

8.1.1　开关磁阻电动机传动系统的组成

开关磁阻电动机拖动系统(Switched Reluctance Drive,SRD)是 20 世纪 80 年代中期发展起来的一种新型机电一体化交流调速系统,自问世以来,发展很快,已经成为电机调速系统中又一个新的分支。它主要由 4 部分组成:开关磁阻电动机(简称 SRM 或 SR 电动机)、功率变换器、控制器和检测器,如图 8.1 所示。

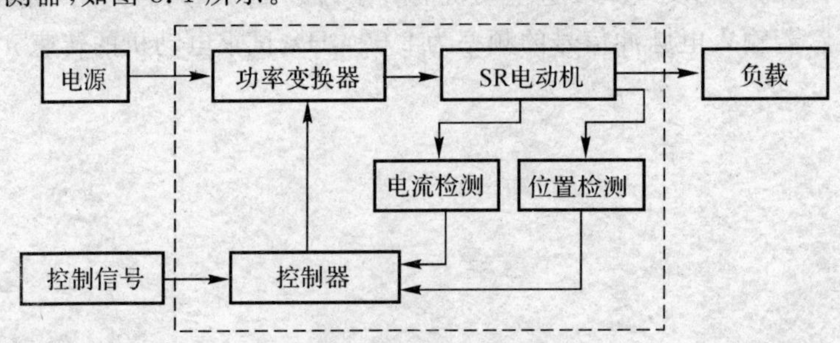

图 8.1　SRD 系统基本构成

SR 电动机是 SRD 系统中实现机电能量转换的部件,其结构和工作原理都与传统电机有较大的差别。SR 电动机的定子和转子都采用凸极结构,均由硅钢片叠成。定子极数和转子极数齿数不等,一般相差 2 个。转子上既无绕组也无永磁体,定子齿极上绕有集中绕组,径向相对的两个绕组可以串联或并联在一起,构成"一相"。SR 电动机可以设计成单相、两相、三相、四相或更多相结构,且定、转子的极数有多种不同的搭配。相数增多,有利于减小转矩脉动,但导致结构复杂、主开关器件增多、成本增高。目前应用较多的是三相 6/4 极结构(其结构原理图见图 8.2)、三相 12/8 极结构和四相 8/6 极结构。

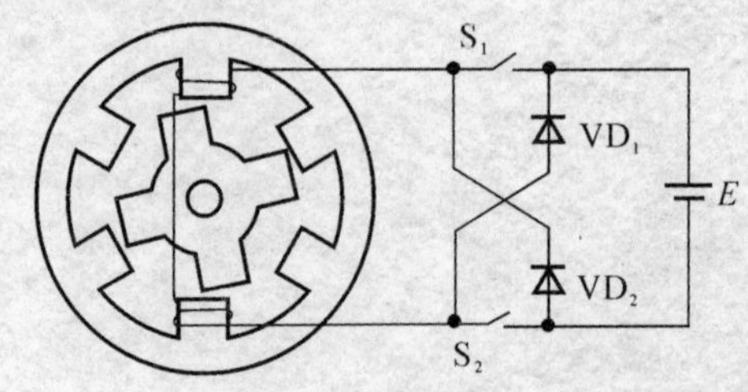

图 8.2　三相 6/4 级 SR 电动机的结构原理图

功率变换器是 SRD 系统能量传输的关键部分，是影响系统性能价格比的主要因素，起控制绕组开通与关断的作用。由于 SR 电动机绕组电流是单向的，使得功率变换器主电路不仅结构较简单，而且相绕组与主开关器件是串联的，可以避免直通短路危险。SRD 系统的功率变换器主电路结构形式与供电电压、电动机相数及主开关器件的种类有关。

控制单元是 SRD 系统的核心部分，其作用是综合处理速度指令、速度反馈信号及电流传感器、位置传感器的反馈信息，控制功率变换器中主开关器件的通断，实现对 SR 电动机运行状态的控制。

检测单元由位置检测和电流检测环节组成，给控制单元提供转子的位置信息以决定各相绕组的开通与关断，提供电流信息以完成电流斩波控制或采取相应的保护措施以防止过电流。

8.1.2　开关磁阻电动机的工作原理

SR 电动机的工作原理与反应式步进电动机类似，即电机运行时遵循“磁阻最小原理”——磁通总是沿磁阻最小的路径闭合。当定子某相绕组通电时，所产生的磁场由于磁力线扭曲而产生切向磁拉力，试图使相近的转子极旋转到其轴线与该定子极轴线对齐的位置，即磁阻最小位置。下面以图 8.3 所示的三相 6/4 极结构 SR 电动机为例说明 SR 电动机的工作原理。

图 8.3 是一台三相 6/4 极 SR 电动机的结构原理图。定子为 6 个极，其上装有绕组。相对两极上的绕组串联起来，组成 3 个独立的三相绕组，转子上有 4 个齿，其上不装绕组。工作时，由开关电源轮流向三相绕组供电。

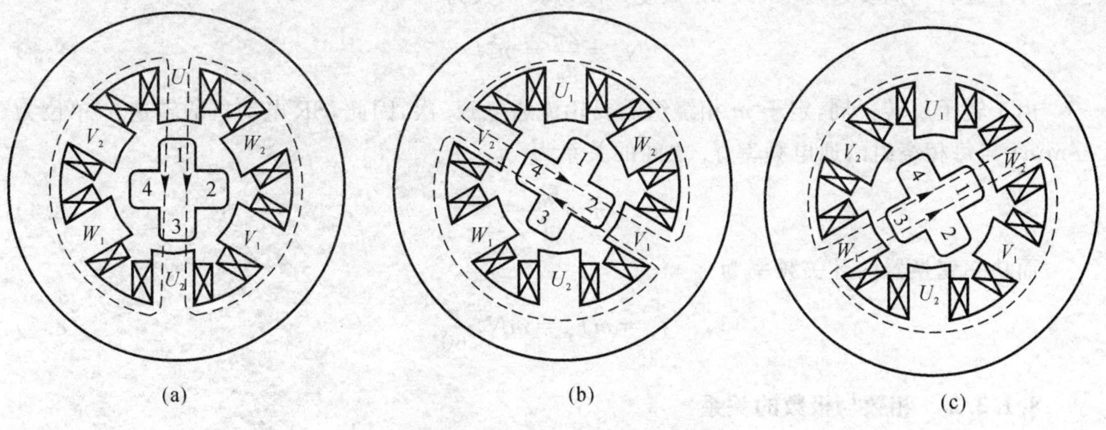

图 8.3　SR 电动机的工作原理

(a)U 相通电；　(b)V 相通电；　(c)W 相通电

如果先让 U 相绕组通电，定子 U 相磁极产生磁场，通过磁阻转矩使转子的 1，3 两齿与定子 U 相磁极对齐，如图 8.3(a) 所示。然后断开 U 相绕组，单独给 V 相绕组通电，则如图 8.3(b) 所示，V 相磁极产生磁场，由于这时转子 2，4 两齿与 V 相磁极靠得很近，于是转子便沿着顺时针方向转动，使转子 2，4 两齿与 V 相磁极对齐。接着如图 8.3(c) 所示，给 W 相绕组单独通电，W 相磁极产生磁场，转子继续转动，使得 1，3 两齿与 W 相磁极对齐。如此循环下去转子便不停地旋转。如果改变三相绕组的通电顺序，即改为 W—V—U 顺序通电，转子便改成了逆时针转动。

综上所述可以得出结论:SR电动机的转动方向总是与磁场轴线的转动方向相反,电动机转向的改变是通过改变各相定子绕组的通电顺序来实现的;改变定子绕组通电相电流的方向并不会影响转子的旋转方向。

改变各相绕组的通电电压,便改变了各相绕组中电流的大小,即改变电动机的电磁转矩的大小,进而改变电动机的转速。

SR电动机与其他磁阻式电动机的不同之处还在于SR电动机的转子上装有位置检测器,它会准确及时地发出转子的位置信号给开关电源,使其适时地轮流向三相绕组供电,以保证电动机能更好地正常工作。

8.1.3 开关磁阻电动机的转速、相数与结构

8.1.3.1 转速、频率和步距角

对于m相SR电动机,如果定子齿极数为N_s,转子齿极数为N_r,则转子极距角(简称转子极距)为

$$\tau_r = \frac{2\pi}{N_r} \tag{8.1}$$

将每相绕组通电、断电一次转子所转过的角度定义为步距角,则其值为

$$\alpha_p = \frac{\tau_r}{m} = \frac{2\pi}{mN_r} \tag{8.2}$$

转子旋转一周转过360°(或2π弧度),故每转步数为

$$N_p = \frac{2\pi}{\alpha_p} = mN_r \tag{8.3}$$

由于转子旋转一周,定子m相绕组需要轮流通电N_r次,因此,SR电动机的转速n(单位为r/min)与每相绕组的通电频率f_φ之间的关系为

$$n = \frac{60 f_\varphi}{N_r} \tag{8.4}$$

而功率变换器的开关频率为

$$f_c = m f_\varphi = mN_r \frac{n}{60} \tag{8.5}$$

8.1.3.2 相数与极数的关系

SR电动机的转矩为磁阻性质,为了保证电机能够连续旋转,当某一相定子齿极与转子齿极轴线重合时,相邻的定子齿极与转子齿极应该错开$1/m$个转子极距。同时,为了避免单边磁拉力,径向必须对称,所以双凸极的定子和转子齿槽数应为偶数。通常,SR电动机的相数与定、转子齿极数要满足如下的约束关系:

$$\begin{aligned} N_s &= 2km \\ N_r &= N_s \mp 2k \end{aligned} \tag{8.6}$$

式中,k为正整数,为了增大转矩,降低开关频率,一般取式中的"—"号,从而使得定子齿极数多于转子齿极数。常用的相数与极数组合见表8.1。

表 8.1　SR 电动机常用的相数与极数组合

m	N_s	N_r
2	4	2
	8	4
3	6	2
	6	4
	6	8
	12	8
4	8	6
5	10	4

电动机的极数与相数和电机的性能与成本密切相关。一般来讲,极数与相数的增多会使转矩脉动减小,运行更加平稳,但却增加了电机的复杂性与功率变换器的成本;反之,减小相数能降低成本,但却引起转矩脉动的增大。特别应该指出的是:两相以下(含两相)的 SR 电动机无自起动能力(指电机转子在任意位置时绕组通电起动的能力)。所以,以三相和四相的 SR 电动机最为常用。

8.1.4　开关磁阻电动机拖动系统的特点和应用领域

SRD 系统具有许多显著的特点,其主要优点如下:

(1)SR 电动机的突出优点是转子上没有任何形式的绕组,而定子上只有简单的集中绕组,因此电机结构简单、坚固,制造工艺简单,成本低,可工作于极高转速;定子绕组嵌放容易,端部短而牢固,工作可靠,能适用于各种恶劣环境。

(2) 损耗主要产生在定子上,因而电机易于冷却;转子无永磁体,可允许有较高的温升。

(3) 功率电路简单可靠。因为电动机转矩方向与绕组电流方向无关,即只需要单方向绕组电流,故功率电路可以做到每相一个功率开关,电路结构简单。另外,系统中每个功率开关器件均直接与电动机绕组相串联,避免了直通短路现象。因此,SRD 系统中功率变换器的保护电路可以简化,既降低了成本,又具有较高的可靠性。

(4) 效率高、功耗小。SRD 系统在宽广的转速和功率范围内都具有较高效率。这是因为一方面电动机转子不存在绕组铜耗,另一方面电动机可控参数多,灵活方便,易于在宽转速范围和不同负载下实现高效优化控制。

(5) 高起动转矩,低起动电流,无感应电动机在起动时所出现的冲击电流现象,因而适用于频繁起、制动和正、反转运行。从电源侧吸收较少的电流,在电动机侧得到较大的起动转矩是 SRD 系统的一大特点。典型产品的数据是:当起动转矩达到额定转矩的 1.4 倍时,起动电流只有额定电流的 40%。

(6) 能四象限运行,具有较强的再生制动能力。

(7) 可控参数多，调速性能好。控制开关磁阻电动机的主要运行参数和方法至少有以下4种：

1) 控制开通角；

2) 控制关断角；

3) 控制相电流幅值；

4) 控制相绕组电压。

可控参数多，意味着控制灵活方便，可以根据运行要求和电动机的实际情况采用不同的控制方法和参数值，使电机运行于最佳状态（如出力最大、效率最高等），还可以使电机实现各种不同的功能和特定的特性曲线。

SRD 系统的缺点主要是：

(1) 转矩脉动大。SR 电动机转子上产生的转矩是由一系列脉冲转矩叠加而成的，且由于双凸极结构和磁路饱和的影响，合成转矩不是一个恒定值，存在一定的交流分量，使得电机低速运行时转矩脉动较大。

(2) 振动和噪声比一般电动机大。

(3) 电机绕组利用率较低，影响了转矩密度和功率密度的提高。

(4) 由于电机绕组的最大电感较大，而换流常在最大电感区域附近发生，功率开关管在大电感下关断，无疑将影响功率变换器和驱动系统运行的可靠性，这一点在大功率电机中尤为突出。

(5)SR 电动机的出线较多，且相数越多，主接线越多；此外还有位置传感器的出线。

SRD 系统兼有直流传动和普通交流传动的优点，在各种需要调速和高效率的场合，一般都能提供所需的性能要求。一些成功的应用领域如下：

(1) 电动机车。SRD系统可靠性高、效率高、起动电流小，首先在电动车驱动领域应用，被认为是电动机车驱动的最佳选择之一。SRD Ltd 公司研制的 30 kW SRD 用于驱动市内有轨电车，电车在包括重盐大气环境在内的各种恶劣条件下运行了两年，行程超过 24 000 km，体现了优良的工作性能，被认为是在同类电动车辆中操纵最方便、噪声最低的车辆。英国 Jeffrey Diamond 的刨煤电动车，滚齿刨煤机重达 10 ～ 30 t，且要求整个传动和传输系统能精确控制和经久耐用。过去采用传统的传动系统，经常发生故障，改用 SRD 系统后得到根本改善。中国纺织机械研究所研制的 180 kW SRD 已成功用于地铁轻轨的驱动。

(2) 航空工业。1986—1988 年，美国 GE 公司根据国防部“未来先进控制技术规划”，在美国空军的资助下，从电源系统的可靠性、可维护性、余度性、容错性、环境适应性及容量、效率、功率密度等方面论证了 SR 电动机、SR 发电机所独有的优越性。

(3) 家用电器。英国 SRD 公司已有洗衣机用 SRD 系统，功率为 700 W。该公司还生产食品加工机械、电动工具、吸尘器用的 SRD 系统。国内小功率 SRD 系统也已在服装机械、食品机械、印刷烘干机、空调器生产线等传送机构或流水线上应用。

(4) 机械传动。SR 电动机良好的起动性能使它特别适合于需要起动转矩大，低速性能好，频繁正、反转等场合，如在龙门刨床、平网印花机、可逆轧机等应用中取得了良好的效果。SR 电动机还适合于高速传动机构、恶劣环境中的生产机械传动等应用。国内生产的用于吸尘泵、离心干燥机等装置的专用高速 SR 电动机的转速高达 30 000 r/min。

(5) 精密伺服系统 SRD系统作为机电一体化产品，有优良的控制性能，可以在许多需要具有伺服性能的精密传动机构中开发应用。如在电缆、纺织行业中作恒线速或恒张力传动，在具有高精度控制性能的计算机控制工业缝纫机中作伺服传动，都有较成功的应用。可以预计，具有较好伺服性能的 SRD 系统将在各种精密机械和智能机械中得到广泛的应用。

【思考题】

1. SR 电动机的转矩方向与绕组电流的方向有无关系？为什么？
2. 怎样使 SR 电动机反转？

8.2　横向磁场永磁电机

本书前面各章所介绍的电机都属于径向磁场电机，其转矩大小与电机直径、转子线圈有效边的长度、磁通密度和产生转矩的有效面积成正比，槽宽度和齿宽度间存在着相互制约关系，使得电机转矩密度不能得到有效的提高。本节介绍一种新型特种电机 —— 横向磁场永磁电机(Transverse Flux Permanent-magnetic Machines，TFPM)。它可以克服径向磁场电机转矩密度的局限性，具有低速特性好、转矩密度高和控制灵活等特点，正得到日益广泛的重视。近几年来，随着电动车、电力直接推进装置和风力发电等技术研究的深入，人们对高转矩密度、低速直接驱动电机的要求更加迫切，横向磁场永磁电机成为新的研究热点之一，许多欧美发达国家投入大量的人力、物力和财力进行横向磁场电机的理论和应用研究。国内上海大学、清华大学、沈阳工业大学、中国电子科技集团公司第 21 研究所等单位也积极开展了这种电机的研发。本节简述这种新型特种电机的原理、结构特点、应用前景及其存在的问题。

8.2.1　径向磁场电机转矩密度的局限性

在径向磁场电机中，磁力线所在平面与电机转动方向在同一平面内，如果忽略端部效应，则电机内的磁场可用二维场进行分析。径向磁场电机的齿槽结构一般可用图 8.4 所示结构描述。定子绕组安放在定子槽内，磁通经过定子齿与转子形成闭合路径。

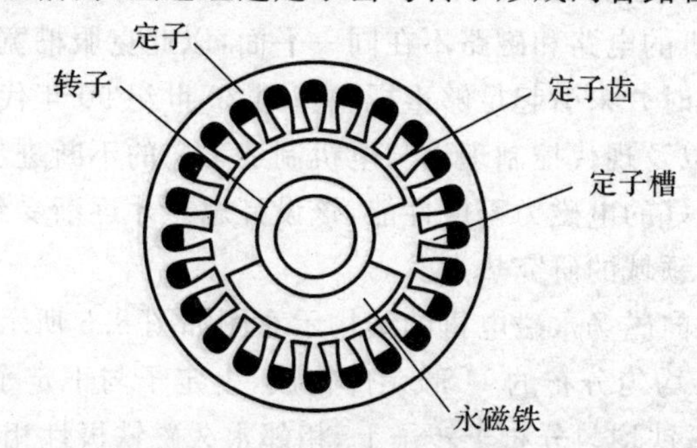

图 8.4　径向磁场电机齿槽结构

由电磁学的安培定律可知，电机的平均电磁力为

$$F_a = B_\delta Il \tag{8.7}$$

式中　B_δ —— 气隙磁通密度；

I —— 绕组槽电流；

l —— 绕组(轴向)有效边长度。

电机的电磁转矩为

$$T_a = F_a \frac{D_a}{2} = B_\delta I l \frac{D_a}{2} \tag{8.8}$$

式中，D_a 为绕组直径。

定义转矩密度 T_d 为单位气隙表面的电磁转矩，则

$$T_d = \frac{T}{\pi D_a l} = \frac{1}{2\pi} B_\delta I \tag{8.9}$$

式(8.7)中的气隙磁通密度 B_δ 可表述为 $B_\delta = \frac{b_t}{t} B_t$。即 B_δ 与定子齿距 t 成反比，而与定子齿宽度 b_t 和齿部磁通密度 B_t 成正比。

绕组槽电流为

$$I = J S_s \tag{8.10}$$

式中 S_s —— 槽面积；

J —— 电流密度。

将 B_δ 的表达式与式(8.10)代入式(8.9)中，则有

$$T_d = \frac{b_t}{2\pi t} B_t S_s J \tag{8.11}$$

由此可见，通过增加齿宽度 b_t 或者增大槽面积 S_s 的方式可提高转矩密度。但由于电机中定子齿与槽处于同一个剖面内，当定子外径一定时，如果增大齿宽度 b_t，则槽面积 S_s 减小，反之亦然。因此，不论改变电机的齿宽度，还是改变电机的槽面积，转矩密度都得不到有效提高。

8.2.2 横向磁场永磁电机的原理及其结构特征

自20世纪80年代以来，国内外学者为进一步提高永磁电机的转矩密度做了大量的研发工作。1986年，德国布伦瑞克理工大学的 Herber Weh 教授提出了横向磁场永磁电机结构的思想，在结构设计上使电机的电路和磁路不在同一平面，以此克服槽宽度和齿宽度间相互制约的矛盾。但这一新思想当时并未引起足够重视。直到20世纪90年代中期，随着新技术、新材料和新器件的快速发展，以及现代控制理论与电机制造工艺的不断进步，使得横向磁场永磁电机在低速条件下具有了良好的电磁力密度性能，该设计思想才逐渐受到了关注，这种新型特种电机也逐渐成为电机技术领域的研究热点。

典型的双边聚磁式横向磁场永磁电机的结构示意图如图8.5所示。电机的内磁场为一个典型的三维场。其定子由均匀分布的U形元件构成，上定子与下定子元件相差一个极距，并相差180°电角度。永久磁铁均匀分布于转子上，相邻永久磁铁极性相反。绕组嵌放在定子和转子间的槽内。磁力线是从转子永久磁铁出发，穿过气隙进入U形定子某个齿，沿U形元件进入另一个齿，穿过气隙并最终回到转子，构成闭合回路。磁力线回路的方向与 XOZ 平面平行，绕组中电流方向平行于 XOY 平面，即平行于电机的运动方向且与主磁路所在平面垂直，这就是“横向”的来由，即所谓的横向磁场永磁电机。

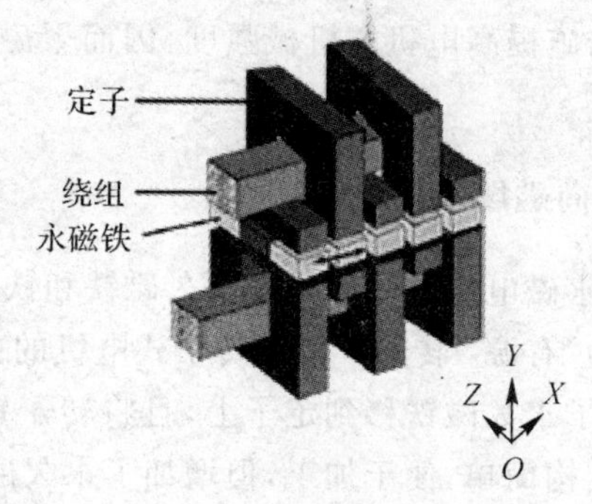

图 8.5　TFPM 结构示意图

横向磁场永磁电机内 X 为磁力线方向，Y 为电流和电机受力方向。尽管该电机的电流和受力方向不符合洛沦兹定理，但其电磁力的产生机理还是可以用洛沦兹定理进行分析。根据永久磁铁的面电流模型理论，可将永久磁铁等效为面电流 i，面电流 i 与磁铁的矫顽力和厚度的乘积成正比。将绕组电流作为电机的磁动势源，此时磁感应强度 B 为 X 方向，面电流 i 为 Y 方向，由洛沦兹定理可知，电机中将产生纵向的电磁力，推动电机转子沿 Y 方向运动。

当定子绕组通过一定电流时，可将定子的两个齿部等效成两个极性相反的磁极。根据同性相斥、异性相吸原理，这两个齿部的磁场与转子中永久磁铁所产生的磁场会有相互作用，使得转子沿 Y 方向运动。每当转子转过一个极距，相应的绕组电流方向也必须改变，这样才能使得转子连续运转。因此，横向磁场永磁电机需要有位置传感器、控制电路和功率变换器等共同构成换相装置，该装置连同电机本身共同组成一个机电一体化调速系统，从其转动和调速原理来看，该系统亦属于自控式同步电动机调速系统。

横向磁场永磁电机的主磁路和电机运动方向垂直，因此不存在传统的径向磁场电机定子槽面积和定子齿宽之间的矛盾。因此，可通过调整轴向磁路长度和线圈窗口面积，以改变气隙磁通量和绕组磁动势的大小，从而实现高转矩密度。

8.2.3　横向磁场永磁电机的分类与特点

横向磁场永磁电机按磁路特点的不同，可分为平板式、聚磁式和无源转子式等 3 种结构形式。

8.2.3.1　平板式横向磁场永磁电机

平板式横向磁场永磁电机中的永久磁铁均匀平铺在转子表面，相邻的永久磁铁分别被充磁为相反的极性。电机的 U 形定子铁芯以整倍极距的距离均匀分布在整个圆周上，相邻两个定子齿所对应的永久磁铁极性相反。定子磁通是通过前后磁钢间的铁芯形成闭合回路的，如图 8.6 所示。

8.2.3.2　聚磁式横向磁场永磁电机

聚磁式是横向磁场永磁电机研究中采用较多的一种结构，其拓扑结构较为丰富。该电机的转子磁钢采用聚磁式结构，转子内部磁场方向是从一块永久磁铁的 S 极到达 N 极，聚磁后沿径向进入定子。聚磁式横向磁场永磁电机的主要特点是气隙磁通密度大，结构较为复杂，机械强度较差。但可采取相应的措施提高电机的机械强度，因而聚磁式横向磁场永磁电机对加工条件要求较为苛刻。

8.2.3.3 无源转子式横向磁场永磁电机

平板式、聚磁式横向磁场永磁电机的转子均由永久磁铁和铁磁材料组成，转子本身具有磁性，拥有磁动势源，因而被称为“有源”转子。有源转子式电机的主要问题是加工困难，机械结构差，转矩脉动大。如果将转子永久磁铁移到定子上，且将转子铁芯倾斜一个极距，则可构成所谓的无源转子。无源转子结构简单，便于加工，但增加了永久磁铁的用量。无源转子式横向磁场永磁电机结构如图 8.7 所示。

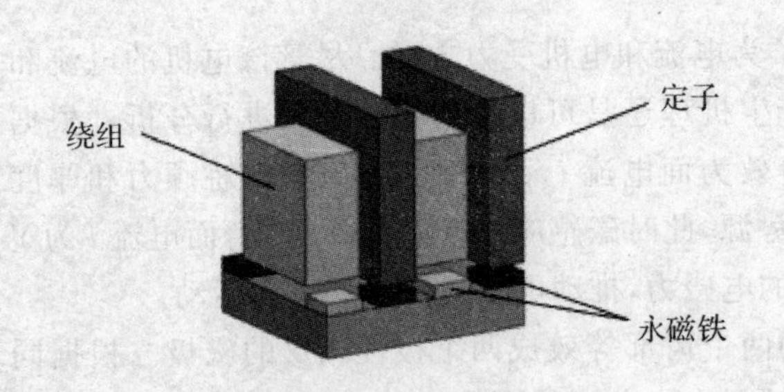

图 8.6 典型平板式 TFPM 结构

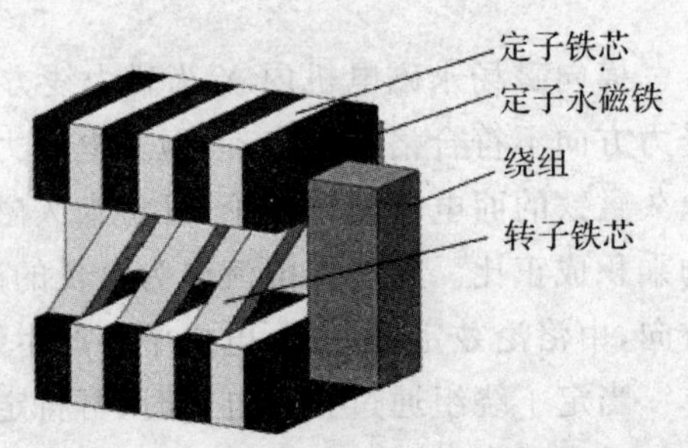

图 8.7 无源转子式 TFPM 结构

如果将聚磁式和无源转子式横向磁场永磁电机中的永久磁铁去掉，仅在定子绕组中通入电流，通过磁阻作用同样可产生转矩，则改进后的电机称为磁阻式横向磁场电机。其工作原理遵循磁通总是沿着最大磁导闭合路径的原则，当绕组通入电流时，将产生电磁转矩使转子向磁导最大位置转动，最终停在定子、转子齿极对齐的位置。磁阻式横向磁场电机的转矩与绕组电流方向无关，电机的正、反转取决于通电相序。该电机的主要特点是结构简单，便于装配，成本低，也易于做成直线电机。由于定子、转子中均没有永久磁铁，磁阻式电机仍属于横向磁场电机（Transverse Flux Motor，TFM），但不属于横向磁场永磁电机。

横向磁场永磁电机具有以下主要特点：

1. 结构模块化

横向磁场电机是以 U 形定子冲片叠装而成的，通过 U 形铁芯模块的不同组合就可以形成不同功率等级的横向磁场电机，而无须重新进行冲片模具的再加工；同时 U 形单元模块体积小、易于加工、工装模具成本低、系列化程度高。这种模块化结构是横向磁场电机的主要结构特点。

2. 磁路解耦性

尽管横向磁场永磁电机属于多相电机，但由于各相之间相互独立，无互感相互作用，实现了磁路结构上的解耦，因此简化了控制方法，且电机控制的实时性、准确性更为优异。

3. 铁芯材料利用率高

横向磁场永磁电机采用了 U 形定子铁芯，其齿部和轭部截面积相同，不存在传统径向磁场电机由于齿部面积小、磁路饱和所造成的轭部铁芯浪费问题，因而有效提高了材料利用率。

4. 低速下转矩密度高

横向磁场永磁电机可通过增加电流和磁通密度来提高输出转矩，也可通过增加磁极对数实现低速运行。低速条件下的高转矩密度优势，是横向磁场永磁电机得以迅速发展的主要原因之一。各种电机转矩密度的对比关系见表 8.2。可见，横向磁场永磁电机的转矩密度约为常规电机的 3 ～ 5 倍。

表 8.2　不同电机转矩密度对比

电机类型	转矩密度 /(kN·m/m³)
直流电机	15 ～ 25
同步电机	40 ～ 60
感应电机	20 ～ 30
水冷式感应电机	65 ～ 80
平板式横向磁场永磁电机	60 ～ 160
聚磁式横向磁场永磁电机	80 ～ 200
无源转子式横向磁场永磁电机	80 ～ 200
磁阻式横向磁场电机	2 ～ 40

8.2.4　横向磁场永磁电机的缺点与应用前景

从横向磁场永磁电机问世至今的 20 多年来，国内外不少学者对其拓扑结构及其控制系统进行了一系列研究，取得了较大进展。然而，它并未在各相关领域得到广泛应用。究其原因，制约横向磁场永磁电机快速发展的瓶颈，主要有以下四个方面：

1. 漏磁偏大，功率因数低

这主要是由横向磁场永磁电机磁路分布特性决定的，定子由一系列孤立的 U 形铁芯构成，增加了铁芯与空气的接触面积，也增加了相应的漏磁。

2. 转矩脉动较大

由于横向磁场永磁电机的定子、转子和绕组的结构特点，自定力较大，无法采用短距和分数槽来消除谐波，故需要在结构上进行改进以削弱转矩脉动。

3. 工艺要求严格

横向磁场永磁电机的永久磁铁用量比其他类型永磁电机要多，且对制造的工艺要求较高，装配也更为困难。

4. 控制技术有待提高

由于磁路的非线性，以及提高系统的性能指标和伺服驱动的要求，须采用更为精确的控制手段，如基于 DSP 的闭环数字控制系统。

国内外对横向磁场电机及其控制系统的研究时间还不长，尽管在电机的拓扑结构、工艺制造、数学模型建立、电机参数计算、分析方法以及控制策略等方面的研究都有待于进一步深化，但是，横向磁场电机以其独特、多样的结构形式和优良的低速特性正得到越来越多的关注，其应用领域也日益扩展，从大功率的船用电力推进到小功率的电动车驱动，从直接驱动的电动机到直接驱动的横向磁场风力发电机的研究，从旋转型到直线型横向磁场电机，等等。相信随着研究的进一步深入，横向磁场电机将会在电力推进、低速直接驱动、伺服传动和大功率风力发电等领域取得突破性的进展，得到更广泛的应用。

【思考题】

与传统的径向磁场电机相比，横向磁场永磁电机为什么可以在不增大电机直径的条件下提高转矩密度？

8.3 无轴承电机

20世纪中叶以来，在离心机、高速机床等众多场合迫切需要高速及超高速的电力传动。此外，在生物工程、航空航天等领域，急需无污染、无摩擦的高性能电机驱动。普通机械轴承存在摩擦、磨损和发热，由此带来最大转速难以突破、润滑油污染等问题。磁轴承的出现，满足了高速高性能电机的支撑要求。磁轴承是利用磁场力将转子悬浮于空间，实现转子和定子之间没有任何机械接触的一种新型轴承。它具有无润滑、寿命长、无摩擦、无机械噪声等优点，但在实际运用中，磁轴承的缺陷依然存在：磁轴承占据的轴向体积较大，其支撑的电机结构较为复杂，使得电机的最大转速和最大输出功率也受到限制。因此，在20世纪80年代，既具备普通电机特点又兼备磁轴承优良性能的新型电机——无轴承电机——应运而生。它集驱动与自悬浮功能为一体，能够同时实现转矩控制与悬浮力控制，与采用磁轴承的电机相比，它具有体积小、成本低、功率密度与可靠性高、更适合超高速运行等优点，是一种新型的高技术含量、高附加值的机电能量转换装置。本节以感应型无轴承电机为例，简述其悬浮原理、类型特点和应用前景等。

8.3.1 感应型无轴承电机的悬浮原理

感应型无轴承电机和普通感应电机一样，通电后在转子上都会产生洛沦兹力和麦克斯韦力。洛仑兹力就是载流导体在磁场中受到的力，它沿切线方向作用在转子或定子上，产生电磁转矩，驱动电机旋转。麦克斯韦力是磁场通过不同磁导率的导磁物质时在导磁物质表面上形成的张力，其作用方向垂直于两种物质的分界面。电机中作用在转子上的麦克斯韦力垂直转子的外表面指向外，如图8.8所示。其大小与气隙磁场的磁密（即磁感应强度）的平方成正比。电机的转子不偏离定子中心时（即沿转子一周的气隙是均匀的），电机的气隙磁场对称分布，麦克斯韦力合力为零（见图8.8(a)）。电机的转子偏离定子中心时，引起气隙磁通分布的不均匀，作用在转子上的麦克斯韦力合力不为零，气隙减小处气隙磁密增大，麦克斯韦力大，气隙增大处气隙磁密减小，麦克斯韦力小，于是，作用在转子上的麦克斯韦力合力便指向气隙减小处（见图8.8(b)）。

感应型无轴承电机是在电机的定子中嵌放入两套极对数不同的绕组，使得电机的气隙磁场分布不均匀，从而在转子上产生悬浮力。图8.9所示为无轴承感应电机的悬浮原理图，在电机的定子中有两套绕组：转矩绕组极对数为 p_4，电角频率为 ω_4，悬浮绕组极对数为 p_2，电角频率为 ω_2，当两套绕组满足 $p_4=p_2\pm1$，$\omega_4=\omega_2$ 就会产生麦克斯韦力（此处 $p_4=2$，$p_2=1$）。从图8.9中可以看出：由于悬浮绕组磁场和转矩绕组磁场的叠加使得气隙磁场的分布不平衡，在转矩绕组磁场不变时，只须改变悬浮绕组磁场即可改变麦克斯韦力的方向，从而产生水平方向的麦克斯韦力 F_x（见图 8.9(a)）和垂直方向的麦克斯韦力 F_y（见图 8.9(b)）。通过控制悬浮绕组的电流来调节作用在转子上的麦克斯韦力的大小和方向，就可以实现电机转子的悬浮运行。

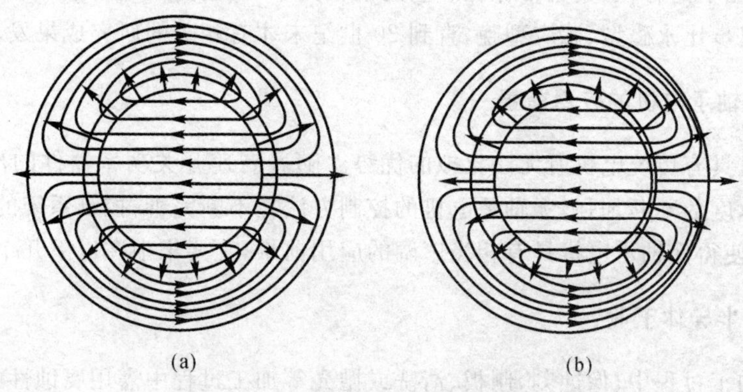

图 8.8　感应电机转子上的麦克斯韦力

(a) 转子不偏心；(b) 转子偏心

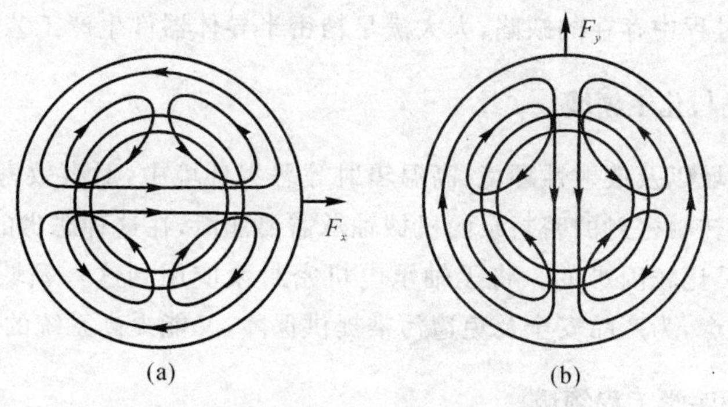

图 8.9　感应型无轴承电机的悬浮原理

(a) 水平悬浮力；(b) 垂直悬浮力

8.3.2　无轴承电机的类型及其特点

目前研究的无轴承电机主要有 3 种类型，即感应型无轴承电机、永磁型无轴承电机和磁阻型无轴承电机。此外，还有其他混合结构型无轴承电机。

感应型无轴承电机具有结构简单、可靠性高、易于弱磁等特点，是研究最早与最多的无轴承电机类型。由于最初的原理样机都是采用非常简单的集中式绕组，因此感应型无轴承电机转矩绕组的控制策略也多为简单的正弦电流直接驱动。在感应型无轴承电机转子悬浮控制系统中，传统做法是通过位置闭环来产生磁悬浮力参考信号，但由于系统响应的时延，会使实际悬浮力与参考悬浮力间存在误差，影响转子悬浮的动态响应和稳态性能。

永磁型无轴承电机由永磁体来建立气隙磁场，无需定子转矩绕组电流提供励磁，故具有体积小、质量轻、损耗小、功率密度大、效率高等显著优点。由于永磁转子上无感应电流产生，不再存在悬浮力幅值减小和相位滞后问题，使永磁型同步电机无轴承技术得到了广泛研究。永磁型无轴承电机的主要研究工作集中在讨论永磁型无轴承电机数学模型、控制系统设计以及电机参数设计等分析和验证上。

开关磁阻电机结构简单，制造和维护方便，鲁棒性好，适用于高温等恶劣环境。但其可控参数多，且由于磁阻的存在，交直轴存在严重的耦合关系，控制器设计复杂。因此，磁阻型无轴承电机的研究起步比永磁型、感应型晚，直到20世纪末才有相关的研究成果发表。

8.3.3　无轴承电机的应用前景

无轴承电机具有传统电机所无法比拟的优势。随着高速开关功率器件的出现，数字信号处理器功能和速度的不断加强，无轴承电机的控制方法在不断完善，控制系统的成本也在不断降低，这些因素使得无轴承电机具有相当广阔的应用前景，主要集中在以下几个方面：

8.3.3.1　半导体工业

在半导体加工过程中，像蚀刻、制板、清洗或抛光等加工过程中需用腐蚀性的化学液体，化学液体的质量、传送泵的性能以及传送过程的清洁程度对半导体的质量有着非常明显的影响。传统的气动和薄片泵寿命相对比较短，耐高温的程度有限，运动阀和薄片仍然会产生少量的微粒，液体传输也存在着不均匀的脉动，影响了半导体工艺处理质量。采用无轴承电机密封泵能解决传统传输过程中存在的缺陷，大大满足精密半导体器件生产工艺要求。

8.3.3.2　食品与化工领域

在食品、化工领域以及放射性环境、高温辐射等恶劣环境中，对有效密封传输和生产系统的要求比较高，传统转轴密封的密封泵的机械轴承需要润滑，在这种恶劣的环境中解决轴承故障和密封失效问题是比较困难的。将无轴承电机密封泵应用到这一领域就可以解决这一难题，既能保证安全生产，为产品安全及免遭污染提供保障，又能提高系统的性能。

8.3.3.3　生物医学工程领域

随着医疗技术的不断发展，人工心脏移植手术使得许多心脏病患者的生命得以延续。但是利用机械轴承的血泵会产生摩擦和发热，使血细胞破损，引起溶血、凝血和血栓，甚至危及病人生命。而采用无轴承电机的血泵具有结构简单、设计灵活、无摩擦等诸多优点，大大改善了血泵的性能。

8.3.3.4　机械领域

1 振动阻尼

在传统机械轴承的转子系统中，当转子端部受到外力作用时，转轴中部弯曲程度增大。采用无轴承电机后，径向力作用面积大，转子中部承担了一部分作用力，转轴弯曲程度得到明显改善，其在机床主轴设计中独具优越性，机床的加工精度将随主轴的刚度提高而提高。

2. 机械轴承卸载

在大功率、重载使用场合，可采用无轴承电机和机械轴承的组合系统。无轴承电机可承担大部分负载，相应降低了机械轴承的负载，大幅度延长了机械轴承的使用寿命。

8.3.3.5　高速、超高速驱动领域

上万乃至几万转每分紧凑型高速涡轮发电机、高速硬盘等将是无轴承电机的重要应用领域之一。目前在计算机硬盘中广泛使用无刷直流电机带动硬盘盘片旋转，其中使用的是流体动态轴承来支撑转子。硬盘速度的提高目前限制在电机转速的提高上。如何在满足温升、噪声、寿命等各项要求的基础上进一步提高电机转速成为硬盘速度提高的关键。无轴承无刷直流电机特别适合在硬盘上应用。

8.3.3.6　飞轮储能

飞轮储能的原理就是以在真空环境中高速旋转的飞轮作为能量储存的介质，起动飞轮高速旋转的电动运行是储能充电过程，飞轮的发电运行是能量的释放过程。只要其他相关技术能满足要求，基于高速飞轮储能的“机电电池”是极具前景的。这种应用方式中永磁型无轴承电机将会是最优的技术方案。

8.3.3.7　航空航天领域

在航空航天领域，要求电机具有体积小、质量轻与节能等优点。由于无轴承电机无磨损、无需润滑、效率高，可以省去复杂的液压、气压系统，减小了航空航天电机系统的体积、质量。无轴承电机的控制系统并不复杂，如果采用无径向位移传感器控制，将会更进一步简化无轴承电机控制系统结构，使其在航空航天领域得到广泛的应用。

尽管国内外对无轴承电机的研究目前距大范围实用化还有一定距离，但其令人鼓舞的应用前景正促使无轴承电机的研究日趋深化、系统和完善。无轴承电机突出的优点决定了其潜在的巨大应用价值和广阔的应用前景。

【思考题】

怎样才能使感应型无轴承电机产生悬浮力？其定子上的两套绕组的极对数应该满足什么关系？

8.4　超声波电动机

超声波电动机(Ultrasonic Motor，USM)是 20 世纪末发展起来的一种新的微型驱动电机，它的基本结构及工作原理与传统电机完全不同，没有绕组和磁路，不以电磁相互作用来传递能量。它利用压电陶瓷的逆压电效应，将超声频率范围内的往复机械振动通过机械转换而产生直线运动或旋转运动。超声波电动机是电机学、机械学、电子学、压电学和超精密加工等学科交叉的产物。它的问世，打破了传统电机必须由电磁效应产生转矩和转速的固有概念。与传统电机相比，它具有转速低、转矩大、结构紧凑、体积小、噪声小等优点，已成功地应用在石油井下精密测试仪器、小卫星、电视摄像和照相机调焦控制等方面，取得了较好的应用效果。

按照所利用的振动类型和波形差异，超声波电动机可分为行波型、驻波型和复合型。驻波型是利用与压电材料相连的弹性体内激发的驻波来推动转子运动，属于间断驱动方式；行波型则是在弹性体内产生单向的行波，利用行波表面质点的振动轨迹来传递能量，属于连续驱动方

式。行波型超声波电动机又可分为直线型和环形(旋转型)。环形行波型超声波电动机的基础理论和应用技术较为成熟。下面以它为例,介绍超声波电动机的基本结构、工作原理和控制系统。

8.4.1 超声波电动机的基本结构

环形行波型超声波电动机的基本结构如图 8.10 所示,主要包括定子、转子、压力弹簧和转轴等部件。

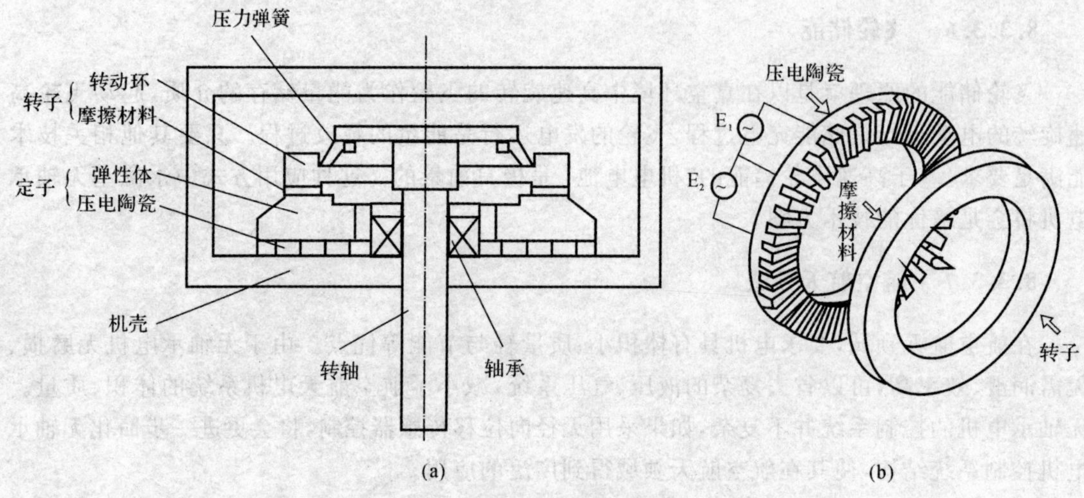

图 8.10 环形行波型超声波电动机的基本结构

(a) 剖面图; (b) 立体图(局部)

定子由两片压电陶瓷紧压在一起,并黏结在环状的弹性体上,弹性体上刻有一圈梳状槽,压电陶瓷环通过黏合剂黏结在其反面。压电陶瓷环是超声波电动机的核心元件,借助逆压电效应可以产生几十千赫的超声波振动,其性能优劣十分关键。弹性体及梳状槽的作用在于放大压电陶瓷环所产生的振动,同时还可以将摩擦所产生的粉末引入槽内,以保持接触面的清洁。弹性体可由不锈钢、硬铝、铜或磷铜等金属制成。

转子由转动环和摩擦材料构成,转动环可由不锈钢、硬铝或塑料制成。为增加摩擦力,在转动环与定子弹性体的接触面上黏结一层摩擦材料,该摩擦材料一般为高聚物,如环氧树脂与芳香族聚酰胺纤维胶合制成的片状塑料板。

定子和转子通过环状的压力弹簧轴向地压在一起,以保持定子和转子良好的接触状态,并可以随时调整预压力的大小。

8.4.2 超声波电动机的工作原理

环形行波型超声波电动机的工作原理如图 8.11 所示。图中做行波振动的物体(即定子上的弹性体)表面上的质点都做椭圆运动。与行波振动状态物体表面接触的物体(即在转动环与定子弹性体的接触面上黏结的摩擦材料)被波峰托起,该物体在质点摩擦力的作用下,向着与行波前进方向相反的方向运动。

定子上的压电陶瓷环的电极配置如图 8.12 所示。其中“+”“-”表示极化方向。压电陶瓷片按照一定规则分割极化后分为 A,B 两相区,两相空间排列相差 $\pi/2$(1/4 波长),并且分别施加在时间上也相差 $\pi/2$ 的高频交流电源(E_1 和 E_2)。A,B 两相分别在弹性体上激起驻波。根据波动原理,两路幅值相等、频率相同、时间和空间均相差 $\pi/2$ 的两相驻波叠加后,将形成一个沿定子圆周方向的合成行波,推动转子旋转,而旋转方向与行波的传播方向相反。如果改变激励电源的电压极性,便可以改变转子的旋转方向。激励电源一般为正弦波或方波。

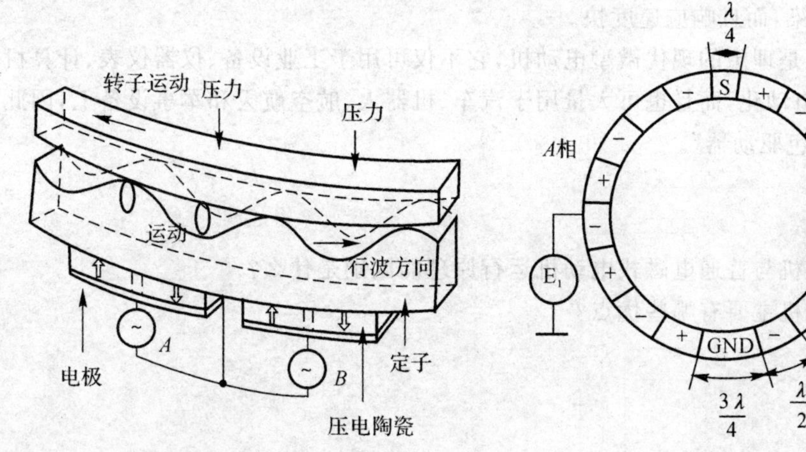

图 8.11　环形行波型超声波电动机的工作原理　　　图 8.12　压电陶瓷环的电极配置

8.4.3　超声波电动机的控制系统

行波型超声波电动机的控制系统如图 8.13 所示,其中逆变与升压电路的外部输入为低压直流电源,输出为两相交流电源,可将其看成是一个逆变器。为了提高电动机的稳定性,可直接利用定子压电陶瓷环上的压电陶瓷片 S 作为传感器(见图 8.13),对定子的机械谐振状态进行检测,将由压电效应所产生的电压作为反馈信号 U_n,与给定信号 U_n^* 进行比较,相应的偏差信号 ΔU 经控制器处理后送至压控振荡器,产生所需要的频率信号 U_f^*。频率信号 U_f^* 经 90°移相电路和转向控制器获得逆变器的驱动信号,最后通过逆变与升压电路获得电动机所需要的两相幅值相等、频率相同、相位差为 $\pi/2$ 的正弦、余弦交流电。

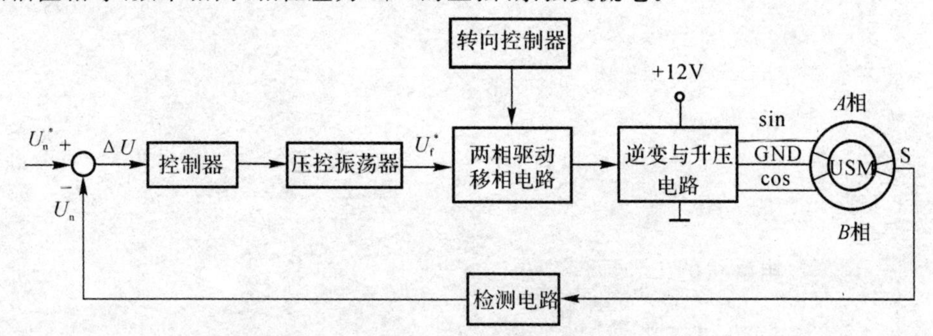

图 8.13　超声波电动机控制系统

超声波电动机的速度控制可通过变压、变频来实现,另外,改变定子两相相位差也可对速度进行控制。变频控制可以充分利用超声波电动机的低速、大转矩、动态响应快等优点,且有较高效率，因而成为首选。相位差控制可平滑调速和改变转向，适用于需要柔顺驱动的系统。

超声波电动机与传统的电磁式电动机比较具有许多优点：

(1) 由于它没有绕组和磁路，不依靠电磁相互作用传递能量，因而不受磁场的影响。

(2) 结构简单、尺寸小、质量轻，其功率密度为电磁式电动机的数十倍。

(3) 低速，大转矩，无需减速装置。

(4) 无噪声污染，而且响应速度快。

超声波电动机是理想的现代微型电动机，它不仅可用于工业设备、仪器仪表、计算机外设、办公自动化、家庭自动化，而且也可大量用于汽车、机器人、航空航天和军事设备上，因此，它被誉为"21 世纪的绿色驱动器"。

【思考题】

1. 超声波电动机与普通电磁式电动机运行原理的区别是什么？

2. 超声波电动机主要有哪些优点？

参考文献

[1] 顾绳谷.电机及拖动基础[M].4版.北京:机械工业出版社,2007
[2] 张爱玲,李岚,梅丽凤.电力拖动与控制[M].北京:机械工业出版社,2003
[3] 史仪凯.电工电子应用技术(电工学 Ⅲ)[M].2版.北京:科学出版社,2008
[4] 汤天浩.电机及拖动基础[M].北京:机械工业出版社,2008
[5] 陈伯时.电力拖动自动控制系统——运动控制系统[M].3版.北京:机械工业出版社,2003
[6] 王兆安,刘进军.电力电子技术[M].5版.北京:机械工业出版社,2009
[7] 刘玫,孙雨萍.电机与拖动[M].北京:机械工业出版社,2009
[8] 孙建忠,白凤仙.特种电机及其控制[M].北京:中国水利水电出版社,2005
[9] 李岚,梅丽凤.电力拖动与控制[M].2版.北京:机械工业出版社,2011
[10] 范正翘.电力传动与自动控制系统[M].北京:北京航空航天大学出版社,2003
[11] 唐介.电机与拖动[M].2版.北京:高等教育出版社,2007
[12] 秦曾煌.电工学[M].6版.北京:高等教育出版社,2006
[13] 邓星钟.机电传动控制[M].4版.武汉:华中科技大学出版社,2007
[14] 李发海,王岩.电机与拖动基础[M].3版.北京:清华大学出版社,2005
[15] 张方.电机及拖动基础[M].北京:中国电力出版社,2008
[16] 陈白宁,段智敏,刘文波.机电传动控制基础[M].沈阳:东北大学出版社,2008
[17] 邵世凡.电机与拖动[M].杭州:浙江大学出版社,2008
[18] 刘翠玲,孙晓荣.电机与电力拖动基础[M].北京:机械工业出版社,2010
[19] 赵影.电机与电力拖动[M].3版.北京:国防工业出版社,2010